我国海产经济贝类苗种生产技术

主　编：于瑞海　李　琪

编委会：于瑞海　李　琪　王昭萍　郑小东

田传远　佘忠明　赵英捷

中国海洋大学出版社

·青岛·

图书在版编目(CIP)数据

我国海产经济贝类苗种生产技术 / 于瑞海等主编.
—青岛:中国海洋大学出版社,2016.10
ISBN 978-7-5670-1278-3

Ⅰ.①我… Ⅱ.①于… Ⅲ.①贝类—苗种培育 Ⅳ.
①S968.302

中国版本图书馆 CIP 数据核字(2016)第 256815 号

出版发行 中国海洋大学出版社
社　　址 青岛市香港东路 23 号　　**邮政编码** 266071
出 版 人 杨立敏
网　　址 http://www.ouc-press.com
电子信箱 dengzhike@sohu.com
订购电话 0532—82032573(传真)
责任编辑 邓志科　　**电　　话** 0532—88334466
印　　制 日照日报印务中心
版　　次 2016 年 12 月第 1 版
印　　次 2016 年 12 月第 1 次印刷
成品尺寸 170 mm×230 mm
印　　张 19.5
字　　数 340 千
印　　数 1—1700
定　　价 42.00 元

前　言

我国海岸线绵延约 2 万千米，有着辽阔的浅海和滩涂，贝类资源丰富，种类繁多，为贝类养殖业的发展提供了优越的自然环境条件和良好的养殖品种。海洋贝类是海中之宝，含有丰富的蛋白质、脂肪、糖、维生素及微量元素，是人们索取海洋动物蛋白的重要来源。但海洋贝类易于采捕，酷渔滥捕十分严重，使海洋贝类资源遭到严重破坏，因此，需要大力发展海洋贝类增养殖以满足人们日益增长的物质生活需要。

贝类养殖种类繁多，方法多样，浅海、滩涂均可养殖，具有生长速度快、养殖成本低、产量高、技术简单、经济效益显著、营养丰富、味道鲜美等特点，深受广大群众的喜爱，养殖面积逐渐扩大，已成为水产养殖产量最大的种类之一。

21 世纪是海洋的世纪，随着社会的发展和人民生活水平的不断提高，需要种类繁多的贝类产品供应国内外市场，进一步促进了贝类养殖业的发展。而发展贝类增养殖业的关键在于苗种，只有有了丰富的苗种，才能保证贝类增养殖生产稳步提高和扩大。基于这一点，笔者根据自己从事贝类育苗、养殖近 30 年的科研和教学成果，以及 30 年从事贝类育苗生产一线的实践经验，并吸收了国内外贝类育苗的最新技术和生产成果，编写了《我国海产经济贝类苗种生产技术》。本书可供广大水产科技工作者、大中专院校师生以及养殖技术人员使用。

本书系统介绍了我国经济海产贝类的苗种生产技术，将海产贝类苗种生产技术归纳为室内人工育苗、室外土池育苗、自然海区半人工采苗和采捕野生苗等四大类；系统介绍了育苗场的设计及建设，指出了水处理是关键、饵料是基础、管理是成功保障；详细叙述了固着型、附着型、埋栖型、匍匐型和游泳型贝类等 40 多种主要经济贝类的苗种生产方法。这对指导海产贝类苗种生产，加快贝类增养殖业的发展，改善人民的食物结构，提高人民物质生活水平等方面，都具有积极指导意义。

本书的编写分工：李琪负责鲍鱼的育苗及育种部分，王昭萍负责固着型贝类的育苗及育种部分,郑小东负责头足类和青蛤的育苗部分,田传远负责蚶类育苗部分,佘忠明负责香港巨牡蛎、翡翠贻贝的育苗部分,赵英捷负责海湾扇贝的育苗部分,于瑞海负责其他部分的编写及全书的统筹定稿工作。

由于作者水平有限,书中不足之处在所难免,恳请读者批评指正。

编者

2016 年 10 月

目　录

第一章　贝类的发生

第一节　贝类的发生

在大多数贝类的生长、发育中，由于发育时期不同，在形态、生理机能以及生态习性等方面都有明显的差异，因此可以清楚地将其划分为几个发育阶段。了解这一规律，对进行贝类苗种生产，特别是进行半人工采苗及人工育苗生产是十分必要的。

一、腹足纲(以皱纹盘鲍和脉红螺为代表)

1. 胚胎期

胚胎期是从卵的受精开始经过分裂至浮游幼虫，即孵化后担轮幼虫为止的阶段。此期以卵黄物质作为营养，影响这一时期发育的主要外界环境条件是水温。

2. 幼虫期(larva)

从孵化后的担轮幼虫开始到稚鲍的形成为止。这一期包括担轮幼虫、面盘幼虫、匍匐幼虫(包括初期匍匐幼虫、围口壳幼虫和上足分化幼虫等)。

(1)担轮幼虫(trochophore larva)：胚胎出现了纤毛环，幼虫前端具一细小的顶纤毛束，以卵黄物质为营养。

(2)面盘幼虫(veliger larva)：壳腺已分泌出一个薄而透明的贝壳。该期初期仍以卵黄物质为营养，不摄饵，后期开始摄食饵料。此期由于贝壳的出现，减弱了在水中浮游的能力。该期常分为初期面盘幼虫和后期面盘幼虫。

(3)匍匐幼虫(crawl larva)：面盘开始退化，足开始发育，由浮游生活转入匍匐生活。这一期又分成三小期。

①初期匍匐幼虫：后期面盘幼虫进入匍匐幼虫初期，面盘尚较发达。

②围口壳幼虫：幼虫壳的前缘增厚，出现了围口壳。

③上足分化幼虫：该期为匍匐幼虫后期。上足触手开始分化，贝壳稍有增厚，足部发达，蹠面具有较强的吸附能力。

3. 幼鲍

形成第一个呼吸孔时为幼鲍，其形态与成鲍有差别，但随着发育逐渐接近成鲍的形态。

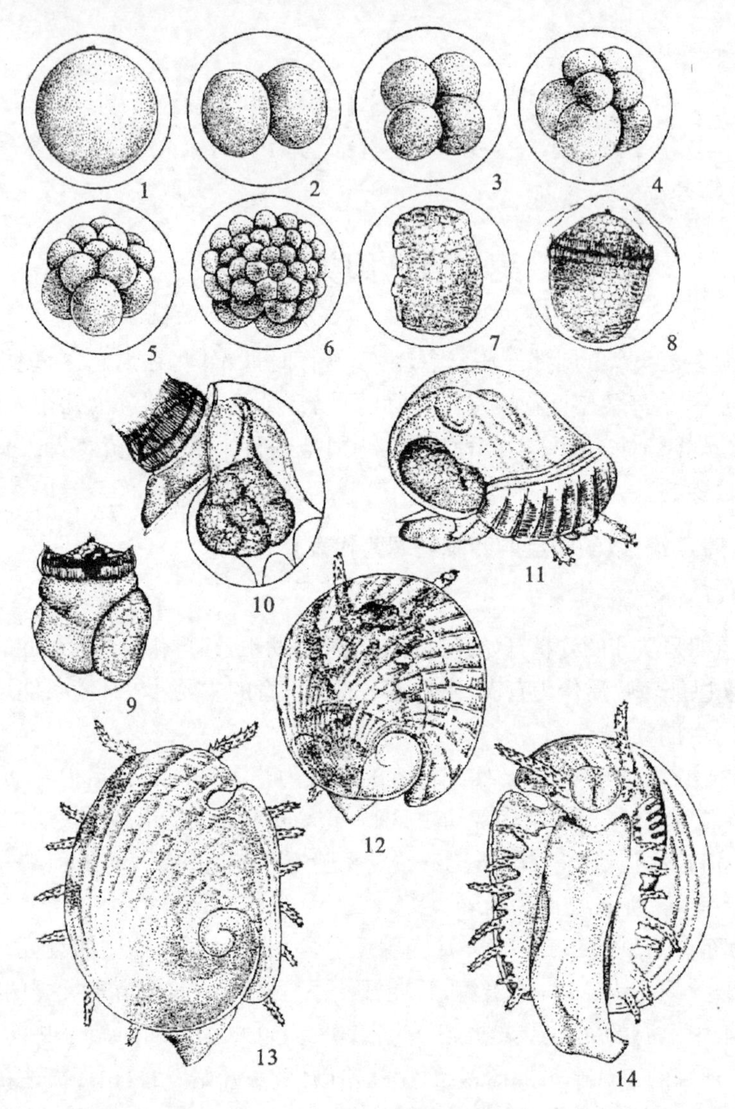

1. 受精卵　2. 2 细胞期，受精后 40～50 min　3. 4 细胞期，80 min　4. 8 细胞期，2 h　5. 16 细胞期，2 h15 min　6. 桑葚期，3 h15 min　7. 原肠期，6 h　8. 初期担轮幼虫，7～8 h　9. 初期面盘幼虫，15 h，壳长 0.24 mm，壳宽 0.20 mm　10. 后期面盘幼虫，26 h，壳长 0.27 mm，壳宽 0.22 mm　11. 围口壳幼虫，6～8 d，壳长 0.30 mm，壳宽 0.22 mm　12. 上足分化幼虫，19 d，壳长 0.70 mm，壳宽 0.22 mm　13. 45 d 幼鲍（背面观），壳长 2.30～2.40 mm，壳宽 1.85～2.10 mm　14. 45 d 幼鲍（腹面观），壳长 2.30～2.40 mm，壳宽 1.85～2.10 mm。

图 1-1　皱纹盘鲍的胚胎和幼虫发生

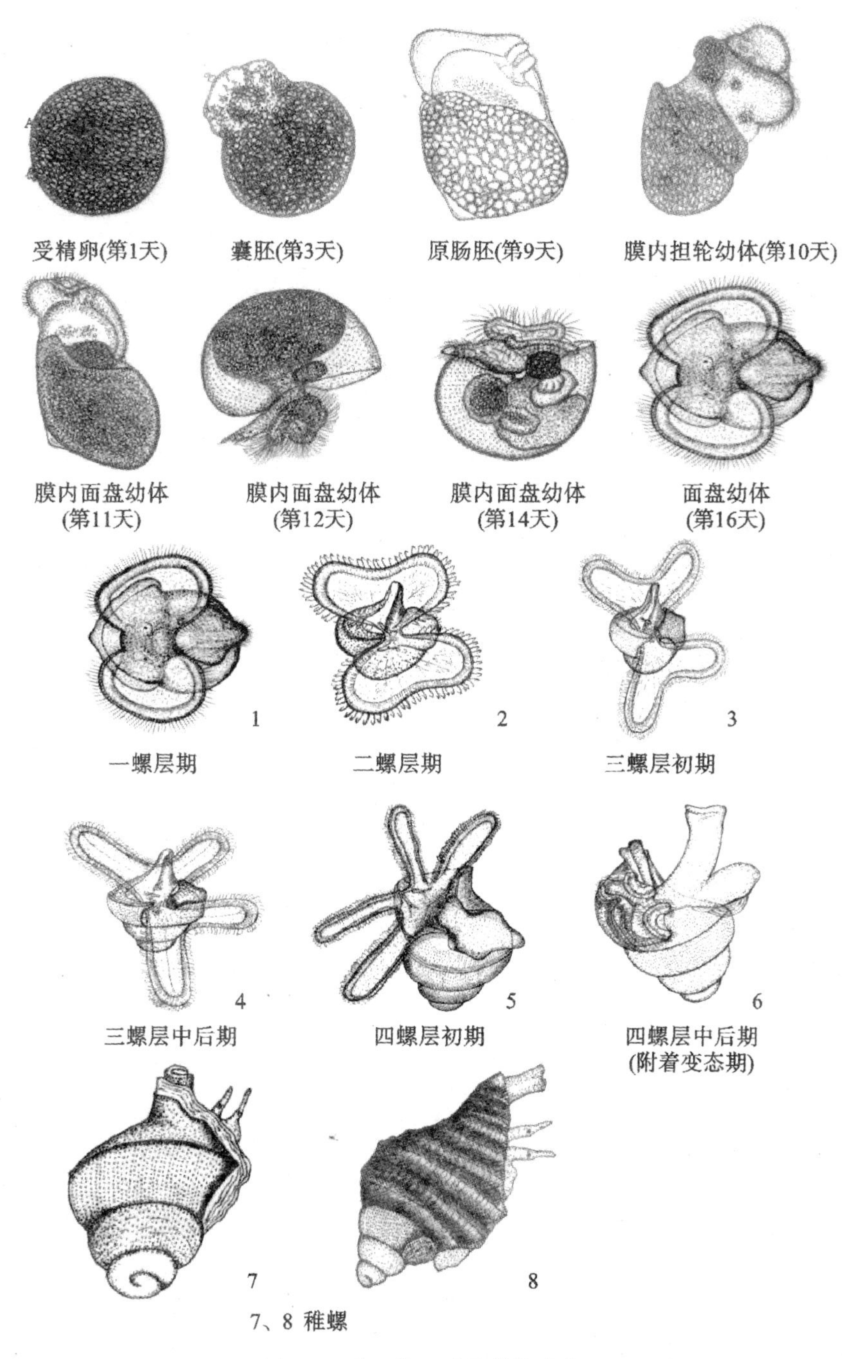

图 1-2　脉红螺胚胎及幼体发育

二、瓣鳃纲(以栉孔扇贝、太平洋牡蛎、蛤仔和栉江珧为代表)

1.胚胎期

这一期基本上同腹足类,但是受精卵孵化后还未形成担轮幼虫,需经过一段发育才可形成担轮幼虫。

2.幼虫期

该期从担轮幼虫开始到稚贝附着为止。它包括担轮幼虫、面盘幼虫和匍匐幼虫三个阶段。其各期幼虫形态与腹足类差别很大。

(1)担轮幼虫:体外生有纤毛轮,顶端有的生有1~2根或数根较长的鞭毛,幼虫开始经纤毛摆动在水中作旋转运动,经常浮游于水表层。此期消化系统还未形成,仍以卵黄物质作为营养。影响此期发育的主要外界环境条件除了水温外还有光线,光线可使幼虫大量密集。

(2)面盘幼虫:具有面盘,面盘是其运动器官。

①"D"形幼虫:又称面盘幼虫初期或直线铰合幼虫。此期由壳腺分泌的贝壳包裹了全身,形成两片侧面观像英语字母"D"形的壳,面盘是它的主要运动器官。消化道形成,口位于面盘后方,食道紧贴于口的后方,成一狭管,内壁遍布纤毛,胃包埋在消化盲囊中。卵黄耗尽,因此能够而且也需要从外界索取饵料进行营养。影响该期发育的主要外界环境条件有水温与饵料。

②壳顶期幼虫:壳顶隆起。壳顶幼虫期又称隆起壳顶期幼虫,铰合线开始向背部隆起,改变了原来的直线状态。

壳顶幼虫后期:壳顶突出明显,足不发达,呈棒状,尚欠伸缩活动能力。鳃开始出现,但尚未有纤毛摆动。面盘仍很发达。足丝腺、足神经节和眼点逐渐形成,足丝腺尚不具有分泌足丝的机能。

(3)匍匐幼虫:该期幼虫较前一期大,一对黑褐色"眼点"显而易见,鳃增加至数对,足发达,能伸缩作匍匐运动。初期面盘仍然存在,幼虫可借面盘而游动,时而浮游、时而作匍匐运动。若发现有该期幼虫,正是投放采苗器进行人工或半人工采苗的好时机。本期面盘逐渐退化、足丝腺开始具有分泌足丝的机能。

3.稚贝期

幼虫经过一段时间的浮游和匍匐,便附着变态成稚贝。此时,外套膜分泌钙质的贝壳并分泌足丝营附着生活。幼虫变态为稚贝时,它的外部形态、内部构造、生理机能和生态习性等方面都要经过相当大的变化。变态标志之一是形成含有钙质的成体壳,壳形改变;变态标志之二是面盘萎缩退化,开始用鳃呼吸与摄食;变态标志之三是生态习性的改变,变态前营浮游、匍匐生活,变态后以足丝腺分泌足丝营附着生活。该期是幼虫向成体生活过渡的阶段。

稚贝期是半人工采苗和人工育苗的关键。固着型、附着型、埋栖型双壳贝类具有附着特性。对埋栖贝类来说,稚贝期水管、鳃等器官尚未完全形成,故不能直接进入埋栖生活,必须经过一个用足丝附着的时期。稚贝虽具附着习性,但种类不同,附着习性与要求不一,必须充分满足其附着条件,才能进入附着生活。因此,底质的组成如何,就成为埋栖贝类附苗的重要因素之一。为了有利于足丝附着,底质必须有一定量的砂粒,浮泥底质无法附着。固着型与附着型贝类对附着基均有不同的选择,必须达到其要求,贝苗才能大量附着。

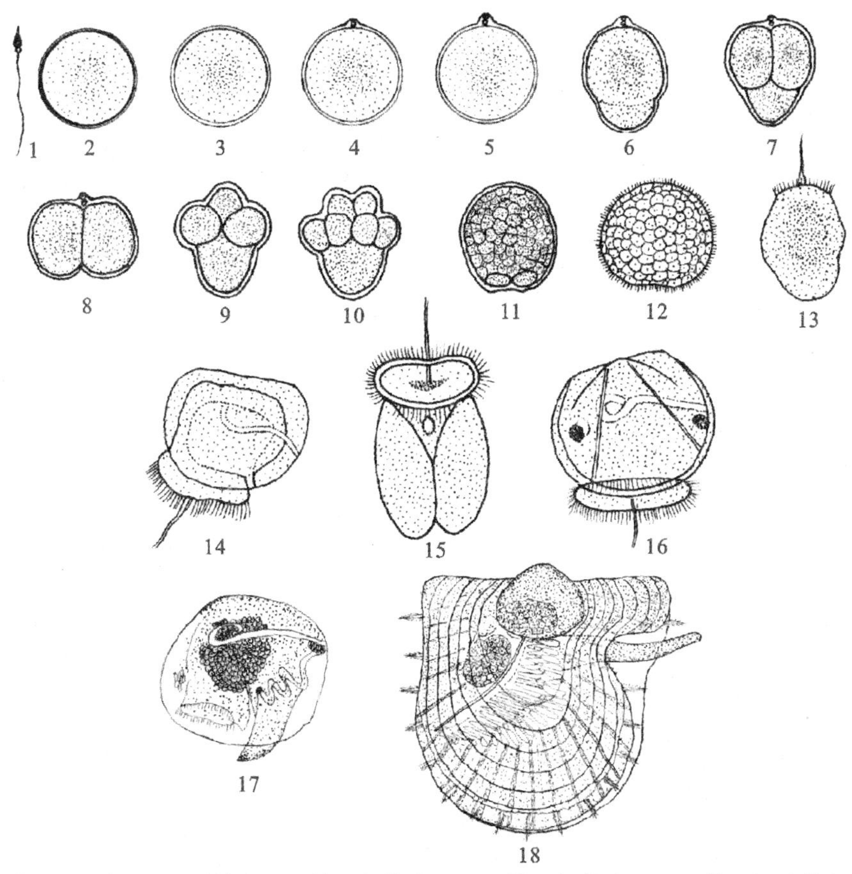

1. 精子　2. 卵子　3. 受精卵　4. 第一极体出现　5. 第二极体出现　6. 第一极叶伸出　7. 第1次卵裂　8. 2细胞期　9. 4细胞期　10. 8细胞期　11. 囊胚期　12. 原肠胚期　13. 担轮幼虫(侧面观)　14. 早期面盘幼虫(出现消化道)　15. 面盘幼虫　16. 后期面盘幼虫(出现壳顶,又称壳顶面盘幼虫)　17. 即将附着的幼虫　18. 稚贝

图 1-3　栉孔扇贝的胚胎和幼虫发生

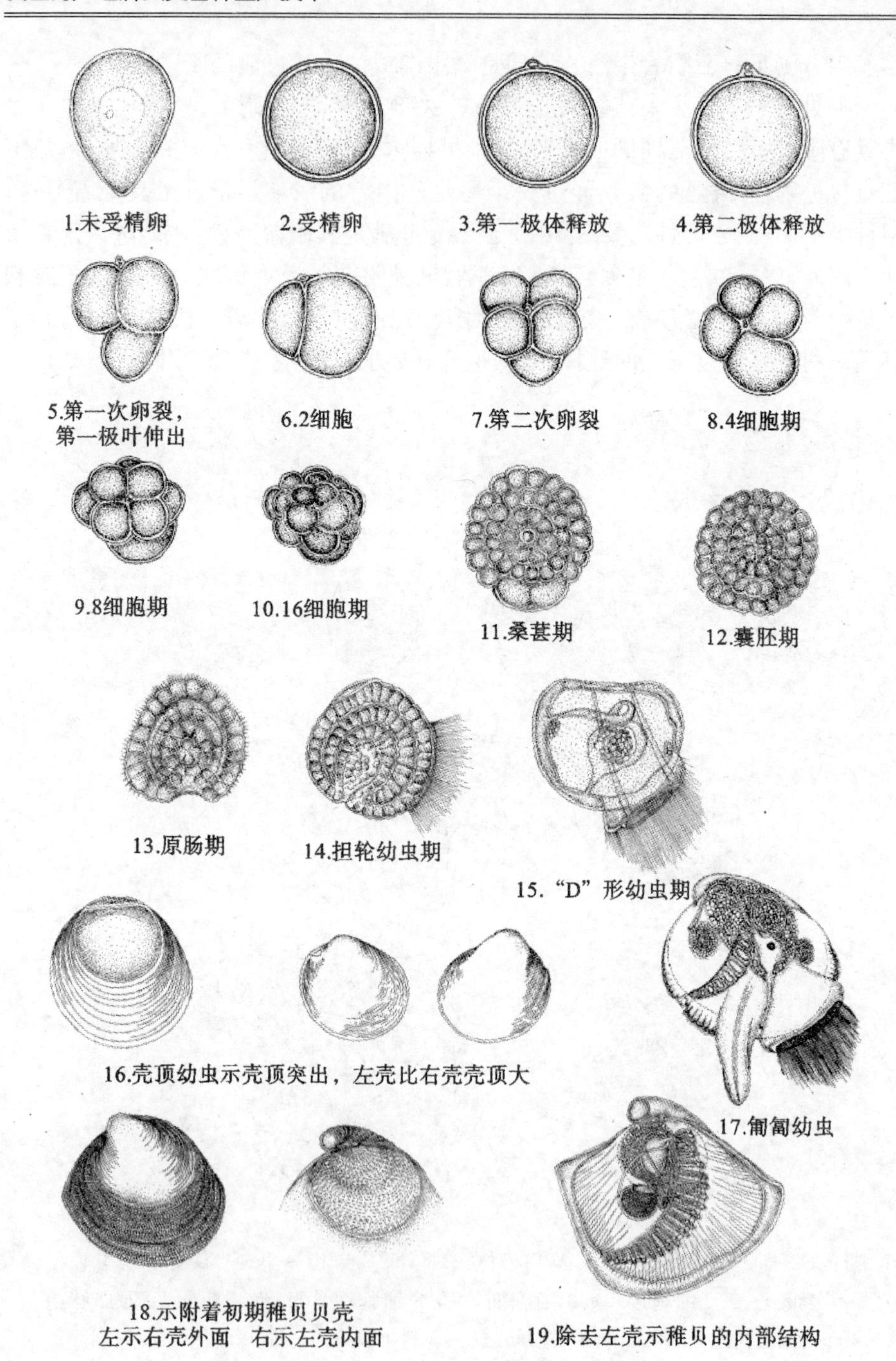

图 1-4　长牡蛎胚胎和幼虫发生

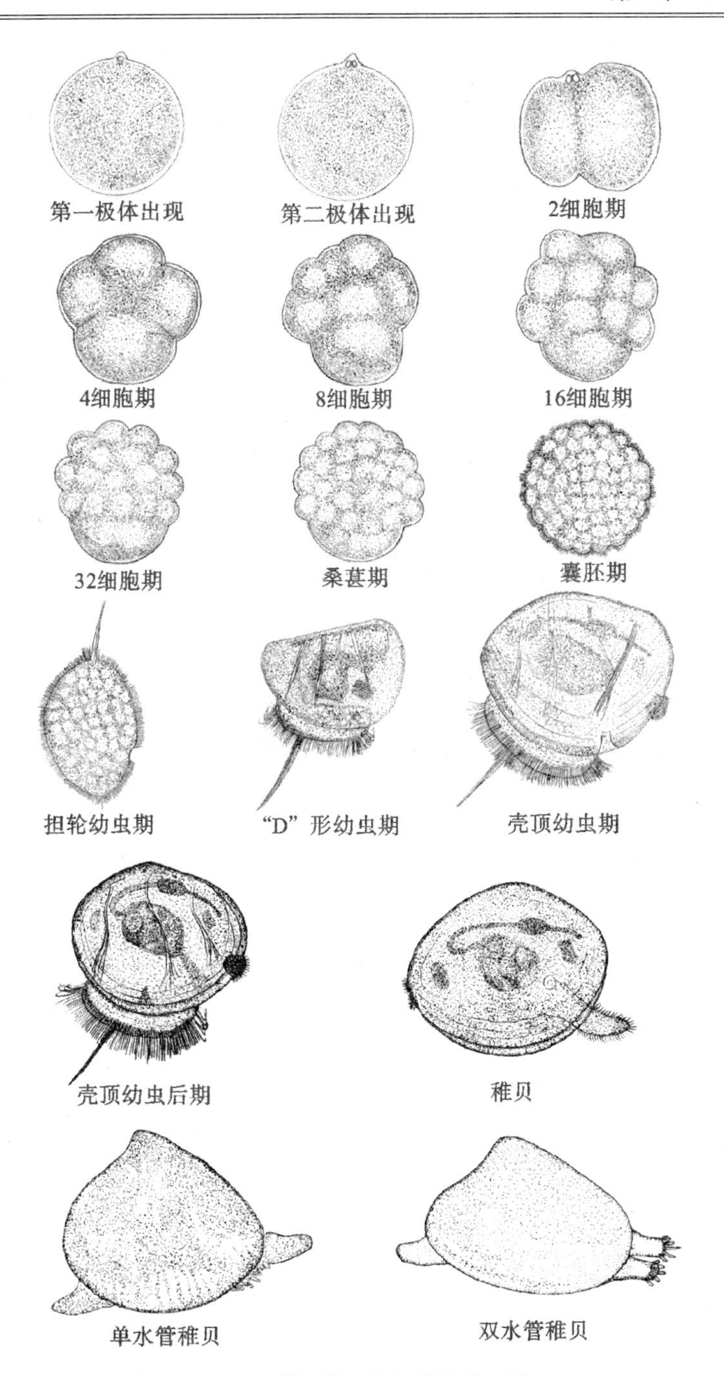

图 1-5　蛤仔的胚胎和幼虫发生图

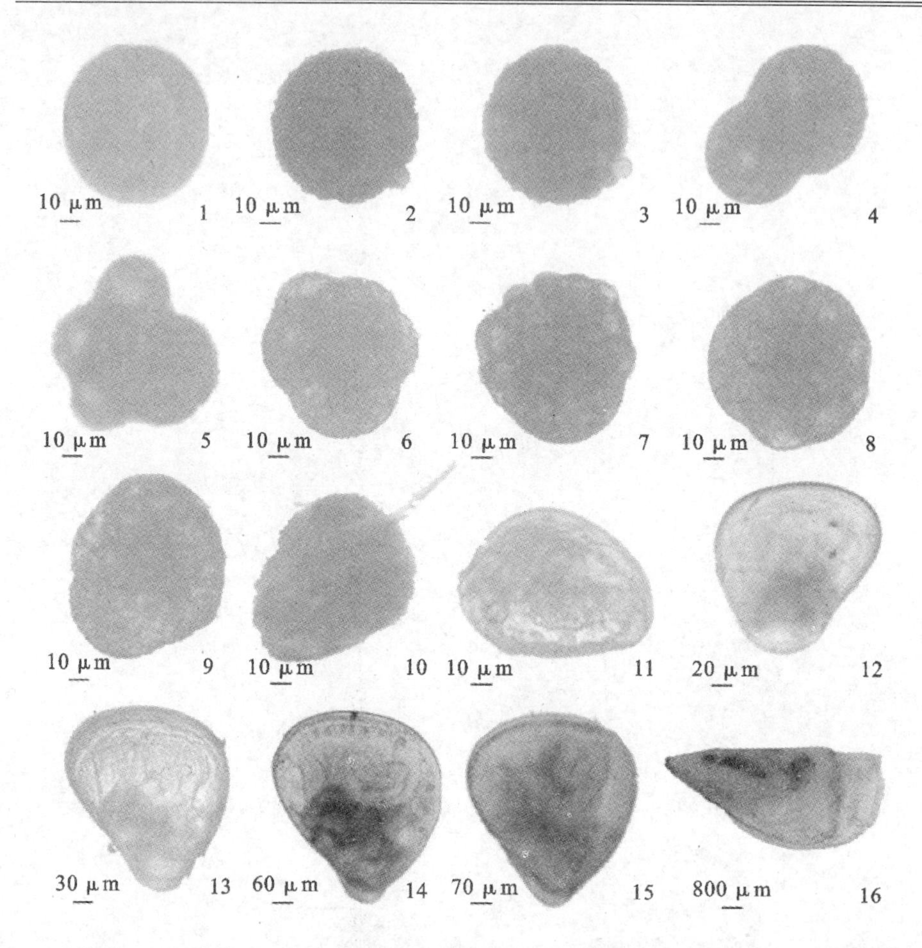

1.受精卵　2.释放第一极体　3.释放第二极体　4.2细胞期　5.4细胞期　6.8细胞期　7.桑葚期　8.囊胚期　9.原肠胚期　10.担轮幼虫　11."D"形幼虫　12.早期壳顶幼虫　13.中期壳顶幼虫　14.后期壳顶幼虫　15.匍匐幼虫　16.稚贝

图1-6　栉江珧胚胎发生图

三、头足纲(以金乌贼和长蛸为代表)

金乌贼雌体怀卵量一般800～2 000粒，孵化前的卵膜胀大，长径16～21 mm，短径12～14 mm，略呈葡萄状，卵膜接近奶油色，半透明；其产卵适宜水温13℃～17℃，盐度31左右。在水温18℃～22℃时，孵化期约需1个月；孵化率可达70%以上。刚孵出的稚仔，胴长为5～6 mm，外形与成体相近，能游动和捕食，白天沉静，夜间活跃。

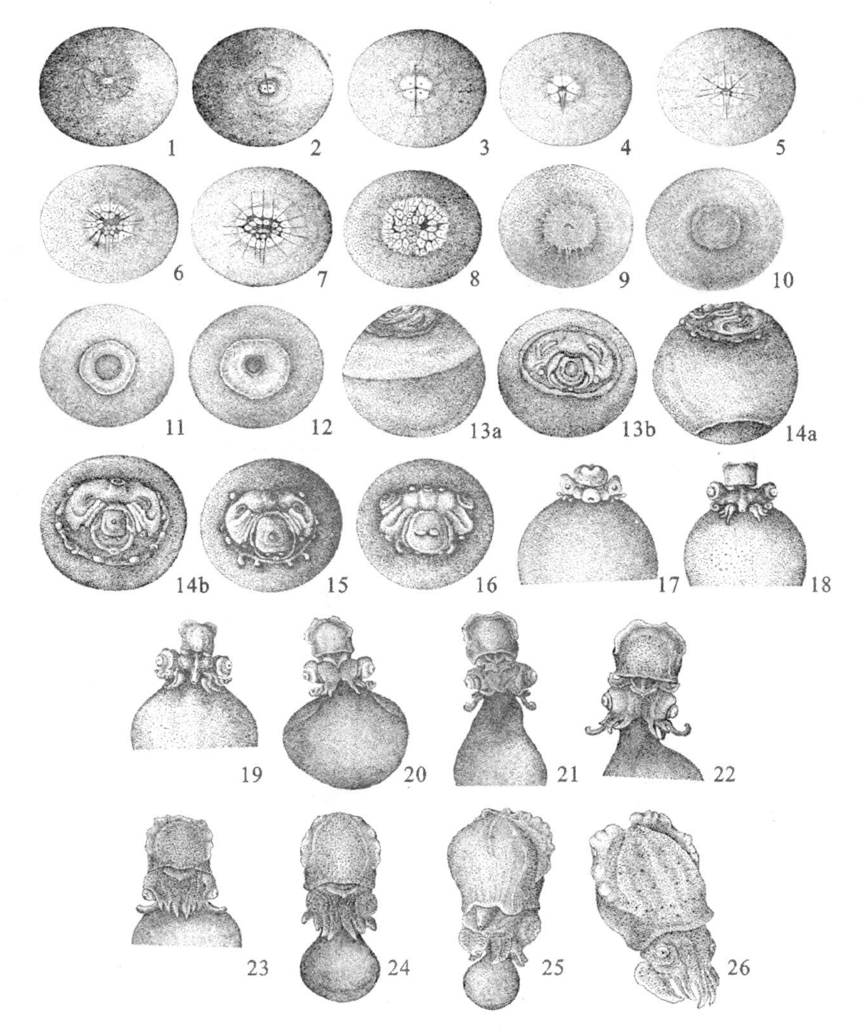

1. 尚未分裂的受精卵　2. 2 细胞期　3. 4 细胞期　4. 8 细胞期　5. 16 细胞期　6. 32 细胞期(由 12 个分割球)　7. 32 细胞期(由 14 个分割球)　8. 64 细胞期　9. 分割晚期　10. 胚膜时期　11. 初期原肠期　12. 后期原肠期，壳囊在此期开始　13. 外部器官芽开始(a. 右侧观，b. 顶面观)　14. 卵黄膜下包 3/4 外部器官都已形成(a. 右侧观，b. 顶面观)　15. 10 d 胚顶面观(卵黄囊孔闭合，胚体开始突出)　16. 11 d 胚顶面观(视柄突出，鳍芽形成)　17. 12 d 胚背面观(胴体开始形成)　18. 14 d 胚背面观(漏斗形成)　19. 16 d 胚背面观　20. 18 d 胚背面观　21. 20 d 胚背面观(外卵黄囊显著缩小)　22. 22 d 胚背面观(外卵黄囊继续收缩)　23. 24 d 胚背面观　24. 26 d 胚背面观　25. 28 d 胚右腹侧观(即将孵化的幼体)　26. 刚孵化的幼体右背侧观

图 1-7　金乌贼的胚胎发育(从李嘉泳等，1965)

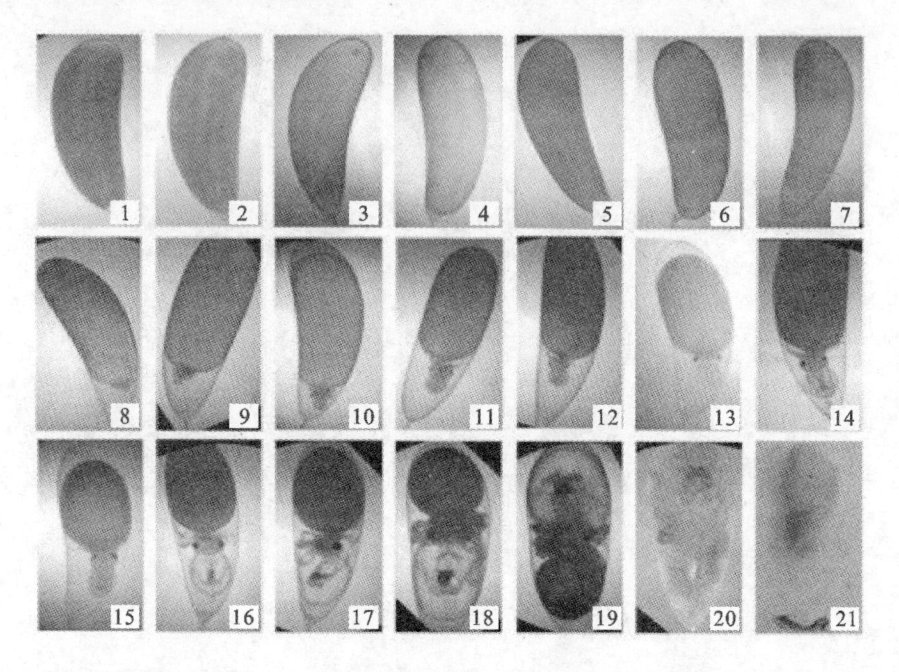

（长蛸胚胎发育期 72～89 d，分别历经卵裂期、囊胚期、原肠期、器官形成等 20 个时期。整个发育过程，胚胎发生两次翻转，第一次发生在第Ⅵ～Ⅶ期，约 21 d；第二次发生在第ⅪⅩ期，约 65 d，少数个体也存在多次翻转现象。）

图 1-8 长蛸的胚胎发育

第二节 贝类幼虫的生态学特点

贝类成体大都营固着、附着、埋栖或匍匐等底栖生活，但其幼虫是浮游的，其形态与生活习性同成体不同。幼虫还要经历几个不同的发育阶段，其数量变动与贝类养殖业关系十分密切，对幼虫生态习性的了解，是进行贝类自然海区半人工采苗的重要依据。因此对贝类幼虫生态学（larval ecology）的研究，不仅成为浮游生物学家研究的一个课题，也为养殖专家普遍重视。

一、浮游幼虫的生态特点

1. 贝类浮游幼虫属于阶段性浮游生物（meroplankton）

仅幼虫期渡过浮游的生活阶段，然后变态成稚贝（幼虫），改营底栖生活。

2.幼虫出现的规律性

在自然界中,各种贝类都有固定的繁殖期,幼虫的出现就具有明显的规律,故在繁殖季节,便有大量的浮游幼虫。因此,可根据幼虫出现的时间和密度来准确判断和预报投放半人工采苗器的具体时间。

3.幼虫出现的短暂性

贝类幼虫仅仅是其发育过程中的一个阶段,不可能在海中浮游很久。因此,浮游幼虫出现的短暂性决定了贝类半人工采苗时间的短暂期,必须不误时机,及时预报,适时投放采苗器。

4.幼虫分布的不均匀性

贝类幼虫的分布常受风向、海流、潮汐、光照、水温及亲贝分布等多种因素的影响,故在自然海区中,分布常是不均匀的。因此,在自然海区半人工采苗时,必须对其进行浮游幼虫的调查,以确定投放采苗器于适宜的海区。

5.贝类幼虫的趋光性

贝类幼虫从面盘幼虫初期开始便具有正趋光性,向光线适宜的地方浮游,至浮游植物丰富的水域中发育生长,直至眼点幼虫依然具有正趋光性。等变态后营底栖生活时,就从光亮处转向底部。

二、浮游幼虫的分布

贝类浮游幼虫的分布,在水平、垂直和季节方面都具有明显的特点。

1.水平分布

(1)近海多、外海少(沿岸性浮游生物 neritic plankton):这和贝类的生活需求密切相关,近海水域营养盐丰富,浮游植物繁盛、有机碎屑最多,为幼虫提供了丰富的基础饵料。

(2)浮游幼虫常有密集现象;这和贝类具有群聚力的习性有关,在繁殖盛期尤为明显。

(3)浮游幼虫分布较狭:各种贝类都有一定的适温、适盐范围,有一定的分布区域,其幼虫分布同成体分布的范围基本吻合。如栉孔扇贝、虾夷扇贝等仅分布于我国的北部沿海;而华贵栉孔扇贝、翡翠贻贝等仅分布于我国南部沿海。

2.垂直分布

贝类浮游幼虫垂直分布的特点,一般都分布在海水的上层,也就是日光照射的水层——光照层(上层浮游生物)。这不仅与早期幼虫的趋光性有关,也和饵料有关,因为在这个水层,幼虫能获得丰富的浮游植物,贝类幼虫个体较小,有浮游运动器官或胞器——面盘、顶纤毛束和纤毛,也最容易漂浮在水的表面。

晚期幼虫则逐渐改变为避光性，这是导致其营底栖生活的因素之一。

3.季节分布

贝壳浮游幼虫的数量有明显的季节变化，和成体的繁殖季节有关。在繁殖盛期，幼虫类量大，成为浮游生物群落的优势类群，这种现象多出现在生物春（第一次开花，水温处于上升的适宜季节）和生物秋（第二次开花，水温处于下降的适宜季节），此时也正是浮游生物大量繁殖，呈现生物密度高峰的季节。而在冬季数量较少。不同种类幼虫其高峰出现时期不尽相同。

三、影响贝类浮游幼虫生长与发育的主要因素

贝类幼虫在正常自然海区中的生长与发育状况常受到海区环境条件的影响，其中对幼虫生长、发育影响最大的是水温和饵料。

1.水温

贝类的浮游幼虫在适温范围内，生长率和发育速度随水温升高而增加，超过了一定范围，生长率下降，发育速度受阻，甚至停止生长，导致幼虫死亡。

2.饵料

饵料的种类和数量直接影响贝类幼虫的生长发育。海区中浮游生物较多，其中以硅藻类在贝类浮游幼虫饵料中占很大比例，因此硅藻类多，将直接有利于贝类幼虫的生长与发育，因为硅藻类个体小，易消化，对幼虫发育有利；如果双鞭藻较多，则影响贝类幼虫生长与发育，因为双鞭藻有毒，对幼虫有毒害的作用。

四、贝类浮游幼虫的生物学意义

众所周知，多数养殖贝类的成体是不大活动或者根本不能移动（如牡蛎），但其生活史中出现浮游幼虫阶段，则可随海流到处漂游，从而扩大其分布范围，以保持种族的繁衍。为了适应浮游生活的习性，幼虫生有纤毛和面盘，以便随水漂浮到适宜的海区，安居栖息，从而扩大种族的分布范围，对其生存有利。

第三节　贝类幼虫的附着变态

贝类在其发生过程中，大都要经过一个附着变态的过程。变态过程是贝类从幼虫向成体转变的一个重要发育阶段。它是一个复杂的过程，一般幼虫附着在前，变态在后。幼虫发育到一定阶段，便具有附着变态的能力，遇到合适的附着基，在外界物质的刺激下，完成附着变态。附着变态过程是一个可逆的选择

合适附着基的行为过程，变态过程是一个不可逆的形态变化过程，幼虫只有顺利地经过变态过程，才能完成从幼虫向成体的转变。

一、贝类幼虫附着变态前后形态上的特征

贝类幼虫经过附着变态后，其外部形态、内部构造、生理机能和生活习性等方面都发生了相当大的变化。变态的标志之一是含有钙质的次生壳形成；标志之二是面盘萎缩退化和鳃的形成，开始用鳃呼吸、摄食；标志之三是生活习性的改变，变态前营浮游和匍匐生活，变态后营附着、固着、匍匐或埋栖生活。

二、影响贝类幼虫附着变态的因素

1. 物理因素

温度、盐度、附着基表面粗糙程度和颜色、溶解氧、流速和光照等可以影响贝类幼虫的附着变态。适宜的温度、盐度和其他环境条件有利于贝类幼虫的附着变态。幼虫变态时对附着基表面的光滑与否、阴阳面、颜色和附着基的大小都有一定的选择性，如牡蛎喜欢在质地坚硬、粗糙且背阴的基质上附着变态。

2. 化学因素

诱导贝类幼虫附着变态的化学物质有金属阳离子、儿茶酚胺化合物、氨基酸类化合物、胆碱及其衍生物和影响细胞内 cAMP(环化腺苷酸)的化合物五大类。

(1)金属阳离子：K^+、Ca^{2+}、Na^+、Mg^{2+}对贝类幼虫的附着变态均有一定的诱导作用，特别是K^+作用效果明显。如鲍的幼虫在K^+浓度<40 mmol/L 时，随着浓度的增大，诱导变态率逐渐升高。但当浓度达到 50 mmol/L 时，变态率反而会下降。一般认为K^+是通过直接影响细胞膜的电势，使细胞膜去极化，从而诱导幼虫变态。

(2)L-DOPA 和儿茶酚胺：L-DOPA(二羟基苯氨基丙酸)和儿茶酚胺(肾上腺素、去甲肾上腺素和多巴胺)都是酪氨酸衍生物，均为神经递质，对太平洋牡蛎、虾夷扇贝、翡翠贻贝、魁蚶、海湾扇贝和硬壳蛤等贝类幼虫的附着变态均有诱导作用。其诱导剂量因种类不同而异。

(3)氨基丁酸(GABA)和 5-羟色胺(5-HT)：GABA 和 5-HT 也是神经递质。GABA 对皱纹盘鲍幼虫变态的最佳作用浓度为 10^{-5} mol/L，变态率可达 60%。此外，GABA 对硬壳蛤幼虫变态也有一定诱导作用。5-HT 对硬壳蛤幼虫变态也有明显的诱导作用，但 5-HT 对虾夷扇贝幼虫变态不起作用。另外，丙氨酸(Ala)、色氨酸、3-羟酪胺等具有神经活性的氨基酸也能够诱导贝类幼虫附着变态。

(4)胆碱及其衍生物:胆碱及其衍生物,对贝类幼虫附着变态有诱导作用。胆碱可能通过三种途径诱导幼虫附着变态:①直接作用于胆碱受体;②作为乙酰胆碱合成的前体;③刺激合成和分泌儿茶酚胺化合物。

(5)影响细胞内cAMP(环化腺苷酸)的物质:cAMP作为第二信使,起着信息的传递和放大作用,引起细胞内的一系列生理反应后,从而引起幼虫的附着变态。影响细胞内cAMP浓度并诱导幼虫附着变态的化学物质主要有ab-cAMP(丁二基环化腺苷酸)、黄嘌呤化合物(如IBMX)和霍乱毒素。ab-cAMP能够穿透细胞膜进入细胞,影响细胞内cAMP浓度;黄嘌呤化合物如IBMX、茶碱和咖啡因可以增加细胞内cAMP浓度,它的途径主要有2条:一条是通过直接抑制磷酸二酯酶降解cAMP,另一条是通过增加细胞内Ca^{2+}浓度间接增加cAMP浓度。50～120 μmol/L的IBMX对红鲍幼虫的附着变态有明显的诱导作用。cAMP是否直接参与了幼虫的附着变态过程目前还存在争议。

3.生物因素

(1)同种个体分泌物:同种个体的分泌物均能促进其幼虫的附着变态。杂色鲍成体黏液的诱导作用均高于40 mmol/L的K^+和1 μmol/L的GABA。另外,有些贝类成体能够分泌激素或激素类似物,能诱导其幼虫的附着变态。

(2)微生物膜:微生物膜对于许多贝类幼虫的附着变态有重要作用。现已证明,硅藻膜、蓝细菌膜和细菌膜均能促进幼虫的附着变态。细菌壁上的细胞外多糖类和糖蛋白以及菌膜分泌的一些可溶性物质均能促进幼虫附着变态。在扇贝、贻贝的半人工采苗中,适当早投采苗器,让采苗器上附生一层细菌黏膜,有利于贻贝幼虫的附着变态及发育生长。

(3)饵料分泌物:许多贝类成体所摄食的海藻能够诱导它们的幼虫完成附着变态。海藻的诱导作用可能与它们所含有的藻胆蛋白有关,这些诱导物是类似于GABA的单肽物质。海藻细胞壁上的黏多糖也有一定作用。

(4)不同诱导剂的诱导效果:不同诱导剂对同种幼虫的诱导效果不同。足黏液(mucus)、r-氨基丁酸(GABA)和氯化钾(KCl)都可以有效地诱导鲍的幼虫变态。其中,足黏液诱导幼虫变态的效果最好,其变态率可达90%以上,其次为氯化钾和r-氨基丁酸。同样,由于生物的多样性,同种诱导剂对不同贝类幼虫的诱导效果也不同。如GABA对鲍附着变态有诱导作用,而对太平洋牡蛎和贻贝无诱导作用。

(5)利用底栖硅藻液诱导附着变态:在扇贝类眼点幼虫附着变态前,先将附着基在底栖硅藻液和单胞藻液中浸泡2～3天后,可以大大提高扇贝的附着变态率。

第二章　贝类育苗场地的建造

第一节　贝类人工育苗场地的选择与总体布局

一、育苗场地的选择

根据当地水产养殖发展的总体规划要求，因地制宜，综合分析，从技术上、经济上进行可行性研究后，应从下列几方面考虑。

（1）水质好，无工业、农业和生活污染的海区。应按海水水质标准进行选择（表 2-1）。场址应远离造纸厂、农药厂、化工厂、石油加工厂、码头等有污染水排出的地方，并应避开会产生有害气体、烟雾、粉尘等物质的工业企业。

（2）无浮泥、混浊度较小，透明度大，水龙头的最佳位置应处于大干潮时都可抽水的地方，最好能在海边打地下井水的海区，可以降低育苗成本。

（3）盐度要适宜，场址尽量选在背风处，水温较高，取水点风浪要小。

（4）场址应有充足的淡水水源，总硬度要低，以免锅炉用水处理困难。

（5）场址尽可能靠近养成场，交通运输方便，尽量不用或少用备发电设备，以降低生产费用。

（6）选择饵料丰富的自然海区，风浪较小，以便稚贝下海保苗。

表 2-1　渔业水域水质标准

编号	项目	标准
1	色、臭、味	不得使鱼、虾、贝、藻类带有异色、异臭、异味
2	漂浮物质	水面不得出现明显的油膜或浮沫
3	悬浮物质	人为增加的量不得超过 10 mg/L，而且悬浮物质沉积于底部后，不得对鱼、虾、贝、藻类产生有害的影响
4	pH	海水中 7.0～8.5
5	生化需氧量(5 天 20℃)	不超过 5 mg/L，冰封期不超过 3 mg/L

(续表)

编号	项目	标准
6	溶氧量	24 小时中、16 小时以上必须大于 5 mg/L,其余任何时候不得低于 3 mg/L
7	汞	不超过 0.000 5 mg/L
8	镉	不超过 0.005 mg/L
9	铅	不超过 0.1 mg/L
10	铬	不超过 1.0 mg/L
11	铜	不超过 0.01 mg/L
12	锌	不超过 0.1 mg/L
13	镍	不超过 0.1 mg/L
14	砷	不超过 0.1 mg/L
15	氰化物	不超过 0.02 mg/L
16	硫化物	不超过 0.2 mg/L
17	氟化物	不超过 1.0 mg/L
18	挥发性酚	不超过 0.005 mg/L
19	黄磷	不超过 0.002 mg/L
20	石油类	不超过 0.05 mg/L
21	丙烯腈	不超过 0.7 mg/L
22	丙烯醛	不超过 0.02 mg/L
23	六六六	不超过 0.02 mg/L
24	滴滴涕	不超过 0.001 mg/L
25	马拉硫磷	不超过 0.005 mg/L
26	五氯酚钠	不超过 0.01 mg/L
27	苯胺	不超过 0.4 mg/L
28	对硝基氯苯	不超过 0.1 mg/L
29	对氨基氯苯	不超过 0.1 mg/L
30	水合肼	不超过 0.01 mg/L
31	邻苯二酸二丁酯	不超过 0.06 mg/L
32	松节油	不超过 0.3 mg/L
33	1,2,3-三氯苯	不超过 0.06 mg/L
34	1,2,4,5-四氯苯	不超过 0.02 mg/L

二、育苗场地的总体布局

育苗场的设计规模依育苗池的有效水体总容积(m^3),分为大、中、小型育苗场。一般来讲,5 000 m^3 及以上为大型场,2 000～5 000 m^3 为中型场,500～2 000 m^3 为小型场。

育苗场主要建筑物有育苗室、饵料室、锅炉房、风机室、变配电室、水泵房、沉淀池、砂滤池等。如图 2-1 所示。

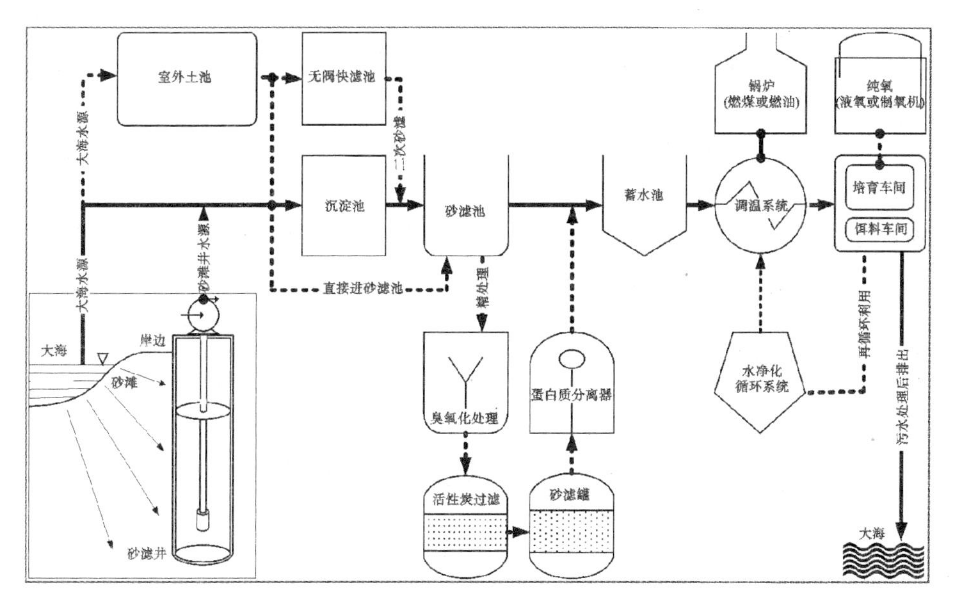

图 2-1 完整的贝类育苗场生产设施分布示意图

各建筑物的建筑面积与育苗总水体的比例一般为:每 1 000 m^3 水体应有锅炉房 100 m^2,变配电室 70 m^2,水泵房 30 m^2,风机室 30 m^2,饵料室 500 m^2,水质分析及生物检查室 30 m^2。

室内水泥池育苗场是利用工业化手段,控制育苗条件,满足孵化、幼体生长发育的要求,从而达到高产、稳产的目的,所以工业化的育苗场总体布置要根据国家工业管理的有关规定,掌握建设地区的水文地质资料和各项建设条件。首先由建设单位提供地形地物图(1∶500),海况、水质水源、气象等资料,由设计人员根据国家有关规定提出平面布置方案,再经过有关部门参加的讨论评定,专业协调,最后定出最佳布置。

一般来讲,场内各建筑物的平面布置应满足生产工艺要求,管理方便,功能分区明确、布置紧凑,场内交通畅通。

育苗室、饵料室采用天然采光和自然通风,尽可能相邻向阳布置,并设在当地育苗季节主风向的上风侧。为了减少烟尘、噪声、煤灰对环境的污染,锅炉房应位于主风向的下风侧,但锅炉房主要是供育苗室热量,考虑节能与管理又不能离育苗室太远。水泵房要根据地形,潮水及水泵的型号布置在靠近取水口较合适的地方,便于管理,不要离场区太远。风机室一般安装罗茨鼓风机,因噪声太大,不要离育苗室太近,但风机室的管道要直通育苗室,以免拐弯太多、太长,增大阻力。变配电室要根据高压调度进场的方位并尽量靠近用电较多的场房,一般设在场区一角。电力不足的地区,要建发电机室,发电机室和变配电室的配置要合理,两室常建在一起。

海水的提水口应设在涨潮流的上方,场区排水口应设在涨潮流的下方,并尽量远离进水口。建在山坡的育苗场,应利用地形高差,由高到低按沉淀池、砂滤池、饵料室、育苗室顺序布置,形成自流供水,避免二次提水。场区各建筑物之间的间距应大于 6 m,育苗室和饵料室的间距应大于 8 m,育苗室周围应能使卡车顺畅通过。此外,附属厂房及设施配比要合理,当育苗水体增减后,附属厂房的建筑面积可根据实际需要做适当调整。

第二节　人工育苗的基本设施

一、供水系统

常采用水泵提水至高位沉淀池,水经过砂滤池(或砂滤罐)过滤处理后,再入育苗池和饵料池。

1. 水泵

(1)水泵的种类:水泵或因质地不同分为铸铁泵、不锈钢泵,或因性能差异又分为离心泵、轴流泵和井泵等。

从海上提水最常用的是离心泵。室内打水和投饵常用潜水泵。离心泵需确定在水泵房中的位置。通常一个水泵房有二台甚至多台水泵同时运行或交替使用。潜水泵体积小,重量轻,移动灵活,操作方便,不需固定位置,但它的流量和扬程受到限制,本书主要介绍从海上提水的离心泵。

(2)位置:水泵的吸程应大于水泵位置和低潮线的水平高差,扬程必须大于水泵到深沉池(或蓄水池)上沿的水平高差。

(3)进出水管道：铁管、塑料管、胶管或陶瓷管，严禁使用含有毒物质的管道，抽水龙头应置于低潮线以下。

(4)水泵的选择及计算方式。

①水泵的铭牌和型号。

每一台水泵在出厂时都有一个铭牌，铭牌上除了标明该台水泵的型号外，还列出了该台水泵的扬程、流量、允许吸上高度、转数、效率等主要工作参数。如4BA-12型水泵的铭牌如下：

型号4BA-12　　转数2 900 r/min

扬程34.6 m　　效率78%

流量90 m^3/h　　电机功率11 kW

允许吸上高度5.8 m

水泵铭牌上所列的主要工作参数，是指在水泵最高工作效率时的数值。每种型号水泵的工作参数均有三组数据，它们是互相配合的。如4BA-12型水泵，当流量是65 m^3/h时，总扬程为37.7 m，效率为72%；又如流量为120 m^3/h时，总扬程为28 m，效率为74.5%。最高效率时如铭牌所示。由此可知，对同一台水泵而言，当流量提高时，扬程就降低，实际上水泵的流量可以在一个相当大的范围内变化。水泵在出厂前进行试验将确定的参数除列出数据外，还综合出水泵性能曲线，从图中可以查出不同流量下的扬程效率，当效率最高时，所对应的参数即为水泵铭牌上的一组数。

水泵的型号实际上表示了各种形式水泵的构造特点、大小和性能。

②水泵流量计算。

无论是生产用水还是生活用水，随生活、生产工艺的需要，用水量都在发生变化，即使在一天内，每个小时的用水量也会不同。选用水泵时，必须以满足日最高时用水量为依据。如用于从海中提水的水泵时，沉淀池的容量为2 000 m^3，若泵房每天工作8小时，则水泵每小时提水量为：2 000÷8＝250 m^3/h。若工作16小时，每小时提水量为：2 000÷16＝125 m^3/h。若计算水泵提海水(从潮差蓄水池中不沉淀或取自其他贮水池)，而直接通过筛绢过滤供育苗池使用，一般采用非均匀供水设计。因生产过程中用水量变化较大，如几个池大换水，一般取变化数为1.5～3.0。例某育苗场最高日用海水量为2 000 m^3，若24小时供水，则每小时提水量：

2 000÷24×3＝250 m^3/h。(取变化系数为3)

若16小时供水，则2 000÷16×3＝375 m^3/h。以上计算能满足生产中某时刻急需大水量的需要。

③水泵吸水高度的确定。

水泵欲将海水吸上，就有一个吸水高度。每台水泵都有它的允许吸上高度。实际的吸水高度必须小于水泵的允许吸上高度，实际吸水高度除几何高差外，还应包括吸水管的水头损失。铭牌上的允许吸上高度>（水泵轴标高－最低水位标高）＋吸水管水头损失（包括局部损失和沿程损失）。

④水泵扬程的确定。

在育苗场供水系统中，经常采用水泵从海中提水至高位沉淀池，水泵的扬程应包括吸水几何高度，输水几何高度以及管路的总水头损失（包括吸水、输水水管的沿程和局部水头损失）。为使水流有一定压力出流，还要提供一引动富裕水头。这些数值的总和为水泵的总扬程。如下：

$$H = H_1 + H_2 + h_1 + h_2 + (1-2)(\mathrm{m})$$

式中：H—水泵总扬程（m）；

H_1—水泵吸水几何高度（即海水最低水位至泵轴的几何高度）（m）；

H_2—水泵输水几何高度（即水泵泵轴至沉淀池最高水面的几何高度）（m）；

h_1—吸水管路的沿程和局部水头损失（m）；

h_2—输水管路的沿程和局部水头损失（m）；

（1－2）m—为富裕水头。

⑤水泵的安装。

水泵的安装高度是指泵轴至最低吸水面的几何高度。水泵铭牌上的允许吸上高度并不等于水泵的安装高度。因为还要考虑吸水管路的总水头损失，它包括局部水头损失和沿程水头损失。在设计上为了吸水安全可靠往往加以安全系数，一般取 0.8～0.85，所以水泵的安装高度等于：

水泵的安装＝（铭牌上允许吸上高度－吸水管总水头损失）（包括沿程和局部水头损失）×0.8－0.85（m）

此计算适用大气压为 10 m 水柱左右及输送常温液体，若水泵安装在高原上和温度较高的液体实际允许吸上高度要进行修正，因为水泵铭牌上的允许吸上高度是在大气压为 10.33 m 水柱及水温 20℃条件下试验测得的。

⑥水泵的选择。

确定了水泵的设计流量扬程及安装高度，还必须确定水泵的台数，用同一型号还是用几种型号搭配使用。

1）水泵台数的确定。

若所需的提水设计流量为 87 m^3/h，扬程为 30 m，在这样的情况下，可以选一台 4BA-12 型水泵，流量为 90 m^3/h，扬程为 34.6，效率 78%，功率 11 kW，也可以选择两台 3BA-9 型水泵，每台的流量为 45 m^3/h，扬程 32.6 m，效率为 71.5%，功率为 5.5 kW。两种选择方式都符合要求。在育苗场实际工程中，要看具体情况权衡考虑。一般在输水量变化较大的情况下，如蓄水池→水泵提水，筛绢过滤→育苗池，水泵台数可多一些，用 2～4 台，备用 1～2 台，需水量大时开 2～3 台，需水量少时开 1 台。调度灵活能适应水量变化。若输水量变化不大时，如水泵向沉淀池或高位池提水，台数可少，用 1～2 台，备用 1 台。备用水泵的台数可根据供水安全要求程度，发生事故时允许减少水量及工作水泵台数，现场检修能力等因素考虑，育苗场水泵房必须安装备用水泵，根据情况 1～2 台，最好是同型号，便于维修管理。

2)水泵的并联

有的水泵房平常不只一台水泵运行，有两台水泵同时运行。这样有两种情况，一种是两台泵分别用两根输水管同时向用水点输水，这两台水泵的工作情况和单台水泵工作情况相同，保持了各台水泵的流量和扬程。另一种情况是两台水泵用公用的输水管向用水点输水，公共输水管把两台泵的工作情况联系在一起，都受到公共输水管中压力的制约，必须把两台泵作为一个整体考虑，这种情况称为水泵的并联。水泵的并联一般采用同型号泵，型号相同的并联，由于扬程相等，所以总流量大于每台水泵的流量，但少于两台水泵单独运行的总和。当并联泵的输水管路特性不好(水头损失太大)，则水泵运行不利，并联水泵愈多，各台水泵在其中发挥的作用愈小。因此并联的台数不宜过多，条件允许应各设输水管。

2. 沉淀池

沉淀池一般建在地面以上，常建成高位，兼作高位水池。

(1)总容量：为育苗池水总容量的 2～3 倍，沉淀时间在 24 小时以上为好。

(2)池的构造：沉淀池一般呈长方形或圆形，砖、石砌，内层应抹五层防水层。池底视基础情况采用钢筋混凝土或混凝土地面，也需 5 层防腐剂水抹面，以防渗漏。为达黑暗沉淀，池顶最好加盖。池底应有 1%～3%的坡度，便于清涮排污，池下部布设排污口和供水口，口径为 150～200 mm，顶部应设溢水口，口径 90～100 mm，沉淀池一般可分成 2 至数格。

(3)沉淀池若建在地势较低处，则需要加二级提水设备。

3. 砂滤池

沉淀池的水必须经过砂滤后方可进入育苗室和饵料室。目前使用的砂滤器有砂滤池、砂滤罐和无阀滤池三种。

(1)砂滤池：它是敞水过滤器。

①滤水能力：每小时每平方米滤水 10～20 m^3，过滤后的海水不应含有原生

动物。总滤水量视育苗池容量而定，为保证育苗池每日换水需要，可适当扩大过滤面积和过滤水的容量。

②数量：至少 2 个。

③滤料的装设：自下而上铺有不同规格的数层砂分装或其他滤料。砂滤池底部留有蓄水空间，其上铺有水泥筛板或塑料筛板。筛板上密布 1～2 cm 的筛孔，其上铺有 2～3 层网目为 1 mm 左右的聚乙烯网，再往上铺 20 cm 粒径为 2～3 mm 的砂，最上一层为 80～90 cm 厚，砂的粒径为 0.2 mm 左右(图 2-2)

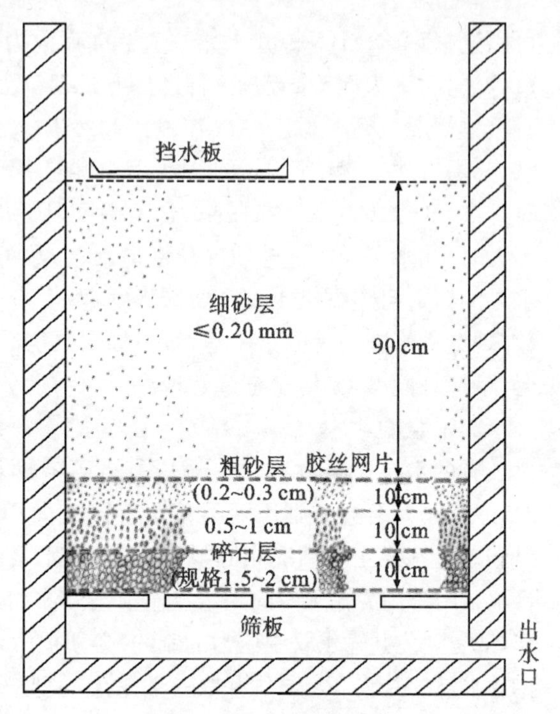

图 2-2　砂滤池结构示意图

(2)砂滤罐：为填充闭式过滤器，一般采用钢盘混凝土加压过滤器，有反冲洗装置(图 2-3)，类似于砂滤池，只不过有盖而处于封闭状态。内径 3 m 左右，每小时过滤能力达 20 m^3。砂层铺设基本同砂滤池。砂滤罐滤水速度快，有反冲作用，能将砂层沉积的有机物、无机物溢流排出。

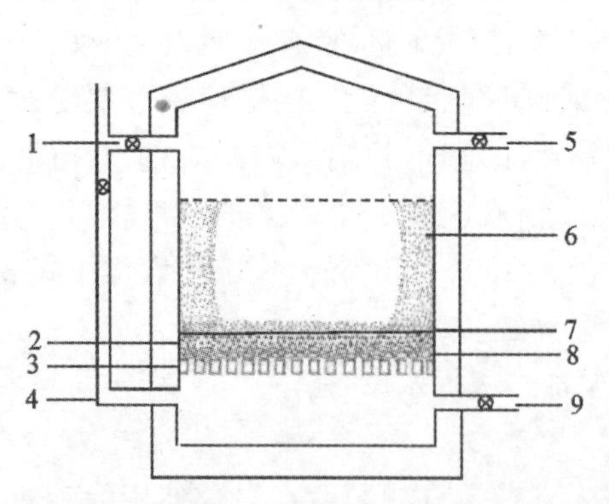

1.进水管　2.粗砂　3.筛板　4.反冲管　5.溢水管
6.细砂　7.聚乙烯筛网(80目)　8.碎石　9.出水管

图 2-3　砂滤罐结构示意图

(3)无阀滤池。

无阀滤池(图 2-4)是一种不需要阀门的快滤池,无阀滤池在运行的过程中,出水的水位保持恒定不变,进水的水位则随着滤层水头损失阀增加而不断在吸管内上升,当水位上升到虹吸管管顶,并形成虹吸时,就开始自动滤层反冲洗,冲洗掉废水沿虹吸管排出池外。无阀滤池的技术特点如下:

1)不需要水压、电力和压缩空气等提供动力,所有的工作环节都由过滤器自行控制。

2)内设有强制冲洗系统,如果滤池水头的损失还未达到允许值,而因某种原因需要提前冲洗时,可进行人工强制冲洗。

3)无阀滤池无需设置大型闸门,它可以自动冲洗,管理方便。

图 2-4　无阀滤池

(4)地下砂滤井。

利用冬季大潮时,在育苗场区的海边,尽可能向海里延伸,埋砂滤管和砂滤网箱,深度 0.8~1.2 m,让抽进的海水经砂层粗滤后进入沉淀池和砂滤池,如图 2-5 所示。

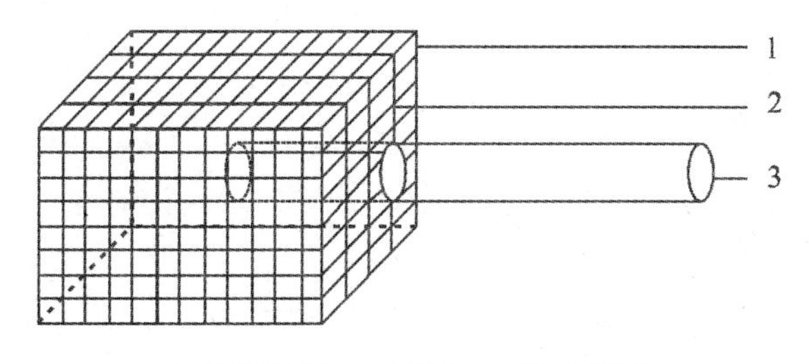

1.钢筋框架　2.筛网　3.聚乙烯管

图 2-5-a　地下砂滤井结构示意

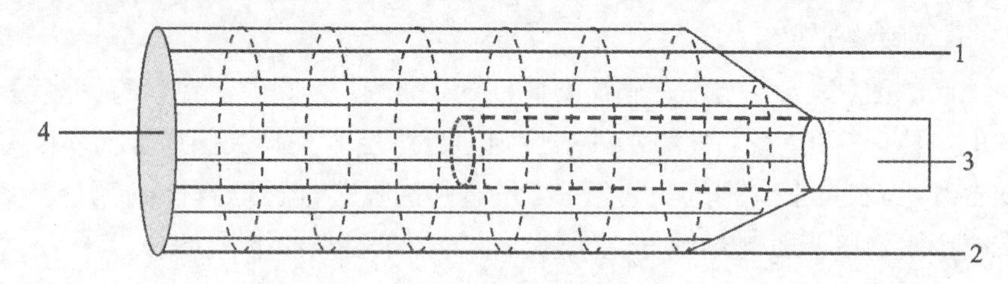

1. 圆形框架　2. 筛网　3. 聚乙烯管　4. 聚乙烯挡板

图 2-5-b　地下砂滤井结构示意

克服水产育苗一直沿用多个大型的沉淀池和砂滤池或砂滤罐、建设费用高、投资大的缺点，建设费用仅为育苗场建设费用的 5%左右。此外，冬季水温比自然水温高 2℃～4℃，夏季低 3℃～4℃，是目前进行水产育苗水处理效果好、投资少、降低能耗较理想的设施。

二、育苗室

育苗室是贝类工厂化人工育苗的主要"车间"，它的主要作用是保温、防雨、通风、调光，为幼虫和稚贝培育提供稳定的环境和一定容量的水体。

1. 育苗室的构筑

一般多用砖砌体，屋顶采用钢梁或木梁结构，呈"人"字形或圆弧形，瓦顶或玻璃瓦顶。一般长 40～50 m，宽 15 m 左右。因跨度较大，加重型钢梁可以不采用室内立柱，若用轻型钢梁必须设室内立柱，以增加钢梁强度。不管是钢梁或木梁，设计时都必须进行强度或刚度计算，取 30 年一遇的最大风载荷、雪载荷、雨载荷进行计算，以确保育苗室安全。

在我国，许多对虾育苗室在育完对虾苗种后，大都荒废着，故可以用它来进行贝类的人工育苗。对虾育苗室大都系玻璃钢波形瓦顶，因此，要在室内设遮光帘，空气要流通，水温和室温变化不要太大。

2. 育苗池

(1)育苗池的构造：一般采用 100＃水泥砂浆，用砖石砌筑，也可采用钢筋混凝土灌铸，一般水池池壁砖墙厚 24 cm，池底应有 1%～2%的坡度斜向出水口。池壁及池底应采用 5 层防水水泥浆抹面。新建的育苗池必须浸泡一个多月，以除去泛碱方可使用。

小型育苗池可采用玻璃钢制成。

(2)育苗池容量：小者每个 10 m^3 左右，中者 20～30 m^3，大者 50 m^3 左右。总容水量视育苗规模而定。鲍鱼育苗池较小，为 2～8 m^3。

(3)育苗池的深度：一般 1.5 m 左右，深者可达 2 m。鲍鱼池较浅，为 0.6 m 左右。

(4)育苗池的形状：长方形、方形、椭圆形和圆形。流水培育以长方形为好。

三、饵料室

一个良好的饵料室必须光线充足，空气流通，供水和投饵自流化。饵料室四周要开阔，避免背风闷热。屋顶用透光的玻璃波纹板铺盖。

1. 保种间

除了光照条件要保持 1 500～10 000 勒克斯外，还要有调温设备，冬季温度不低于 15℃，夏季不超过 20℃。1 m^3 二级饵料需 1 m^2 保种间。

2. 封闭式培养器

利用(1～2)×10^4 细口瓶，有机玻璃柱、玻璃钢桶、聚乙烯薄膜塑料袋，进行饵料一级、二级扩大培养。封闭式培养有防止污染、受光均匀、培养效率高等优点。

3. 敞式饵料池

饵料培养总容量为育苗池的 1/4～1/2，池深 0.5 m，方形或长方形。池壁铺设白瓷砖或水泥抹面，小型饵料池一般为 2 m×1 m×0.5 m，可用于二级扩大培养，大型饵料池一般为 3 m×5 m×0.8 m 左右。

四、供气系统

充气是贝类高密度育苗不可缺少的条件。充气的作用是多方面的，它可以保持水中有充足的氧气，促进有机物质的氧化、分解和氨氮的硝化，使幼虫和饵料分布均匀，可防止幼虫因趋光而引起的高密度聚集；充气可减少幼虫上浮游动的能量消耗，有利于幼虫发育生长；充气可抑制有毒物质和细菌的产生和原生动物的繁殖。

1. 充气机的选用

贝类工厂化育苗场充气机多选用罗茨鼓风机，因它无油、风量大、风压较低，也可选用全无油旋片式空气压缩机及水环式压缩机。

育苗池水深在 1.5 m，可选用风压 2 000～35 000 mm 水柱的充气机，池水深在 2 m 左右，可选用 3 500～5 000 mm 水柱充气机。罗茨鼓风机的风压范围一般在 350～8 000 mm 水柱，常用范围在 1 500～5 000 mm 水柱。水环式空气压缩面最大风压可大于 1.5 kg/cm^2。

罗茨鼓风机(图 2-6)正常工作时排出气体无油污，价格较低，配用电机容易，但风压较低噪声较大，输出风量不能突然变化，若突然大量减少，风压升高，电机过载易烧坏，所以充气供氧系统应设安全阀。水环式压缩机，排出气体无油污，风压相对较高、无噪声，但风量少，充气机的选用应因地制宜。

各种型号的充气机都有说明书，设计时应进行计算选择。一般育苗池每分钟的充气量为育苗水体的1%～5%，扇贝1%～1.5%，对虾1.5%～2.5%，蟹4%～5%，若有500 m^3 水体的育苗池，水深1.6 m，若育扇贝苗，可选风量为7 m^3/min，风压为3 500 mm水柱的罗茨鼓风机两台，一台运行一台备用。其他充气机也应通过计算选用。

水产养殖专用鼓风机：由于罗茨鼓风机功率大，耗能高，噪音大，体积大，目前水产育苗中使用的主要是蜗旋式风机（图2-7），安装灵活、容易，效率高，能耗低，噪音低，规格多。

图2-6　罗茨鼓风机

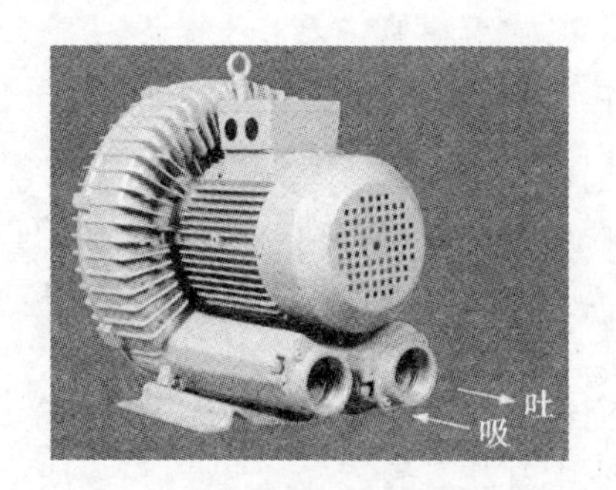

图2-7　蜗旋式风机

2. 育气管和散气石

罗茨鼓风机进出气管用塑料管，各接口应严格密封不得漏气，为使各管压力均衡并降低噪音，可在风机出风口后面加装气包，上面装压力表、安全阀、消音器。在通向育苗池或饵料池所使用的充气支管为塑料软管或胶皮管，管的末端装散气石（气泡石）。

池子的充气方式主要有两种，一种是散气石，一种是散气管。散气石是用碳化硅胶粘制烧结成圆筒状，直径2～3 cm，长5～10 cm，分成80～150号，常采用100、120号。散气石一般用直径1 cm的软塑料管与分池输气管相接，每平方米池底设置1～2个散气石。散气管是在池底设15～20 mm的硬塑料管，均匀铺设，并在管上钻直径15～20 cm的硬塑料管，均匀铺设，并在管上钻直径0.8 mm左右的孔，钻孔截面积根据育苗种类的充气量选用，一般每平方米池底6～12 mm^2，充气孔在管上均匀分布，管在池内的排列方式有两种；一种是在池子长度方向排列三到四根管，与池宽度方向的一根横管相接。另一种是沿池长度方向设一根主管，两侧设分支短管。

五、供热系统

为缩短养殖周期，提前加温育苗是十分必要的。加温育苗可以加快幼虫生长和发育速度，还可进行多茬育苗和多品种育苗。

1. 加热方式

可分电加热、汽刺式、盘管式和太阳能等加热方式。

(1)电加热：利用电热棒(板)和电热丝提高海水的温度。这种方法供热方便，便于自动控制温度，适于温度自动控制，适于小型育苗。其缺点是成本高，在电力不足地区，大量育苗不易采纳。一般设计要求每立方米水体需 0.5 kW 的加热器。

(2)汽刺式：利用锅炉加热，直接向水体内充蒸汽加热，适于大规模育苗。这种方法使用的淡水质量要求较高，必须有预热池设施。

(3)盘管式：也是利用锅炉加热，管道封闭，在池中利用散热管间接加热。散热管道多是无缝钢管、不锈钢管，不管哪种管道，管外需加涂层，可涂抹一层薄薄的水泥，也可用塑料薄膜缠绕管道两层。利用温度将薄膜固定于管道上，这种方法虽加热较慢，但不受淡水的影响，比较安全和稳定。可利用预热池预热，也可直接在育苗池加热。

(4)水体直接升温式：采用“海水直接升温锅炉”(图 2-8)直接升温海水，可以弥补传统锅炉的不足，在生产中已收到良好效果。它具有许多优点：一是省去锅炉升温系统的水处理设备，一次性投资可节约 50%左右；二是无压设备，操作简单，安全可靠；三是直接升温海水，不结垢，不用淡水；四是运行费用可降低 30%。

图 2-8 海水直接升温锅炉(立式，卧式)

(5)利用钛制板式换热器：

当前贝类育苗过程中主要费用是煤的消耗，每年用于海水换热的能源投资比较大，而换水后的大量热量又白白浪费掉，特别是冬天利用井水与海水进行交换，海水温度一般在0℃左右，井水温度一般在14℃左右，可交换水温10℃以上，大大降低了锅炉用煤的投资成本。夏天海水温度在28℃左右，井水温度一般在16℃左右，可以交换海水温度23℃以下，这个水温最适合夏天进行贝类育苗，仅冬季升温育苗这一项可以节省35%～50%的煤消耗(图2-9)。

(6)太阳能在水产育苗上的应用：

利用太阳能的预热水，在非阴雨的天气下，春秋季日可提供150 m^3 高于常温10℃的热水供1 000 m^2 科研温室大棚所需，冬季日可提供120 m^3 高于常温10℃的热水供1 000 m^2 科研温室大棚所需，替代了以前的锅炉加温，保证了无燃煤、无二氧化碳的情况下科研工作的顺利进行(图2-10)。

图2-9　钛制板式换热器

图2-10　利用太阳能预热海水

2.锅炉容量及锅炉的选型

(1)锅炉容量计算：

在设计育苗场时，已知育苗水体后，需要多大容量的锅炉，一般是要计算的。锅炉是以水为加热介质，水加热后变成蒸汽，其体积会膨胀一千多倍。因锅炉是密闭加热容器，所以炉内蒸汽就产生一定压力。通常蒸汽压力是用“表压”表示，表压是指锅炉里水蒸气压力比外界大气压高多少。在工程上把大气压作为一个工程压力单位，所以绝对压力 $P_{绝}=P_{表}+1\ kg/cm^2$，通常1个大气压(kg/cm^2=10 000 mm水柱=10 m水柱)。育苗池散热器输入蒸汽一般为

2～4表压。

锅炉里的水随煤的燃烧而加热变成饱和水(达到开始沸腾温度的水)干饱和蒸汽(蒸汽中不夹带水分),通过输热管到育苗池散热管,供育苗水体热量。

锅炉的总供热量 $Q_{总}$ 应是每天增设水量 V_1 升温所需的热量 Q_1,每日最大换水量 V_2 升温所需的热量 Q_2 和每日全部水体 $V_{总}$ 所散发热量 Q_3 之和,此外,还应减去输汽管道的损失热量 Q_4。

(2)锅炉的选型:

根据育苗工艺要求,通过计算,确定锅炉的负荷后进行选型。一般锅炉的型号应根据用户的要求和特点,必须满足供热负荷的需要,所选用的介质(蒸汽或热水)及参数(工作压力和温度)也应符合用户的要求。

(3)海水加热的自动控制:

育苗池海水加热温度一般控制在22℃左右,温度控制是调节加热管内蒸汽的进汽量,达到控制温度的目的。用人工启闭蒸汽阀门,不但麻烦,而且控制不均衡,所以采用自动控制为宜。自动控制系统,由蒸汽电磁阀、控温仪、控制线路等组成。以蒸汽电磁阀为热执行元件。以控温仪的探头为信号元件,将控温仪指示记录部分安装在育苗室的观察室内,调好控制温度即自动控制指示、记录、报警。若再配合海水电磁阀,还能进行流水自动控温。

六、供电系统

电能是贝类人工育苗的主要能源和动力。供电系统的基本要求如下。

(1)安全:在电能的供应、分配和使用中,不应发生人身事故和设备事故。

(2)可靠:应满足供电单位对供电可靠性的要求,育苗期间要不间断供电,假如供电站的电得不到保证时,应自备发电机,以备供电站停电时使用。

(3)优质:应满足育苗单位对电压质量和频率等方面的要求。

(4)经济:供电系统的投资要少,运行费用要低,并尽可能地节约电能和减少有色金属的消耗量。

(5)便于控制、调节和测量:有利于实现生产过程自动化。

海水育苗场一般按小型工厂供电设计,电源进线电压为10 kV,经架空外线输入场内变配电室,变配电室内安装降压变压器,将10 kV电压降到380 V/220 V,再经低压配电将电力输送到各用电设备及照明灯具。

本变配电系统中,设自备发电机,因外线供电不能保证可不停电。发电机组为135马力柴油机带动84 kW发电机,输出电压为380 V,可直接接入配电室的母线上。当外线停电,自动空气开关切断外线路,发出信号使发电机启动执行机构动作，发电机运转供电；当外线供电时，发电机执行机构动作，发电机停止，并且自动开关接通。

育苗场因室内海水较多，设计时宜用铜导线两防照明灯具及两防起动设备，确保育苗场安全用电。

七、其他设备

1. 水质分析室及生物观察室

为随时了解育苗过程中水质状况及幼虫发育情况，建有水质分析室和生物观察室，并备有常规水质分析（包括溶解氧、酸碱度、氨氮、盐度及水温和光照等）和生物观察（包括测量生长、观察摄食情况和统计密度等）的仪器和药品。

2. 附属的设备

包括潜水泵（或离心泵）、筛绢过滤器（图 2-11 过滤棒或过滤鼓）、换水网箱（图 2-12）、清底器、搅拌器、塑料水桶、水勺、浮动网箱、养成网笼、采苗浮架、采苗帘和网衣等。观察用的显微镜、解剖镜、目微尺、台微尺、血球计数板、胚胎培养皿等。也可利用鱼虾类、海参和藻类育苗室，根据育苗要求，加以改造，作为贝类育苗室，这样可以提高设备的利用率。

图 2-11　换水过滤鼓

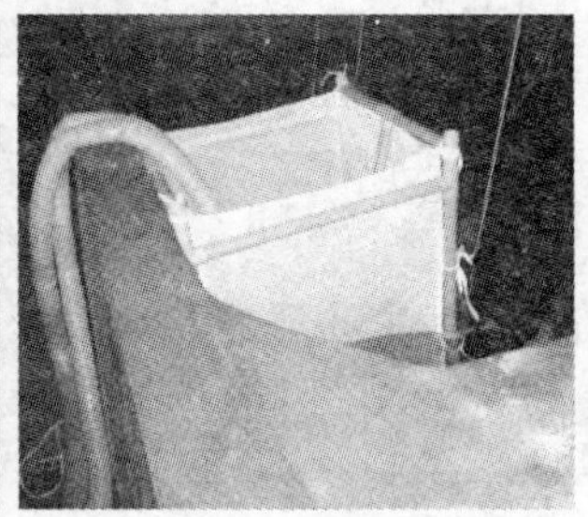

图 2-12　各种换水网箱

第三章　育苗用水的处理方法

水的好坏是贝类人工育苗成败的关键。海水是复杂的液体、由多种物质组成。自古以来，大海就被误认为是最大的垃圾场，大量生活污水、工业污物甚至垃圾不断倾注海中，破坏了海水正常的物化成分，造成了水质污染，影响育苗效果，导致贝类幼虫死亡。因此在选择贝类人工育苗场地时，应对海区水质进行监测。一个正常的贝类育苗场，必须符合渔业水质标准。

在贝类的人工育苗中，除了选择较好水质作为育苗用水外，还应对海水进行处理，若处理不当，也能导致育苗失败。常用的水处理方法有物理、生物和化学处理等。

第一节　物理处理方法

物理处理方法就是通过一系列物理方法来达到净化育苗用水的目的。它包括如下几种。

1. 机械处理

机械处理就是通过水的沉淀和过滤等方法把悬浮在水中的胶体物质及其他微小物体和水分离。

(1)机械处理水的机制：生产性机械处理水包括沉淀和机械过滤两方面。海水通过沉淀静置数天，靠重力的作用，把较大颗粒的泥砂、生物尸体、有机碎屑和胶体物质深沉于池底，提高海水的透明度，每次用完水后要清除沉淀池的淤泥。机械过滤是将悬浮物质陷于滤料之间，而让干净的海水通过，同时滤料的静电效应把电荷相反的悬浮物质呈胶体吸住，达到过滤的目的。为提高过滤效率，应采用多次过滤。

(2)机械过滤的效率受下列因素的制约：

①滤料大小：滤料越小，总的表面积愈大，吸附的表面积也就愈大。滤料间的间隙愈小，过滤的效率即悬浮物的滤除百分率也就越高。一般最细的一层砂，粒径 0.2 mm 左右。

②碎屑的聚积:滤床表面的碎屑聚积过多,往往影响过滤的速度,但适当的碎屑聚积又可以缩小砂粒的间隙,因而能陷留住更微小的悬浮物质,使过滤的水更为澄清。

③滤料的分布:滤床上滤料的分布要求均匀,各处滤料的厚薄要求一致,否则滤层易受破坏,过滤水有混浊现象。

(3)机械过滤的滤料:机械过滤常用的滤料有砂、砾石、牡蛎壳、石英砂、麦饭石、微孔陶瓷、珊瑚砂、硅藻土和筛绢等。牡蛎壳、麦饭石和珊瑚砂中含有钙和镁,可不断溶解,给培养水提供一定量的碳酸根离子,使水中的 pH 维持在 7.8~8.6 之间。

在机械过滤时,往往由于生物体聚集于滤床的表面,死后成为微生物的良好食料,促使细菌繁殖生长于滤器表面,有时甚至可使机械过滤转化为生物过滤,当然也会经常堵死砂滤表面,甚至可使过滤器污染而不能使用,使用中应注意观察和及时清除。

(4)机械过滤的方式:大致可分为砂滤、快速砂滤和陶瓷过滤等方式。

①砂滤:依靠水的重力,使水通过砂滤池。这种方法过滤的水质量较好,但过滤速度较慢,要勤洗勤换表层的过滤砂。

②快速砂滤:应用压力或真空技术,一般以水泵为动力,亦有利用水位差使水通过砂滤罐。这种过滤法速度较快。为了提高过滤水的质量,也可将两个过滤罐串联使用,串联的两个过滤罐的滤料可以是一样的,也可以一个粗滤,另一个精滤。聚集在滤料表面的污物,通过反冲排出去。这种方式的缺点是在反冲时易破坏滤层。

③陶瓷过滤:通过陶瓷过滤器的滤芯将水过滤,一般将沉淀的水经砂粗滤后,再用陶瓷过滤。过滤质量较好,滤器也便于清洗。

2.活性炭处理

活性炭是一种吸附能力很强的物质,1 kg 颗料活性的表面积可达 1×10^6 m^2。活性炭是用煤、木材、坚果或动物骨骼制成的,尚未使用的活性炭必须用清水洗去粉尘方可使用,使用过的活性炭可以用热水、蒸汽处理重新使之活化。小型活性炭处理水时,每 1~1.5 个月更换活性炭 1 次,大型处理时,可根据流出水的有机物含量来决定是否需要更换活性炭,如果有机物含量增多,就应更换活性炭。

影响活性炭吸附的因素有 pH、温度、接触时间、颗粒大小和炭的种类。

(1)pH 的降低会使负电荷物质的吸附力降低。正常海水的 pH 是较为稳定的,因而对吸附的影响不大。

(2)温度增高时吸附效率也高,因而活性炭用于温水系统时效率高于冷水系统。

(3)活性炭开始吸附时,吸附率很高,但随着接触时间增长,吸附率就会降低下来。

(4)活性炭颗粒越小,吸附表面积越大,但过于细小的粉末状活性炭,由于它和水混合在一起不易与水分离,因此一般采用颗粒型活性炭。

(5)动物骨骼制成的活性炭吸附性能较其他种类低。

3.蛋白质分离器(泡沫分馏器等)

它是一种简单有效的污水处理装置(图3-1),用来减少物理的和化学的悬浮物。它利用了气泡表面张力吸附的作用进行浓缩和分离有机物的原理,通过气浮方式来脱除水产养殖污水中悬浮的胶状体、纤维素、蛋白质、残饵和粪便等有机物。蛋白质在分解之前,只有蛋白质分离器能够脱除的最彻底。在脱除物质的目录中包括氨化物、蛋白质、铜和锌等金属、油脂、碳水化合物、磷酸盐、碘、脂肪酸和苯酚。

图3-1　蛋白质分离装置

而泡沫分选是分离水中溶解的有机物质和胶体物质的有效方法,是一种简易的蛋白质分离方式。在水中通气后,溶解的有机物和胶体物质在气泡表面形成薄膜,气泡破裂后,破碎的薄膜留下,聚集成堆,易于被清除。为了提高泡沫分选效率,充气量要足且均匀,也可采用泡沫分选增氧机,提高泡沫分选效果。

4.充气增氧

充气可增加水中溶解氧的含量,促进育苗池中有机物质和其他代谢物质的氧化,是高密度育苗、改善水质的重要措施。

(1)水和气体的交换形式:

①分散的气体在通过水体时,进行混合充氧。如鼓风机和空气压缩机将空气通过气泡石后在水中产生细小的气泡,气泡在通过水体时,使空气与水混合。使用空气压缩机,因其含微量的油,需经过活性炭吸附和水洗涤后方可使用。

②分散的水通过空气,如淋水和喷水,水珠在通过空气时,增加溶解氧。

③水和气的混合,如机械增氧机,开动时使水和空气不断地混合。

(2)在充气过程中,气体的溶解度与气泡的大小有关,当气泡大小为0.04～

0.08 cm时可有70%～90%气体溶于水中。而气泡太小时，在水中又不能立即被破坏，且附于动物体上，对幼虫发育不利。

5.紫外线照射处理法

利用紫外线处理海水，可以抑制微生物的活动和繁殖，杀菌力强而稳定。此外，它还可以氧化水中的有机物质，具有改良环境、设备简单、管理方便、节电和经济实惠等优点。常用的紫外线波长为100 nm以上，有效波长240～280 nm，最适波长为240 nm。近年来，我国紫外线消毒器型号不一，已有许多厂家生产，ZX紫外线消毒器是将紫外线灯直接浸入水中照射，该灯紫外线辐射强，谱线分布合理，对各种微生物均具有较强的杀伤能力。该消毒器见图3-2。

图3-2 紫外线消毒装置

该消毒器具有使用方便、效率较高、消毒效果稳定、不产生有害物质、对水无损耗、成本低等特点。

6.磁化水

磁场处理水（简称磁化水）是指以适当速度垂直地流过适当强度的磁场水，即水流横过（切割）磁力线，有时也称为磁化水。许多关于磁化水及其应用的科学实验，生产实践及其他实践表明，磁化水在不少情况下呈现出一些很值得注意的现象和效应。它在工业和农业上得到了广泛应用。

磁化水对生物体的作用机理是一个多指标的综合效果。它可以使水产动物的酶和蛋白质的活性增加，从而促进生物体的代谢、生长、繁殖、感觉和运动；可以提高生物膜的渗透作用；提高生物体的吸收与排泄功能；可促进生物体内水的机能；对生物体的作用有一定的滞后性；能影响生物体内电子、自由基的活动；可引起水的某些物理、化学性质的变化，增加水的密度、黏度、表面张力增大，光收增加，离子溶解度大，pH偏高，溶解氧增加，胶体物质减少等。

水产养殖上常使用人工制作的电磁场让水流通过，或专门制造的磁化水器，安装在进水口的周围，磁场强度为 7 000 高斯以下。

磁化水对水产养殖有以下作用：改善水质：增加溶解氧；增加单细胞藻对光和营养盐的吸收；增强新陈代谢；加快生长速度；增强抗病力，减少死亡率，特别是对恶劣环境的抵抗力增强，促进性腺成熟，增加产卵量，提高孵化率和成活率等。

第二节　生物处理方法

生物处理分微生物处理法和藻类处理法两种，以微生物和植物的活动为基础。微生物除了分解和利用有机物外，还能产生维生素和生长素等，使得培养的幼虫或稚贝保持健康；植物可以利用溶解于水中的氨氮，使培养生物免受代谢产物——氨氮的危害，还可调节水的 pH。两种方法的目的均在于在水体中形成类似于自然生态环境中氨的循环系统。

1.微生物处理法

通过悬浮于水中附着在砂床上的微生物，进行有机氮化合物的矿化作用、硝化作用和脱氮作用，以处理育苗用水。在培养系统中，主要类群是异养细菌和自养细菌。异养细菌利用动物排出的有机氮化合物作为能源，把它们转化为氮等简单化合物。当有机物经异养菌矿化后，微生物处理便进入第二阶段——硝化作用阶段，硝化作用是借助于自养细菌使氨氮转化为亚硝酸盐，以及使亚硝酸盐氧化为硝酸盐。在这一阶段的培养系统中，亚硝酸菌是主要的硝化菌。微生物处理的第三阶段即最后阶段为脱氨作用，将硝酸盐或亚硝酸盐通过生物还原转化为游离氨。矿化作用、硝化作用和脱氮作用构成了氨循环。

(1)简易微生物净化：水的砂滤处理中，在滤床的砂层表面往往由于有机物的堆积和微生物的繁殖，使得整个滤床转变为生物过滤器，这就是较为简单的生物过滤器。在卵石、砂等有孔隙的滤料之间，原生动物和细菌自然形成生物薄膜，借助于微生物的作用，以减少水中 NH_4^+—N、NO_2^-—N、NO_3^-—N 的含量。

(2)生物转盘：这一种较为先进的海水生物处理法，迄今仅有 20 年的发展历史。生物转盘的基本原理在于它依靠转盘盘面上的微生物把水中含有氨态氮、亚硝酸氮转化为无害的硝酸盐达到净化育苗用水的目的。生物转盘为一个多平板的转动圆盘，半浸于水中。经过一段时间的熟化，盘上长满了生物膜。附着在盘面上的生物膜随着盘板的不断转动，生物膜均匀地与水池中的海水接触，池中的水随着圆盘的转动而被带起，水沾到盘面上，而在生物膜的表面形成水膜。水膜在空气中吸收氧气,随后生物膜又吸收水膜中的氧而有利于细菌的活动,通过细菌的活动将水净化。生物转盘反复循环过程将海水净化干净。

(3)生物网笼和生物桶:网笼里放网衣或塑料薄膜。塑料桶内放塑料薄片,构成生物网笼和生物桶。水不断经过网笼和桶,使水得到净化。为了提高净化效果,应增加生物网笼和生物桶的数量。

(4)利用光合细菌净化育苗用水:光合细菌(Phototrophic bacteria)是一类革兰氏阴性细菌。它是最复杂的细菌菌群之一。目前应用在贝类人工育苗以及虾池养贝的主要是红色无硫细菌(Rhodospirillaceae)。光合细菌在厌气光照条件下,能充分利用育苗水体中的硫化氢、氨氮、有机酸等有毒物质以及其他有机污染物作为菌体生长、繁殖的营养成分。在育苗和养殖水体中,它是一类净化水质的营养菌,属于生物控制,具有清池和改良环境的作用。使用光合细菌能对BOD(有机物耗氧量)数万毫升/升的有机废水进行净化。氨氮去除率达66%以上,COD去除率95%以上,BOD的去除率98%以上,几乎不换水就可保持良好水质。

光合细菌营养价值高,粗蛋白含量达65.45%,粗脂肪7.18%,含有丰富的叶酸、维生素、类胡萝卜素和氨基酸等。在亲贝的蓄养和幼虫培养中,光合细菌均可作为辅助饵料投喂。

光合细菌对抗生素较为敏感,但实验显示在低浓度(1×10^{-6}~3×10^{-6})范围内,光合细菌对抗生素不敏感,因此,在育苗池中加光合细菌时,应禁止投放抗生素或投放低于3×10^{-6}以下浓度的抗生素。相反,若投放抗生素抑菌,最好不投光合细菌。

光合细菌的培养:酵母膏(又称酵母浸取汁)2‰(或酵母粉0.01%~0.02%,蛋白胨2‰),磷酸二氢钾0.5‰,硫酸镁0.2‰,氯化铵1‰~2‰,乙酸钠2‰(或乙醇2‰),维生素B族。大规模生产也可以利用加工贝类后的肉汤,经发酵、煮沸,冷却过滤作为营养盐进行培养用,但培育期间要定期补充上述培养液。

(5)微生态制剂:

微生态制剂的功能是通过加强肠道微生物区系的屏障作用或通过增进非特异性免疫功能,维持宿主生态平衡,提高其健康水平。

水产微生态制剂,是利用鱼虾贝等动物体内或养殖水体中的有益微生物或促进物质经特殊加工工艺而形成的活菌制剂,可用于水中微生态调控,净化水质,能产生生物效应或生态效应,也可用于调整或维持动物肠道内的微生态平衡,达到预防疾病,促进水产养殖动物健康生长的目的。

微生态制剂使用时应把握的几个原则：①要把握使用的时机，根据育苗水质环境状况合理选择；②掌握准确的使用周期；③多品种交叉、交替使用；④按说明书标明的使用量使用。

2. 藻类处理法：利用藻类处理育苗用水的机理是藻类利用氮和二氧化碳，经过光合和同化作用，使之转化为蛋白质和碳水化合物，同时释放出氧气，改善水的 pH，达到净化的目的。处理海水的藻类可分为大型藻和微型藻类两种类型。在利用大型藻类净化时，是把藻类放入受阳光条件良好或安装日光灯的水槽中，让水通过水槽以去掉水中的氮化合物。利用单细胞藻类时，在水槽中培养单细胞藻类，水经过单细胞藻类处理后再经砂滤，流进育苗池中。为了促使单细胞藻类顺利生长，应保证有充足的光线。

第三节　化学处理方法

1. 充气增氧

充气可增加水中溶解氧的含量，促进育苗池和养成池中有机物质和其他代谢物质的氧化，是高密度育苗和养殖的气体交换形式，也是改良水质的重要措施。

分散的气体在通过水体时，进行混合充氧。如鼓风机和空气压缩机将空气通过气泡石后在水中产生细小的气泡，气泡在通过水体时，使空气与水混合。在充气过程中，气体的溶解度与气泡的大小成反比。当气泡大小为 0.04～0.08 cm 时，可有 70％～90％气体溶于水中。而气泡太小时，在水中又不能立即被破坏，且易附于动物体上，对幼虫发育不利。

有条件时，最好采用液态氧进行充气，也可利用制氧机增氧。该设备用来制造氧气，以空气为原料，以沸石分子筛为吸附剂，在常温低压下，利用沸石分子筛加压时对氮气吸附容量增加，减压时对氮气的吸附容量减少的特性，形成加压吸附、减压解放的循环过程，使空气中的氧氮分离而制出氧气。

2. 臭氧处理水

臭氧处理水是通过臭氧发生器产生臭氧，通入水中处理一段时间后或经专门臭氧处理塔处理，把处理水通过活性炭除去余下的臭氧后，再通入育苗池和养成池。臭氧是一种高效的消毒剂，对细菌、真菌、霉菌芽孢、病毒等微生物都具有极强的杀灭力。由于臭氧为弥漫气体，消毒无死角，故消毒杀菌效果好。利用氧化性来杀死微生物以达到灭菌效果的化合物还有很多，比如常见的氯气、漂白粉、高锰酸钾等。但是，这些杀菌剂不但比臭氧杀菌速度慢，而且一般的杀菌剂对人体有害。臭氧杀菌与一般杀菌剂不同,因为多余的臭氧可以很快分解成氧气,故不存在二次污染问题。

臭氧的杀菌原理是以氧化作用破坏微生物膜的结构实现杀菌作用。臭氧首先作用于细胞膜,使膜构成成分受损伤而导致新陈代谢障碍,臭氧继续渗透穿透膜而破坏膜内脂蛋白和脂多糖,改变细胞的通透性,导致细胞溶解、死亡。

臭氧处理水技术是当前一种先进的净化水技术。臭氧的产物无毒;使水中含有饱和溶解氧,臭氧可杀死细菌、病毒和原生动物;可脱色、除臭、除味;它可以除去水中有毒的氨和硫化氢,净化育苗和养殖水质。

3. 高分子吸附剂的应用

高分子重金属吸附剂是由聚苯乙烯基球,表面键合对重金属离子选择性作用的基团,粒径为 0.3～1.2 mm。现广泛应用于环境保护分析化学等领域,可从不同成分的溶液中除去重金属离子(铜离子、锌离子、铅离子、镉离子等),从而消除重金属离子对海洋生物的毒性。具体做法是在进入育苗池前,采用动态吸附法即水按一定流速经过装有高分子吸附剂的管子,经其吸附后,进入育苗池和养成池。也可以采用挂袋(90 目大小)方式直接在育苗池和养成池中放入高分子吸附剂的半静态吸附法吸附,一般 1 m^3 水中放 1 g,吸收 30～40 h 后,放入稀盐酸中处理一下即可再使用,可反复使用多次。

4. 硫酸铝钾处理

硫酸铝钾俗称明矾,系无色透明晶体,分子式为 $K_2SO_4 \cdot Al_2(SO_4)_3 \cdot 24H_2O$ 或 $KAl(SO_4)_2 \cdot 12H_2O$,其水解后产生氢氧化铝 $Al(OH)_3$ 乳白色沉淀。难电解的氢氧化铝,可以吸附水体中的胶体颗粒,并使颗粒越来越大,形成棉絮状沉淀,沉积于水底,从而提高水的透明度,这就是明矾净化海水的原理。胶体物质粒径(r)为 0.001～0.1 μm,它具有一系列特性:特有分散程度,使其扩散作用慢;渗透压低,不能透过半透膜;动力稳定性强,乳光亮度强;粒子小,表面积大,表面能高,有聚沉趋势;电子显微镜可以见到。一般浮泥多,胶体物质多;胶体物质多,水的透明度较低。使用硫酸铝钾处理海水适用于浮泥和胶体物质较多的不洁之水。可以加 0.5～1 g/m^3 硫酸铝钾净化海水。硫酸铝钾应在一级提水时加入,需经黑暗沉淀,然后取其上层海水进行过滤后才能使用。

5. 乙二胺四乙酸二钠(EDTA 钠盐)处理

海水中重金属如铜、汞、锌、镉、铅、银等离子含量超过养殖用水标准,易造成水质败坏,影响人工育苗效果。为防重金属离子对海洋动物的毒害作用,一般在沉淀池中可以加乙二胺四乙酸二钠(EDTA 钠盐)2～3 g/m^3,以螯合水中重金属离子,使之成为络合物,失去重金属离子作用。

6. 漂白液或漂白粉处理水

漂白液或漂白粉消毒处理海水，主要用在单胞藻饵料的培养上。加 25 g/m^3 有效氯的漂白液或漂白粉消毒海水，可将水中的细菌、杂藻和原生动物杀死。然后，用硫代硫酸钠进行中和，使可接种单胞藻扩大培养。

7. 二氧化氯处理水

二氧化氯是目前国际上公认的新一代安全、高效、广谱的消毒杀菌剂，它的有效氯是氯的 2.6 倍，氧化能力为氯的 2.5 倍，灭菌效果是次氯酸的 5 倍左右，特别是它与水中的有机物反应不生成三氯甲烷等致癌、致畸、致突变物质，被确认是饮水和水产养殖循环水等方面消毒杀菌的理想药剂，被世界卫生组织(WHO)列为 A1 级安全杀菌剂。

第四章　贝类育苗中的饵料及培养

第一节　贝类育苗中的常用饵料种类

一、饵料用单细胞藻类的基本条件

饵料是贝类幼虫生长发育的物质基础。由于贝类幼虫很小，它只能摄食单细胞藻类。作为贝类幼虫用单细胞藻类(图 4-1)，需具备下列基本条件：

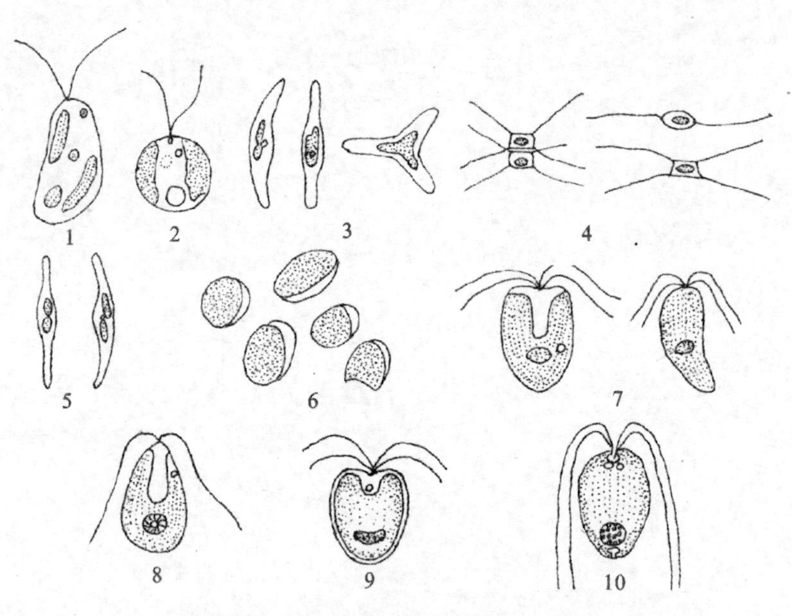

图 4-1　贝类育苗常用的单细胞藻类

1. 个体小

贝类幼虫对饵料的大小有一定的选择性。这是由于它本身的个体小，消化道很细。一般要求直径在 10 μm 以下，长 20 μm 以下。

2. 营养价值高、易消化、无毒性

作为任何生物的饵料，营养价值高、易消化、无毒性，这些是最基本的要求。

所谓营养价值高，是指作为食物的单细胞藻类含有贝类幼虫生长发育所必需的营养成分(蛋白质、脂肪、糖类、维生素等)。有些单细胞藻类虽然含有较丰富的营养成分，但不能一一被消化吸收，如蓝藻、裸藻类。有些单细胞藻类自身就含毒素，这样就不能做饵料。一般无细胞壁或薄壁的种类都易被消化吸收。

3. 繁殖快、易大量培养

作为贝类饵料的单细胞藻类要求繁殖速度快、容易培养，以便为幼虫培育提供源源不断的饵料。

4. 浮游于水中、易被摄食

贝类的幼虫浮游于水中，不能摄食底栖性的单细胞藻，只能摄食浮游性的单细胞藻类。

5. 饵料要新鲜、无污染

饵料在培养中要求新鲜，没有老化和附壁现象，也无敌害。

6. 饵料的密度

由于贝类幼虫运动能力有限，它捕食的几率与饵料的密度有密切关系。饵料密度过稀，满足不了要求，生长发育缓慢；但饵料密度也不能过大，过大易造成幼虫死亡。这是由于幼虫在这种环境中摄食能力减退，分泌出黏液，食物不能很好地被消化，影响幼虫生长，甚至造成死亡。

二、贝类饵料的常用种类

1. 湛江叉鞭金藻(*Dicrateria zhan jiangensis* Hu.)

单细胞藻类，细胞球形或近卵球形，直径 5～7 μm，无细胞壁，无沟。具两条等长的鞭毛，鞭毛与细胞等长或略长于细胞直径，细胞内具一个大的、周生的、叶状的黄褐色色素体，液泡 1～3 个，分散在细胞质中，细胞前端或后端具 1 个，有时 2 个白糖素。

2. 等鞭金藻 3011(*Isochrysis galbana* Parke)

等鞭金藻形状多变，呈椭球形，幼细胞有一略扁平的背腹面，侧面为长椭圆形。一般活动细胞长 5～6 μm，宽 2～4 μm，厚 2.5～3 μm。2 条鞭毛等长，其长度为细胞的 1～2 倍。细胞内有 2 个大而伸长的侧生色素体。细胞核位于细胞近中央。白糖素位于细胞后端，一般为 2～5 μm。属高温品系。

此外金藻 8701(也有称之为 3018)也属等鞭金藻属，形状类同等鞭藻，但属低温品系。

3. 绿色巴夫藻(又称之为 3012)(*Parlora viriois Tseng* ,Chenet zhang)

该藻属金藻门，普林藻纲，巴夫藻目，巴夫藻科，巴夫藻属的一新种，属运动型单细胞藻类，无细胞壁，正面观呈圆形，侧面观为椭圆形或倒卵形，细胞大小为6.0 μm×4.8 μm×4.0 μm，细胞有2条不等长鞭毛和一条定鞭从细胞中上部伸出，为细胞长度的1.5～2.0倍，色素体1个，裂成2大叶围绕着细胞，在细胞的基部有2个发亮的光合作用的产物——白糖素(即副淀粉)。呈淡绿色至绿色。属广温性藻类。

4. 三角褐指藻(*Phaeodactylum tricormitum* Bohlin)

三角褐指藻有卵形，梭形和三出放射形3种不同的形态。这3种形态在不同的环境条件下可以转变。常见的是三出放射形细胞和少量梭形细胞。三出放射形细胞有三个“臂”。各个臂长6～8 μm。细胞长度为10～18 μm(两臂端间垂直距离)。细胞体中心部分有1个细胞核，有黄褐色的色素体1～3片。梭形细胞长20 μm左右，有两个略微钝而弯曲的臂。卵形细胞长8 μm，宽3 μm。

5. 新月菱形藻[*Nitzschia closterium*(Ehrenb.)]

新月菱形藻为单细胞浮游硅藻。长纺锤形，中央膨大，两头渐尖，皆朝同方向弯曲，似月牙形。体长12～23 μm，宽2～3 μm。细胞中央具一细胞核。色素体黄褐色，2片，位于细胞中央细胞核的两侧。

6. 牟氏角毛藻(*Chaetoceros muelleri* Lemmerman)

牟氏角毛藻细胞小、壁薄。大多数是单个生活，仅有个别出现2、3个细胞组成的群体。壳环带不明显。角毛细长而直，末端尖。色素体1个，呈片状，黄褐色。壳面观呈长方形或方形。环面观细胞一般大小是3.45 μm×4.6 μm～4.6 μm×9.2 μm。角毛细长，一般长20.7～34.6 μm。

7. 青岛大扁藻(*Platymonas helgolandica* Var・tsingtaoensis Tseng et Chang)

青岛大扁藻体长在16～30 μm之间，一般是20～24 μm，宽12～15 μm，厚7～10 μm。卵圆形，前端较宽阔，中间有一浅的凹陷，鞭毛4条，由凹处伸出。细胞内有一大型、杯状、绿色的色素体。藻体后端有一蛋白核，具红色眼点，有时出现多眼点特性。

8. 亚心形扁藻[*Platymonas subcordiformis*(Whlle)]

亚心形扁藻体长11～16 μm之间，一般是11～14 μm，宽7～9 μm，厚3.5～5 μm，藻体呈弯腹凹，藻体前端中央有一浅凹陷，从中生出4条鞭毛，鞭毛长度约为体长的3/4。无伸缩泡。细胞内有一大型、杯状、绿色的色素体。约在藻体的后端1/3处，有1杯状蛋白核。有1红色眼点。

9. 塔胞藻(*Pyramidomonas* sp.)

单细胞多数梨形，侧卵形，少数半球形；细胞裸露，仅具细胞膜；前端略凹入或明显凹入，具4个钝角或4个分叶，后端钝角锥形、广圆形、不分叶。细胞前端凹入处具 4 条等长的鞭毛，鞭毛基部具 2 个伸缩泡。色素体杯状，前端深凹入呈不开的 4 个分叶，少数网状，具 1 个蛋白核。眼点位于细胞的一侧或无眼点，细胞单核，位于细胞的中央偏前端，长为 12～16 μm，宽 8～12 μm。

10. 盐藻（*Dunaliella* spp.）

盐藻是单细胞体，无细胞壁，体形变化大，有梨形、椭圆形、长颈甚至基部是尖的。大小也有差别，一般大的长 22 μm，宽 14 μm。小的长 9 μm，宽 3 μm。鞭毛 2 条，位于藻体前端。体内有一杯状的叶绿体。在叶绿体内靠近基部有一个较大的蛋白核。眼点大，位于体的上部。细胞核位于中央原生质中。

11. 小球藻（*Chlorella* spp.）

小球藻细胞呈球形或椭球形，大小依种类有所不同。小球藻细胞内，具有杯状（蛋白核小球藻）或呈边缘生板状（卵形小球藻）的色素体。小球藻的杯状色素体中含有一个球形蛋白核。小球藻细胞中央有一个细胞核。细胞直径 3～5 μm。

12. 异胶藻（*Heterogloea* sp.）

单细胞藻，多为长球形或椭球形。黄绿色色素体 1 块，侧生，几乎占细胞体的大部分。无蛋白核。个体宽 2.5～4 μm，长 4～5.5 μm。

第二节　浮游性饵料的培养

一、各种单细胞藻类饵料的生态条件

饵料种类不同，对外界环境条件的要求也不尽一样。如表 4-1 所示。

表 4-1　各单细胞藻类的生态条件

种类	相对密度或盐度		温度(℃)		光照(lx)		pH	
	范围	最适	范围	最适	范围	最适	范围	最适
湛江叉鞭金藻	6.5～50	20～33	9～33.5	18～28	3 000～8 000			
等鞭金藻 3011	15～40	30		20～25		1 500～3 000		8
金藻 8701	10～35	15～30	0～27	13～18	3 000～30 000		6～10	
绿色巴夫藻	5～80	10～40	10～35	15～30	4 000～10 000			

(续表)

种类	相对密度或盐度		温度(℃)		光照(lx)		pH	
	范围	最适	范围	最适	范围	最适	范围	最适
三角褐指藻	18～61.5	25～32	5～25	10～15	1 000～8 000	3 000～5 000	7～10	7.5～8.5
新月菱形藻	18～61.5	25～32	5～28	15～20		3 000～5 000	7～10	7.5～8.5
牟氏角毛藻	2.6～54.6	13～18	10～39	25～30	500～25 000	1 000～15 000	6.4～9.5	8～8.9
亚心形扁藻	8～80	30～40	7～30	20～28	1 000～20 000	5 000～10 000	6～9	7.5～8.5
盐藻	30～80	60～70	20～30	25～30		2 000～6 000		7～8
小球藻	6～50	15～30	10～36	25		10 000	6～8	
异交藻	13～32	20～29	8～35	15～33	1 000～8 000			

二、饵料培养液的配制

藻类种类不同，培养液的配制方法不同。即使同一种类，因专家惯用方法也不一。现将常用金藻、硅藻、绿藻和黄藻类培养液的配制部分配方列表如下(表 4-2、表 4-3、表 4-4、表 4-5)。

表 4-2　金藻类培养液

培养液 1 (E-S 培养液)	培养液 2 (湛水 107-1 号培养液)	培养液 3 (湛水 107-8 号培养液)
$NaNO_3$　0.12 g K_2HPO_4　0.001 g 土壤抽取液　50 mL 海水　1 000 mL	$NaNO_3$　0.05 g K_2HPO_4　0.001 g $Fe_2(SO_4)_3$(1%液)　5 滴 $2Na_3C_6H_5O_7 \cdot 11H_2O$　0.01 g 人尿:1.5 mL 海水:1 000 mL	$NaNO_3$　0.05 g K_2HPO_4　0.001 g $Fe_2(SO_4)_3$(1%液)　5 滴 $2Na_3C_6H_5O_7 \cdot 11H_2O$　0.01 g 人尿:1.5 mL 维生素 B_1　200 μg 维生素 B_{12}　0.2 μg 鱼汁　0.005 mL 海水　1 000 mL
适用于等鞭金藻 3011	适用于湛江叉鞭金藻	适用于湛江叉鞭金藻

由于考虑到生产使用方便，现在对培养液进行了改进，使之适用于金藻类，而且生长好，其配方如下：$NaNO_3$：60 mg；K_2HPO_4：4 mg；$FeC_6H_5O_7$：0.05 mg；Na_2SiO_3：5 mg；维生素 B_1：100 μg；维生素 B_{12}：0.5 μg；海水：1 000 mL。

表 4-3　硅藻类培养液

培养液 1	培养液 2	培养液 3
$NaNO_3$　0.05 g K_2HPO_4　0.005 g $Fe_2(SO_4)_3$(1%液)　5 滴 $2Na_3C_6H_5O_7 \cdot 11H_2O$　0.01 g Na_2SiO_3　0.01 g 人尿：1.5～2 mL 维生素 B_{12}　5 μg 海水　1 000 mL	NH_4NO_3　30～50 mL K_2HPO_4　3～5 mg $Fe(NH_4)_3(C_6H_5O_7)$ 0.5～1 mg K_2SiO_3　20 mg 海水　1 000 mL	NH_4NO_3　5～20 mL KH_2PO_4　0.5～1.0 mg $FeC_6H_5O_7 \cdot 3H_2O$　0.5～2.0 mg 海水　1 000 mL 如再加少许人尿效果更佳
适用于三角褐指藻 新月菱形藻培养液	适用于三角褐指藻 新月菱形藻培养液	适用于角毛藻培养液

表 4-4　绿藻类培养液

培养液 1	培养液 2 （海洋 3 号扁藻培养液）	培养液 3
NH_4NO_3　50～100 mL K_2HPO_4　5 mg $FeC_6H_5O_7$ 或 $Fe(NH_4)_3(C_6H_5O_7)$　0.1～0.5 mg 海水　1 000 mL 再加上 10～20 mL 海泥抽出液更好	$NaNO_3$　0.1 g K_2HPO_4　0.01 g $Fe_2(SO_4)_3$(1%液)5 滴 $2Na_3C_6H_5O_7 \cdot 11H_2O$　0.02 g 海水　1 000 mL	甲液： NaCl：5～10 g $FeC_6H_5O_7 \cdot 5H_2O$　0.001 g 海泥抽出液：20～30 mL 海水　500 mL 乙液： Na_2CO_3　0.5 g K_2HPO_4　0.05 g 海水　500 mL 使用时将甲、乙两液混合，如果再加 2‰～3‰人尿，效果更佳
培养扁藻、盐藻、小球藻、塔胞藻使用	培养扁藻、塔胞藻使用	培养盐藻使用

表 4-5 黄藻类的培养液

培养液 1	培养液 2
$(NH_4)_2SO_4$ 10～20 mg K_2HPO_4 1～2 mg $FeC_6H_5O_7$ 0.1～0.2 mg 海水 1 000 mL	人尿 3～5 mL 海水 1 000 mL
适用于异胶藻小型培养和保种培养	适用于异胶藻生产性培养

三、容器和工具的消毒

1. 加热消毒

利用直接灼烧、煮沸和烘箱干燥等高温杀死微生物和其他敌害，此法只适用于较小容器的消毒。

2. 化学药品消毒

(1)漂白粉消毒：工业用漂白粉一般含有效氯 25%～35%。消毒时按 $(1\sim3)\times10^{-6}$浓度配成水溶液，把容器、工具在溶液中浸泡 0.5 小时，便可达到消毒的目的。也可使用漂白精消毒，漂白精一般含有效氯约 70%。

(2)酒精消毒：利用纱布蘸 70%酒精涂抹窗口和工具表面便可达消毒目的。

(3)高锰酸钾消毒：以 5×10^{-6} 的浓度配成溶液，把消毒的容器工具浸泡 5 分钟，便可达到消毒目的。

(4)石炭酸(苯酚)消毒：净容器、工具置于 3%～5%石炭酸溶液浸泡 0.5 小时，便可消毒。

四、海水的消毒

1. 加热消毒

加热到 70℃，持续 20 分钟至 1 小时；加热到 80℃，持续 15 分钟至 0.5 小时；加热到 90℃，持续 5～10 分钟均可达到消毒目的。

2. 过滤除害

利用砂滤、陶瓷过滤器过滤海水。后者比前者较好，多用于饵料二级培养和中级培养。砂滤较粗糙，可用于扩大培养。

3. 酸处理消毒

按每升海水加 1 个当量浓度的盐酸溶液 3 mL 的比例，使海水 pH 下降至 3 左右，处理 12 小时便可消毒，然后加入同样量的氢氧化钠，使海水 pH 恢复到原来水平便可。

4. 漂白粉消毒

使用$(15\sim20)\times10^{-6}$有效氯的漂白粉或漂白精处理海水，一般下午处理，次日上午取其溶液便可接种培养。也可用$1\ 000\times10^{-6}$浓度有效氯的漂白粉处理海水，再用100×10^{-6}浓度硫代硫酸钠处理，使有效氯消失，经沉淀，取其上层清液，再施肥、接种。

5. 漂白液消毒

由于漂白粉处理水时，漂白粉有含杂质多、易沉淀、操作麻烦、成分不稳定等缺点；近几年我们采用工业用的次氯酸钠（即漂白液），是目前生产应用中最方便的消毒液，其用量是在1 m^3 水体中，加入含有效氯8%的次氯酸钠5×10^{-6}浓度，8小时后加7～14 g硫代硫酸钠中和后的水，即可接种培养饵料。

五、接种

1. 藻种的选择要求

(1)选择生命力强，生长旺盛的藻种。

(2)颜色正常、绿藻呈鲜绿色、硅藻呈黄褐色，金藻呈金褐色。

(3)有浮游能力的种类上浮活泼，无浮游能力的种类均匀悬浮水中。

(4)无大量沉淀，无明显附壁，无敌害生物污染。

(5)藻种浓度较高，要高比例接种。

2. 接种比例

藻种浓度不同，接种比例是不同的。见表4-6。

表4-6 藻种接种比例

藻种名称	浓度(10^4/mL)	藻种与培养液比例	备注
亚心形扁藻	30～40	1∶(3～5) 1∶(1～2)	高温季节采用低比例接种
三角褐指藻	300	1∶(4～9) 1∶(2～3)	室内培养 室外培养
湛江叉鞭金藻	250	1∶(3～6)	
异胶藻	200	1∶5 1∶2	室内培养 室外培养

一般单细胞藻类可按1∶2～1∶5的比例接种，接种时间最好为上午8～10时。

六、培养方法

单细胞藻类的培养方法多种多样。按采收方式分为一次培养、连续培养和半连续培养；按照培养规模和目的分为小型培养、中级培养和大量培养；按与外界接触程度分开放式培养和封闭式培养。

培养工艺为：3 000 mL 三角烧瓶接种⟶20 000 mL 细口瓶接种⟶保种池接种⟶生产池接种输送⟶育苗池。

七、培养管理

1. 充气与搅动

通过鼓风机、空气压缩机向饵料容器中充气。无充气条件，每日搅动 6～8 次，每次 1～5 分钟。

2. 调节光照

光照要适宜，尽力避免强的太阳光直射。为防止直射光的照射，饵料室可用毛玻璃、竹帘、布帘等遮光调节。在阴天或无阳光条件下，需利用日光灯、白炽灯或碘钨灯等光源代替。

3. 调节温度

要保持单细胞藻类适宜的温度和最适温度范围。温度太高，要注意通风降温。严冬季节，要水暖、气暖，提高温度。

4. 调节 pH

二氧化碳的吸收和某些营养盐的利用，可引起 pH 上升或下降，在培养过程中，如果 pH 过高，可用 1 mol/L 盐酸调节，pH 过低，用 1 mol/L 氢氧化钠调节。

5. 观察生长

可以通过观察藻液的颜色，细胞运动情况，是否有下沉、附壁现象，有无菌膜及敌害生物污染来判断，每日上、下午各作一次全面检查。根据具体情况采取相应措施，加强管理。

八、单细胞藻类的生长和生长密度的测定方法

1. 单细胞藻类的生长

单细胞藻类接入新的培养液后，按特定的 S 形生长曲线生长，S 形生长曲线可分五个时期：

(1)延缓期(或称迟缓期)：有的藻类(如扁藻)进入新培养液后，必须经过一

定的适应过程才能快速增殖，事实上延缓期细胞处在适应阶段，为快速增殖作准备。不同藻类延缓期长短不同，扁藻需 1～2 天时间，硅藻和金藻则几乎没有延缓期。影响延缓期的因素很多，如：

①藻种老化，接种的藻种已长期未经多次培养，大多数细胞是没有繁殖能力的老化细胞，有的已形成休眠孢子或孢囊。这些细胞缺少分裂所需的活性物质，而这些物质必须经过一定时间才能形成。

②培养环境变化太大，如从高温转入低温，低盐度转入高盐度，低营养转入高营养和高 pH 转入低 pH 等都可以使培养的藻类延长延缓期。

③接种量过低，有的藻类如浮游蓝藻能分泌一种羟基乙酸累积在老培养液中，这种物质促进藻类生长，接种量过低则羟基乙酸的量也低，因此使延缓期延长。

缩短延缓期的方法是接种用的藻种应当采用新鲜的，处于指数生长期的藻液，接种藻液量应适宜。

(2)指数生长期：藻类细胞经过延缓期，进入指数生长期，在此期内，细胞成倍培加，也就是成几何级数增加，即在 S 形生长曲线中呈直线的部分，常用指数生长期来测定藻类的生长率。

生长率又称相对生长常数。每日分裂或增殖率，实际上是一统计的平均值。

(3)缓慢生长期：缓慢生长期又称相对生长下降期，在这一时期里藻类的世代时间延长，生长缓慢。通过一段指数生长期，水体内藻细胞密度大大增多，水环境中的各种因素都起了变化。如：

①光强度减弱，仅在表面的细胞能接受较强的光照，大部分细胞由于细胞间相互遮盖、光照强度不足，影响生长。

②营养耗尽，新加的氮、磷等主要营养元素含量普遍降低。

③CO_2 供应不足，细胞密度高，光合作用强，需要 CO_2 的量也大。

④pH 升高，由于 O_2 减少，碳酸盐液利用，结果 pH 上升，这些因素都使生长缓慢。

(4)静止期：静止期又称稳定生长期，在这段时期单位水体内细胞密度保持不变，这是由于限制生长的因素不断增加，终于使繁殖率和死亡率接近平衡，生长趋向停止，但不同藻类静止期有长短，有的可维持很长时间。

(5)死亡期：在死亡期内，藻类细胞的死亡率大于繁殖率，细胞数迅速减少。

作为饵料培养的藻类应在指数期刚结束，进入静止期及时投喂给贝类幼虫，那时藻类细胞活跃，内营养丰富，水体洁净，细菌和代谢物少。

2. 生长测定方法

单细胞藻类培养时以及作为饵料投喂时，都需要测定和计算培养藻类的数量，常用方法有：

(1)计数法：用血球计数板计算培养液内的细胞数是目前最常用的一种定量方法。血球计数板是一块比普通载玻片厚的特制而成的玻璃片，板的中部是比两边背低 0.1 mm 的计数室。边与室之间有沟，计数室的四角刻有 16 个大方格，这 16 个大方格的面积与 400 个 1 mm^2 的小方格总面积相同。用于计数板的盖玻片也是特制的。比一般盖玻片厚，加上盖玻片后，它和载玻片之间的距离(也就是高度)为 0.1 mm。因此每 16 格就形成一体积为 0.1 mm^3 的计数区，取一定体积藻液，用碘液杀死藻细胞，用吸管滴入计数板，使其均匀流入计数室内，在显微镜下计数，数出 16 格的细胞数，然后乘上 10 000，就是每毫升水体内的细胞数(1 mL 即是 1 cm^3 的 1/10 000 倍)。如藻液经过稀释后计的数，则还需乘上稀释倍数。

(2)干重：干重是估计产量的最基本方法。但在操作上比较麻烦，用离心机离心或滤膜抽滤的办法，去除培养液，经过洗涤后，将浓缩的藻类细胞在 60℃的温度下烘干，最后在 150℃烘箱内连续烘 4 小时达到恒重。

(3)光密度法：用分光光度计测定藻体培养液的光密度(又称浊度)。将藻液倒入比色杯内，在波长 440 nm 或 675 nm 下测定密度，用光密度的大小来估计培养藻类的生长情况。

(4)浓缩细胞体积：将藻体培养液倒入特制的带有刻度毛细管的离心管内，用固定的速度和固定的时间离心，使下沉的细胞间距离一致，然后从毛细管的刻度直接读出下沉细胞的体积，单位是 cm^3/L。

(5)水滴法：使用水滴法计数，其方法为：1 mL 水体中含单细胞藻数＝计数每滴平均值×定量吸管每毫升的滴数×稀释倍数。

此外在生产中还有采用透明度法统计密度。

九、藻膏的研制

目前的贝类人工育苗中，常常因为投入过多的藻液，使育苗池的水被污染，影响育苗水质，特别是投入被污染和老化的饵料后更为严重。为了防止过多藻液入池，通过连续离心方法，去除多余污水，将藻液浓缩，把单细胞藻制成藻膏再投喂。这样可以保证饵料质量，避免代谢产物和氨氮入育苗池。此外，单细胞藻制藻膏，加防腐剂，装罐，可保存 1～2 年，随用随取，质量高，使用方便。藻膏的研制可以提高饵料池的利用率，能利用育苗空闲时间，进行常年生产。从而保证贝类人工育苗特别是为亲贝蓄养提供源源不断的单细胞藻饵料。

常用方法有两种：

1. 使用连续式离心分离机

将培养池中饵料抽起通过连续式离心分离机，即可分离得到糊状的单胞藻类，此法最为理想且方便，但其设备较贵。

2. 沉淀法

沉淀法又分为自然沉淀法及药物沉淀法两种，此法对绿藻较适用。

（1）自然沉淀法：当单胞藻达到一定浓度时，利用夜间光合作用停止之时静置2～4小时，即大部分沉淀于池底，然后将上层水抽到另外池子继续培养，剩下的收起即为浓缩的单胞藻。

（2）药物沉淀法：因使用药物成本高，且有些药物会造成残留，不利于食品安全，故目前使用得很少，常用药物有消石灰，用量为1.0 g/L，硫酸锰0.4 g/L等。

十、单细胞藻类连续培养的光生物反应器

光生物反应器是微藻细胞工程培养的重要设备，在微藻资源规模化开发利用过程中发挥至关重要的作用。利用该套设备培育的单细胞藻类，将为我国培育新型微藻的生物技术实现产业化，促进微藻生物资源开发利用发挥重要作用。

封闭式光生物反应器具有以下优点：①无污染，能实现单种、纯种培养；②培养条件易于控制；③培养密度高，易收获；④适合所有微藻的光自养培养，尤其适合微藻代谢产物的生产；⑤有较高的光照面积与培养体积之比，光能和二氧化碳利用率较高等突出优点。

塑料袋立式光生物反应器（图4-3）具有结构简单、造价低廉、运行可靠、适应性强、单位体积培养液受光面积大、微藻产量高且质量好等优点；并且可以调整光质，从而达到微藻产品成分的定向培养。所以非常适合于微藻生物资源的大规模开发应用，有极大的开发潜力。

图4-3　塑料袋立式光生物反应器单胞藻培养法

第三节　底栖硅藻类的培养

由于底栖硅藻是鲍鱼等海产经济动物人工育苗的重要饵料，是保证鲍鱼人工育苗成功的关键，此外底栖硅藻个体微小，营养丰富，还具有很好的附着性能，易被舐食，加快幼体的生长速度等特点，对提高幼体的成活率具有直接关系。

一、藻种及来源

目前各地培养选用的底栖硅藻，多数系土生土长的种类，即直接采自本地海区常见的和大量繁殖的底栖硅藻藻种，因此，来源广泛，附片能力都较强，容易培养，常见几种藻种有：

①阔舟形藻(*Naricula latissima*)，壳长 20～40 μm。

②舟形藻(*Naricula* sp.)，壳长 15～25 μm。

③东方弯杆藻(*Achnanthes orientalis Hustedt*)，壳长 11～13 μm。

④月形藻(*Amphora* sp.)，壳长 20～25 μm。

⑤卵形藻(*Cocconeis* sp.)，壳长 6～8 μm。

⑥筒柱藻(*Cylindrotheca fusiformis*)，它是一种菱形的底栖硅藻，在刚退潮的海泥表面可见，呈一层深黄色类似油状的物质，具有易培养、耐污染、易收获等优点。

底栖硅藻藻种的来源，除了通过持续培养、选择优势种类保种而得以外，一般均在育苗季节到来之前进行采集，常用几种采集方法为：海区挂附片；刮砂淘洗过滤；揩拭水道管壁；擦洗池底箱壁等方法，以此为藻种进行扩大培养。

二、培养容器和附片装置

底栖硅藻培养容器与浮游单细胞藻不同。附片类型分玻璃片、有机玻璃片，聚乙烯薄膜片、聚乙烯波纹板，规格与鲍鱼、刺参等采苗器相同。

附片架的类型有木架、竹架、“目”字形塑料框、开花式的附片等，根据育苗生产需要而定。

三、培养条件及管理工作

1. 接种附片

利用硅藻在静水中沉降并附着的性能附片，经过 24 小时后，硅藻就比较均匀地附着在基面上。过2～3天后翻插附片，在反面再附着一次即得到双面附着的全片，然后在适宜水温、光照、营养盐条件下扩大培养(图4-4)。

图4-4　底栖硅藻培养法

2. 管理工作

管理工作基本同浮游硅藻，只是在静水扩大培养底栖硅藻过程中，需经常更换新鲜的过滤海水，保持水质的洁净。通常每2～3天更换一次，并重新添加营养盐，在高温季节换水次数应增加，每天1～2次，换水时要彻底清除池底污物及敌害生物。

四、观察和镜检

硅藻附片后，每天进行肉眼观察和镜检工作，大体归纳如表4-7所示。

表4-7　观察与镜检底栖硅藻的生长繁殖情况

内容	好	坏
附片颜色	整片均匀，由浅黄色逐渐加深变黄褐色	出现斑痕，变为灰白色或转为蓝色
冲洗结果	用洁净海水缓慢冲洗也不脱落	冲洗立即脱落，或因培养过久老化而成片脱落
产生气泡	晴天时经常产生许多微小的气泡，气泡能陆续上升	附片转为蓝紫色后，产生黄豆大的气泡，悬浮于附片上
镜检情况	硅藻色素体完好，褐色	色素体变形或移位，有时有黄豆大的气泡，淡绿色
附片密度	计算单位面积内的硅藻个数有所增加，有些种类可见并排着多个细胞(壳环面观)	计数硅藻个数没有进展，繁殖停滞或见有许多空壳
敌害生物	未见到或很少有敌害生物	发现许多敌害生物

五、底栖硅藻的收获及其密度的测定

1.底栖硅藻的收获

底栖硅藻扩大培养约一星期后便可收获,繁殖速度快的种类,第5天亦可收获。

2.底栖硅藻附着密度的统计

底栖硅藻的附着密度,即指单位面积硅藻附着的总个数,一般以"个/平方毫米"表示,其计数方法即取硅藻分布比较均匀试样(玻璃片或薄膜附着基),在显微镜下使用方格目微尺(方格面积事先已用台微尺校正)计算附片上每一方框内硅藻的总个数,如测定多个方格取其平均值。最后再换算成每平方毫米面积内硅藻的总个数。

六、敌害生物及防治

在底栖硅藻的大量培养中,有许多影响硅藻附着与生长繁殖的敌害生物。常见的有颤藻、腹毛虫、桡足类、蚊子幼虫、海蟑螂等。桡足类与海蟑螂除了与幼体争夺饵料、直接吞食底栖硅藻外,也会因在附片上爬动,致使底栖硅藻脱落。

防治方法:勤洗附片清池,勤快培养海水等。

第四节　光合细菌的培养

一般良好细菌都是牡蛎等贝类幼虫很好的饵料。当前光合细菌(*Photosynthetic Bacteria*)不仅是水质良好的净化剂,也是贝类幼虫的饵料。

光合细菌营养价值高。粗蛋白含量达65.45%,粗脂肪7.18%,含有丰富的叶酸、活性物质、多种维生素、类胡萝卜素和氨基酸等,在牡蛎等贝类幼虫培育中光合细菌均可作为辅助饵料投喂。

目前广泛应用在水产养殖上的主要种类是红螺菌科(Phodospirillaceae)的紫色非硫细菌。其共同的特征是:具鞭毛,能运动,不产生气泡,细胞内不积累硫黄。

(一)培养方式

大量培养光合细菌,通常采用两种培养方式,全封闭式厌气光照培养方式和开放式微气光照培养方式。

1. 全封闭式厌气光照培养

全封闭式厌气光照培养是采用无色透明的玻璃容器或塑料薄膜袋，经消毒后，装入消毒好的培养液，接入20%～50%的菌种母液，使整个容器均被液体充满，加盖(或扎紧袋口)，造成厌气的培养环境，置于有阳光的地方或用人工光源进行培养。定时搅动，在适宜的温度下，一般经过5～10 d的培养，即可达到指数生长期高峰，此时，可采收或进一步扩大培养，如图4-5所示。

图4-5　光合细菌封闭式培养

2. 开放式微气光照培养

开放式微气光照培养，一般采用100～200 L容量的塑料桶或500 L容量的卤虫孵化桶为培养容器，以底部成锥形并有排放开关的卤虫孵化桶比较理想。在桶底部装1个充气石，培养时微充气，使桶内的光合细菌呈上下缓慢翻动。在桶的正上方距桶面30 cm左右装1个有罩的白炽灯泡，使液面照度达2 000 lx左右。培养前先把容器消毒，加入消毒好的培养液，接入20%～50%的菌种母液，照明，微充气培养。在适宜的温度下，一般经7～10 d的培养，即可达到指数生长期高峰，此时，进行采收或进一步扩大培养。

(二)培养方法

光合细菌的培养，按次序分为容器、工具的消毒；培养基的制备；接种；培养管理4个步骤。

1. 容器、工具的消毒

容器、工具洗刷干净后，耐高温的容器、工具可用直接灼烧、煮沸、烘箱干燥等三种方法消毒。大型容器、工具及培养池一般用化学药品消毒。常用的消毒药品有漂白粉(或漂白液)、酒精、高锰酸钾等。消毒时，漂白粉浓度为万分之一至万分之三，酒精浓度为70%，石炭酸浓度为3%～5%，盐酸浓度为10%。

2. 培养基的制备

(1)灭菌和消毒：菌种培养用的培养基应连同培养容器用高压蒸汽灭菌锅灭菌。小型生产性培养可把配好的培养液用普通铝锅或大型三角烧瓶煮沸消毒；大型生产性培养则把经沉淀砂滤后的水用漂白粉(或漂白液)消毒后使用。

(2)培养基配制：根据所培养种类的营养需要选择合适的培养基配方。按培养基配方把所需物质称量，逐一溶解、混合，配成培养基。也可先配成母液，使用时按比例加入一定的量即可。

配方1：磷酸氢二钾(K_2HPO_4) 0.5 g，磷酸二氢钾(KH_2PO_4) 0.5 g；硫酸铵[$(NH_4)_2SO_4$] 1 g，乙酸钠 2 g，硫酸镁($MgSO_4$) 0.5 g，酵母浸出汁(或酵母膏) 2 g；消毒海水 1 000 mL。

配方2：利用贝类加工的肉汤，加入底泥悬浮液，经发酵、煮沸，冷却过滤后作为营养液进行培养。本配方简单，适合大规模生产性培养。

(3)接种：培养基配好后，应立即进行接种。光合细菌生产性培养的接种量比较高，一般为20%～50%，即菌种母液量和新配培养液量之比为1∶4～1∶1，不应低于20%，尤其微气培养接种量应高些，否则，光合细菌在培养液中很难占绝对优势，影响培养的最终产量和质量。

(4)培养管理：

①搅拌和充气：光合细菌培养过程中必须充气和搅拌，作用是帮助沉淀的光合细菌上浮获得光照，保持菌细胞的良好生长。

②调节光照度：培养光合细菌需要连续进行照明。在日常管理工作中，应根据需要经常调整光照度。白天可利用太阳光培养，晚上则需要人工光源照明，或完全利用人工光源培养。人工光源一般使用碘钨灯或白炽灯泡。不同的培养方式所要求的光照强度有所不同。一般培养光照强度控制在2 000～5 000 lx。如果光合细菌生长繁殖快，细胞密度高，则光照强度应提高到5 000～10 000 lx。调节光照强度可通过调整培养容器与光源的距离或使用可控电源箱调节。

③调节温度：光合细菌对温度的适应范围很广，一般温度在23℃～39℃，均能正常生长繁殖，可不必调整温度，在常温下培养。如果可加快繁殖，应将温度控制在光合细菌生长繁殖最适宜的范围内，使光合细菌更好地生长。

④调节pH：随着光合细菌的大量繁殖，菌液的pH上升，当pH上升超出最适范围，一般采用加酸的办法来降低菌液的pH，醋酸、乳酸和盐酸都可使用，最常用的是醋酸。

⑤生长情况的观察和检查：可以通过观察菌液的颜色及其变化来了解光合细菌生长繁殖的大体情况。菌液的颜色是否正常，接种后颜色是否由浅变深，

均反映光合细菌是否正常生长繁殖以及繁殖速度的快慢。必要时可通过显微镜检查,了解情况。

⑥问题的分析和处理:通过日常管理、检查,了解光合细菌的生长情况,找出影响光合细菌生长繁殖的原因,采取相应的措施。影响光合细菌生长的原因很多,内因是菌种是否优良,外因是光照、温度、营养、敌害、厌气程度等。温度、光照和 pH 同时影响着光合细菌的生长,而且温度、光照和 pH 之间是互相制约的,温度与光照的强弱是对立统一的,所以光合细菌生长的最适条件应是互相适应的,即温度高,光照应弱;温度低,光照应强。如果是温度高,光照强,pH 就会迅速升高,培养基产生沉淀,抑制光合细菌的生长;如果温度低,光照弱,光合细菌得不到最佳能源,生长速度也慢。经试验得出光合细菌生长的最适条件是:温度 15℃～20℃时,光照 30 000～50 000 lx,培养基 pH 为 7;温度 25℃～30℃时,光照为 3 000～5 000 lx,培养基的 pH 为 7。

第五节　常用的几种代用饵料

一、海藻磨碎液作为亲贝的饵料

在蓄养亲贝时,由于水温过低,饵料难以大量培养,可采用鼠尾藻等磨碎液作饵料,以补助或解决饵料不足的问题。这种鼠尾藻混有多种底栖硅藻和大型藻类的细胞和碎屑,有利于亲贝营养物质的积累,促进亲贝的生长和性腺发育,提高成活率。当日采集鼠尾藻等最好当日加工投喂。先用饵料机将藻类绞碎,置于水池中,加水搅拌,过滤后沉淀 0.5～1 小时后再使用。投喂时,将潜水泵置于水中表层并浮动于水中,随水位的下降而降低。

采用浮动式网箱蓄养亲贝时,因海藻磨取液易下沉,投喂后要充气,最好坚持勤投、少投的原则,一般 2～3 小时投喂一次。水温上升到 18℃以后,停止充气,洗刷亲贝一次,为防止水质败坏和敌害入池,停止投喂藻类磨取液,改投全部人工培养的单细胞藻类。

二、螺旋藻粉

螺旋藻粉是由新鲜的螺旋藻经喷雾干燥、过筛消毒制成,其细度一般都在 80 目以上。纯正的螺旋藻粉色泽墨绿,摸上去有滑腻感,没有过筛或添加其他物质的螺旋藻会有粗糙感。

螺旋藻是一类低等植物，属于蓝藻门，颤藻科。它们与细菌一样，细胞内没有真正的细胞核。蓝藻的细胞结构原始，且非常简单，是地球上最早出现的光合生物，在这个星球上已生存了35亿年。它生长于水体中，在显微镜下可见其形态为螺旋丝状，故而得名。在保健食品上应用比较多的一般为钝顶螺旋藻，其他的螺旋藻还有极大螺旋藻和盐泽螺旋藻，钝顶螺旋藻的蛋白质含量一般在65%以上。

螺旋藻根据用途不同可分为饲料级、食品级以及特殊用途等。饲料级螺旋藻粉一般用于水产养殖、家畜养殖，食品级螺旋藻粉被用于保健食品和添加到其他食品之中供人食用。

三、其他代用饵料

在贝类人工育苗（亲贝蓄养和幼虫培养）时，在活饵料不足的情况下，可用淀粉（可溶性）、蛋黄、酵母、冷冻单胞藻浓缩液等代用饵料代替使用，用时要用100目筛绢过滤，由于易污染水质，需加大换水来保持水质良好。

第五章　贝类的人工育苗

贝类的人工育苗是指从亲贝的选择、促熟蓄养、诱导排放精卵、授精、幼虫培养及采苗均在室内而且是在人工控制下进行的。

许多海区适合贝类的养成，但缺乏苗种，要养殖贝类，就需要到外地购买苗种。为了解决贝类养殖的苗种问题，进行人工育苗就是一个切实可行的措施。另外，有的海区虽有贝类苗种，但受自然条件限制苗种规格不一，为要满足贝类养殖，作为计划生产，也必须进行人工育苗。

人工育苗具有很多优点：可以引进新品种，提早育苗，提早采苗，延长了生长期；可以防除敌害，提高了成活率，苗种纯、质量高、规格基本一致；可以进行多倍体育种，以及通过选种和杂交培育优良新品种等工作。

第一节　匍匐型贝类的人工育苗

匍匐型贝类人工育苗，在我国主要有皱纹盘鲍、泥螺、方斑东风螺和管角螺。脉红螺和管角螺的人工育苗正处在试验阶段。下面主要以皱纹盘鲍、泥螺、方斑东风螺、脉红螺和管角螺为主进行介绍。

一、皱纹盘鲍

皱纹盘鲍(*Haliotis discus hannai Ino*)俗称鲍鱼，贝壳称石决明。它的足部肌肉发达，细嫩可口，营养丰富。以干品分析，其中含蛋白质40%，肝糖33.7%，脂肪0.9%，并含有多种维生素及其他微量元素。除鲜食外，鲍又可制成干制品和各类罐头食品。我国自古以来，就把鲍列为海产“八珍”之冠。其人工育苗过程如下：

1. 亲鲍选择与促熟培育

(1)亲鲍的选择(图5-1)。

①健康无创伤的个体，大小在8 cm以上；

②体质肥壮，足肌活动敏锐；

③性腺外观极为饱满；

④清除贝壳上的各种固着生物。

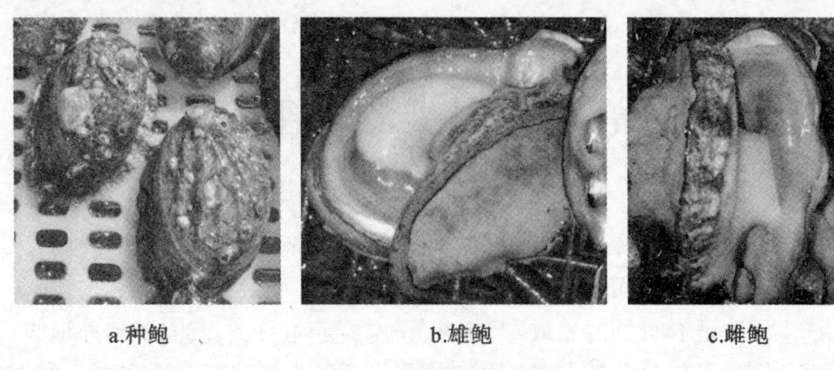

a.种鲍　　b.雄鲍　　c.雌鲍

图 5-1　亲鲍的选择

(2)促熟培育。

通过亲鲍的促熟培育,适当提早采苗时间,可培育出大规格的鲍苗,确保稚鲍前期培育阶段的饵料。

1)亲鲍产卵量与个体大小及促熟培育期间的有效积温有密切关系,其大体关系为

$Y=0.07X+25$　Y:平均每百克体重的产卵量(10^4 个);

X:有效积温。

从上式可知,当有效积温达 1 000℃以上时,平均每百克亲鲍产卵量为 100 万粒左右,从而可以根据采苗需要的卵量,大体求出亲鲍的用量。但采卵用的亲鲍一般均应经过批选,故促熟亲鲍为实际用量的四倍左右,即每平方米采苗水面养雌鲍 60 g,雄鲍 30 g 较为合适,如果采苗规模较小,比例可适当加大。

2)促熟培育开始时间的确定。

①有效积温计算

$$Y_n=\sum(T_i-7.6℃)$$

式中,Y_n 表示有效积温。T_i 表示培育水温即有效积温等于培育期间每天培育水温减 7.6℃后之总和(当 $T_i-7.6℃<0$ 时不计入)。

②开始时间:在水温 20℃下,为使有效积温达到 1 000℃以上时间要 80 天。因此,亲鲍促熟培育需要在采苗 3 个月前开始。

3)培育方法。

①密度:每立方米水体可收容 2.5～3 kg。每 10 个左右装入一个挤塑网笼内,吊养于池中。

②水温:以每天增递 1℃的温度梯度,由自然水温逐渐升至 20℃,并加以恒温。培育水温不宜超过 20℃,否则饵料易腐烂。

③饵料:每2～3天投喂一次新鲜裙带菜或海带。投喂量每天按体重的20%左右计。

④换水:每天全量更换一次新鲜海水,新鲜海水需事先预热,温差不宜超过±1.5℃,更换新水采取倒池较为方便,即把亲鲍连同饲育网笼一并移到预热水池中,原培育池清洗之后可继续预热,如此循环进行。

⑤充气:培育过程中需连续充气,充气量不应小于每立方米饲育水体70升/小时。

4)其他注意事项。

①结合投饵和换水,应注意检查死亡个体,一旦发现应及时清除。特别是在培育开始后前十几天中,尤应注意。

②培育过程中如出现发病个体,应及时清除,防止病情蔓延。一旦蔓延则应彻底更换亲鲍,并对培养池彻底消毒。

2.催产与产卵

诱导皱纹盘鲍产卵的方法主要有如下几种类型。

(1)紫外线照射海水法。

这是日本学者菊地(1974年)发现的一种对鲍产卵有效的诱导方法。其原理是紫外线照射过的海水可分解生成供氧体,因而产生大量的原子态氧,这些原子态氧可激活鲍性腺中的类前列腺环氧酶,从而引起排放精、卵。

1)设备。

①紫外线杀菌灯:采用市售石英紫外线杀菌外射管,波长2 537 Å,每支30 W,一般2～4只即可。灯管两端的接线柱加绝缘引线后,用环氧树脂密封防水。

②照射用水槽1～2个,最好为玻璃钢水槽,容量150升左右。水槽的长度以能容纳紫外线杀菌灯管即可。

③采卵缸:容量不宜过大,以15～20升为宜。一般可选用容量18升的方形玻璃钢水槽(图5-2)。

图5-2　采卵缸

2)紫外线照射海水的制备。

①照射方法:将安装好的杀菌灯,用支架固定安放于照射用水槽中,为节省照射时间,每个水槽最好是装两支灯管,灯管安放后,水槽内注入新鲜过滤海水(一定要使水淹没灯管)便可开灯照射。

②照射量的计算：

$$照射剂量(mW\cdot h/L)=\frac{杀菌灯功率(mW)\times 照射时间(h)}{照射水量(L)}$$

例如，杀菌灯功率为 60 000 mW(60 W)，被照射水量为 150 L，若制取 300 mW·h/L 的照射海水，则需照射 45 min。

③照射量的选择：试验表明在 800 mW·h/L 以内的照射量，对精卵的正常结合和发育影响较少。但一般情况下 300 mW·h/L 照射已足够。

3)成熟亲鲍的选择。

由于亲鲍的性腺发育存在有个体差异，因此采卵时需要进行成熟度选择，大体标准为：

①角状部膨起，性腺丰满，覆盖面积大。

②雄鲍性腺呈乳白色，雌鲍性腺呈浓绿色，性腺与肝脏的交接处界限清晰。

4)采卵方法。

①产卵时间：根据鲍的产卵习性，产卵最好在晚间进行，如果白天采卵，必须保持足够黑暗条件，但效果一般不如晚间好。

②阴干刺激：亲鲍在进入紫外线照射海水以前，先在室温下阴干 1 小时左右，阴干时将足部朝上，并敷盖一层清洁、潮湿的纱布。

③亲鲍放入产卵缸：雌、雄鲍要分开，最好一个采卵缸放一个亲鲍，放入后便可立即注入紫外线照射海水，并尽量不再人为惊动。

④更换新水：鲍鱼进入照射海水后的一个小时内，除少数外多数个体不能产卵，这时应重新更换一次新的紫外线照射海水，往往在换水后不久即可大量产卵、排精。

5)注意事项。

①新安装的杀菌灯，使用前应注意检查是否漏电，以保证安全作业。

②紫外线对人眼有很强刺激作用，作业人员须配戴防护眼镜。

③在多数情况下，雄鲍排精比雌鲍产卵的潜伏期短，因此雄鲍诱导开始时间可比雌鲍略晚一些。

(2)过氧化氢法。

此法是一种较强的刺激方法。

本法与紫外线照射海水法的作用原理相同，都是利用原子态氧使生殖酵素活化引起排精、产卵。但本法较为简便省力，也无需专用设备。

1)药液的配制。

①用药：可采用市售 H_2O_2 含量 30%的试剂，也可用含 H_2O_2 3%的医药消

毒用的过氧化氢(双氧水)。

②配制浓度:在1升海水中加$H_2O_2$30%的溶液0.3 mL。

2)采卵。

①药浴处理:将选择出的成熟良好的亲鲍,鉴别雌雄后分别装入塑料窗纱网袋中,放入配制好的过氧化氢溶液中浸泡30～60分钟。

②冲洗采卵:将药浴处理后新鲍用海水冲洗,逐个放入采卵缸中,加入新鲜过滤海水。一般半小时后即可大量排精、产卵。

(3)活性炭处理海水浸泡法。

用市售小颗粒的活性炭铺设在容器中,出水孔用粗筛绢挡住,滤层厚度在40 cm以上,海水流经该过滤层后入诱导器中。亲鲍先经阴干后再用上述过滤海水暂养,流水每小时换一次,在2～4小时内可以诱导亲鲍排放生殖细胞。这一方法使用起来很方便,设备比紫外线诱导简单且价廉。

(4)阴干与升温刺激法。

将亲鲍取出足部朝上露于空气中,阴干1小时左右,然后再放入升温的海水中,使水温在30～60分钟内上升3℃～5℃,亲鲍在升温水中停留20～30分钟,然后置于常温海水中几十分钟后,基本成熟的亲鲍便可排放精卵。升降温法反复多次诱导效果更好。

(5)自然排放法。

亲鲍蓄养过程中,由于性腺充分成熟,常因环境条件的变化,夜间自行排放精卵。为保证精、卵质量,每天傍晚将池中残饵清除,换上新鲜过滤海水。

(6)其他。

注射37%的氯化钾水溶液2～4 mL,采用阴干流水刺激也可收到一定诱导效果。

3.产卵及受精

(1)产卵与排精。

经过上述方法诱导,待一定的潜伏期后,产生效应,往往是雄先于雌开始活跃爬行,接着产生兴奋,足部肌肉痉挛地举着贝壳上下起伏,有时左右扭动。当肌肉往下收缩时排出性产物(从第3至4呼吸孔喷出),雄性精液呈白色烟雾状在水中缓慢散开,在开始排精后,每间隔10～15分钟喷射一次,这样持续1～2小时,一只雄鲍可使200升海水呈现混浊状态。

雌性的卵子呈深绿色圆球形,一粒粒分散地向上方喷出达10～20 cm高处,再逐渐下沉堆积池底。另外在雌鲍一次旺盛排放的后期,会出现排放不正常的条、块状卵群,均为正常卵。

(2)人工授精方法。

①精液浓度测定：取多个雄鲍的精液于一容器内，搅拌均匀后取 50 mL 左右，加 2 滴 1%碘液，用血球计数板在显微镜下定量，求出精液浓度，最适浓度为 30×10^4 以上受精率较高。

(2)人工授精：用虹吸管将采卵池的卵子收集到备用育苗池中，使每池卵密度大约在 30 粒/毫升，卵子下沉后排掉上层清水，使水量降到 1/3 处左右，然后按 30×10^4 的浓度加入一定的精液，加精液时要轻轻搅动精水，半分钟左右即可完成受精，保证每个卵子周围有 2～3 个精子即可。

4.受精卵和浮游幼虫的管理

(1)洗卵。

①目的：除掉受精卵周围的精子，以保持水质稳定。

②洗卵用水：必须用清洁过滤海水，水温不低于授精时温度，否则需预热水。

③洗卵方法：人工授精后半分钟左右卵子即可完成受精作用，这时便可以加满新鲜过滤海水，静置 30 分钟，当卵充分下沉后用滤鼓将上层清水滤掉，重新加满新鲜海水，如此循环反复进行 3～4 次，洗卵越彻底越好。

(2)受精卵的孵化。

①胚胎发育的速度：与温度有关，皱纹盘鲍受精后在 20℃～23℃条件下，7～8小时便可发育到膜内担轮幼虫，并在膜内缓慢地转动，10～12 小时出膜形成担轮幼虫，浮游于水表层。15 小时左右发育到面盘幼虫，壳长 240 μm，宽 200 μm。

②受精卵的孵化密度：可用体积和面积两种方式表示。在生产性采苗中，以 15～20 个/毫升受精卵，或以底面积即每平方厘米 400～500 粒卵较为适宜。但在此期间只要常换水，受精卵或面盘幼虫亦可生活在高密度条件下。

③孵化期管理：每天换水 2～3 次，每次换 3/4 左右，换水时用虹吸法过滤。

(3)上浮幼虫的选育和管理。

①上浮时间的推算：当胚胎发育至破膜后的担轮幼虫时便开始大量上浮，上浮时间与水温有密切关系，自受精开始达到上浮的时间，可用以下公式推算：

$$1/t=0.0064T-0.0502$$

t：时间(h)；T：水温(℃)。

如当孵化水温到 20℃，自受精开始到大量上浮的时间约为 13 小时。

②选幼：担轮幼虫大量上浮后应及时选育。选育用虹吸管把上浮的幼虫引入筛绢(NX79)网箱中浓缩，为减轻机械损伤，筛绢网应在盛海水的水桶里，使水从桶的上沿缓缓溢出，浓缩后的幼体移到另外育苗池中培育，此外选幼也可

用拖网法。

③培育密度：担轮幼虫的培育密度以 10～20 个/毫升为宜。

④管理：每天换水 2～3 次，每次换 2/3 个水体。

(4)面盘幼虫的选育与培育管理。

①达到面盘幼虫时间的推算。

自受精达到面盘幼虫期的时间可用下式计算：

$$1/t=0.0025T-0.0187$$

t：时间(h)；T：水温(℃)

如当培育水温为 20℃时，大约受精后 32 小时可达到面盘幼虫期。

②培育密度：以 5～10 个/毫升为宜。

③选育和培育管理。

选育和培育管理基本同担轮幼虫期，但选育的时间必须在幼体壳完全形成后进行，以防止机械损伤，造成大量脱壳现象，另外，进入面盘幼虫期后换水次数须绝对保证，否则会出现大量下沉死亡，导致培育失败。

在用换水器(滤鼓、滤棒、网箱)时应注意：①虹吸时的水位差不能过大，以免吸压伤害幼虫；②每几分钟就要暂停流水(可曲折虹吸橡皮管子)，并轻轻摆动换水器，使已被吸附于网眼上的幼虫分散开；③每次换水前要仔细检查筛网是否破碎，以免造成幼体流失。

培育期间水温至少在 16℃以上，最好为 18℃～22℃。

对鲍的精、卵与担轮幼虫、面盘幼虫质量的鉴别见表 5-1。

表 5-1　鲍精、卵与胚胎发育优劣的鉴别(聂宗庆，1989)

项目	正常	不正常
卵子	①成熟的卵子呈圆球形，卵径正常，具胶质膜 ②在水中呈分散状态为沉淀性卵 ③受精率达 98%以上	①卵粒大小不一致，多数卵子不具胶质膜，卵径小于正常值 ②在水中粘连成块，不易散开，或悬浮状 ③不具受精能力或受精后胚胎发育畸形
精子	①全长约 60 μm，中段呈长椭圆形 ②活动力强，游泳迅速，在水中呈分散状，精液储存 3 小时后与卵结合仍具受精能力	①全长小于 60 μm，尾短，中段呈长椭圆形 ②活动力弱，在水中缠绵在一起与正常卵子结合，受精率低

(续表)

项目	正常	不正常
胚胎发育	①幼虫孵化之前在胶质膜内发育 ②担轮幼虫的外形正常，近似椭圆，在适温范围内，孵化时间出现于受精后8～10小时 ③担轮幼虫的活动力强，孵化后很快上浮，上浮幼虫约占该批幼虫的2/3以上，在中上层游动迅速 ④面盘幼虫活动于水层中	①幼虫在没有胶质膜保护下裸露发育 ②担轮幼虫外形不正常，孵化时间延长12小时以上或不孵化在卵膜内滞育死亡 ③幼虫的活动力弱，孵化后停留于底面附近旋转运动，失去上浮能力 ④面盘幼虫经常由底面附近下沉停歇于底面上

5.采苗板及其底栖硅藻饵料的接种培育

(1)采苗板。

①选择标准：采苗板的选择以无毒、透明和带有波纹为主要标准。透明有利于硅藻饵料的繁殖。波纹可在相同尺寸下增大使用面积。基于上述标准，目前在尚无定型产品的情况下，采用高压聚乙烯平板(厚2 mm)或聚氯乙烯透明波纹板(33 cm×42 cm)均可。

②采苗板的组合：为了便于使用和操作，每20片采苗板装入一个采苗框内。

采苗框用聚氯乙烯板条焊成，规格50 cm×40 cm×60 cm。其结构应考虑便于组装和存放，故折叠式采苗框比较理想。

③用量计算，采用上述33 cm×42 cm的采苗板和50 cm×40 cm×60 cm的采苗框；每平方米采苗水面采苗板的用量为4框，80片，面积约22 m^2。

(2)底栖硅藻的接种和培养。

①目的：采苗板是幼体进入匍匐生活不可缺少的附着基面。同时也兼为幼虫提供饵料来源的任务。因此必须在采苗前预先接种饵料。

②接种时间：为了保证采苗板的饵料有足够的密度(肉眼观察呈浓褐色)，饵料的接种时间应在采苗前一个半月到二个月开始。

③藻种来源和选择：接种用的底栖硅藻，可取自冬季盛用海水的室内培育池的池壁，采用藻种时要认真加以选择，一般要进行镜检，应以小型的舟形藻、卵形藻和菱形藻为主。绿藻的使用效果差，故对光照较强处混有大量绿藻的藻种不应使用。

④采苗板的预处理：接种饵料以前，为了彻底清除板面的污物(特别是已用过的旧板)，须进行预处理。处理的方法先用0.5%氢氧化钠浸泡1～2天，然后

反复换水除掉药物，洗刷干净。

⑤接种方法：接种时先将洗刷过的采苗板装入采苗架内，使采苗架竖置让采苗板呈水平方向并排于接种池（一般培育池即可）中，为减少饵料浪费，排列要紧密。排好后加入新鲜过滤海水，并把采集的藻种用 $N\times103$ 绢布网过滤2～3遍后倒入接种池，充分搅拌均匀，静置不动。第二天将采苗架轻轻倒转，用同样方法接种采苗板的另一面。

⑥培养管理：完成饵料接种后的采苗板应及时疏散转入培养，疏散时应使采苗板在池中呈垂直方向放置，采苗架只能单层设置，培养期间每周换水 2～3 次，每次 1/2 左右。换水后应补充营养盐，营养母液的配方为：尿素：112 g；KH_2PO_4：22 g；Na_2SiO_3：24 g；柠檬酸铁：2.4 g；淡水：500 mL。施用量按换入新海水每立方米加母液 100～200 mL，即 N：$(10\sim20)\times10^{-6}$、P：$(1\sim2)\times10^{-6}$。

培养期间应注意调节光照，为了防止绿藻和大型硅藻的繁殖，光照一般不宜超过 2 500～3 000 lx。同时应经常上下倒转采苗板方向，这样不仅可抑制绿藻的繁殖，而且能使饵料生长均匀。

在饵料培养过程中，采苗板上往往出现桡足类大量繁殖，如不及时除掉将会导致饵料完全覆灭。清除的方法是在培养水中加 1×10^{-6} 的敌百虫粉，24 小时内全部扑杀干净，扑杀后进行清池换水。

6. 采苗和稚鲍前期培育

(1)设备。

①采苗池：供采集匍匐幼体用，深 60 cm 即可。

②培育池：可直接利用采苗板，饵料培养池以深 60 cm，宽 125 cm，长 10～20 m 为宜。这种规格的培养池便于流水培育，并可与稚鲍后期网箱流水平面饲育兼用。

(2)采苗时间的推算。

自受精开始至幼体进入匍匐期的时间可用下式推算：

$$1/t=0.0025T-0.0187$$

t：时间(h)；T：水温(℃)

例如，在 20℃水温下，大约在受精后 65 小时幼体即可进入匍匐期，因此，必须在此以前投放采苗板采苗。

(3)采苗板的预处理。

①扑杀桡足类：采苗前的 1～2 天，应彻底扑杀桡足类，清除的方法同前。

②采苗前需用水枪对采苗板进行一次彻底冲洗，以便清除板上的浮泥和水

云等杂物。但水流冲击力不可过大,防止饵料脱落。

(4)采苗板用量和幼虫投放量。

适当加大单位培育水面采苗板数量,有利于降低幼虫采集密度,保证饵料的供给,提高出苗量。但投放量过大,则会影响光照和水流畅通。采用 33 cm×42 cm 的采苗板,每平方米培育水面可投放 4 架、80 片,面积约 22 m^2(双面计算)。

幼体的投放量主要依据采苗板的面积确定。在每平方米水面投放 22 m^2 采苗板的情况下,后期面盘幼虫的投放量 4 万个即足够(相当于每平方米采苗板投幼体 1 800 个),按 60%采集率计算,密度为 0.1 个/厘米左右。试验证明,如果匍匐幼虫的采集密度过大硅藻饵料很难满足,生长也慢,成活率低。因此,对采苗时幼体的投放量必须严格控制。

(5)采苗。

①将冲洗后的采苗板移入采苗池,注入新鲜过滤海水、水位不宜过高,以能完全淹没采苗架即可。为使幼虫附着均匀,采苗板应垂直设置。

②幼体选育和投放:用虹吸管从培养池上层将健壮幼虫浓缩选育于小型水槽中,并抽样定量,定量后按需用量及时投入各采苗池。

③光照控制:幼虫投放后,应尽量减弱采苗池的光照,特别要防止直光,以保证附着均匀。

(6)培育管理。

①采苗期管理:每天换水两次,每次换 1/2 左右。在幼虫尚未进行稳定附着的头 2～3 天,换水时应加过滤网以防幼体流失。换水时新海水水温不得低于 16℃,否则需预热。

②移池培养:当幼虫进入稳定附着后,一般在采苗后 5～7 天将采苗架从采苗池移入培养池,移池后便正式转入前期培育。

③水交换:移池后如有条件最好采取流水培育,流水量不必过大,24 小时交换培育水体的 3 倍左右即可。如无流水条件,可继续采用换水方式。每天两次,每次 1/2 左右。

④敌害防除:主要敌害生物仍为桡足类。清除方法用$(0.5\sim1)\times10^{-6}$敌百虫药浴 15 小时左右,药浴后全量换水,对幼体无任何影响。

⑤补充饵料:随着稚鲍摄食能力的增强,采苗池的饵料将日趋减少以至耗尽。因此,在采苗后一个月左右,趁饵料尚未耗尽以前需及时补充。方法可采用波纹板靠接法。

试验证明靠接法是补充饵料的有效途径。但是,补充饵料不仅增加了管理作业的工作量,而且饵料板的培养要占用相当数量的水面,故最好是加强基础饵料的培养，适当降低幼体采集密度，使之在不补充饵料的情况下，稚鲍壳长达到 4 mm 左右。

⑥水温和生长观测：每天换水前后测定并记录水温。定期进行幼体生长测量，发现异常要及时研究处理。

7. 稚鲍后期网箱流水平面饲育

(1)设备。

①饲育池(槽)：饲育池的设计必须尽可能有利于水的交换，因此以深(0.6 m)、宽(1.25 m)、长(10～20 m)的长方形水泥池或水槽比较理想。如果大鲍前期培育是采用长方形水池，作为鲍鱼育苗的专用设备，两者是统一的，不必分设。如专用设备，一般的海珍品育苗用的饵料培养池也可用做饲育池。

②高位水池：是流水饲育不可缺少的设备，贮水量与饲育水体的比例以不小于 5∶1 为宜。

③网箱：初期可采用网目 1 mm×1 mm 塑料窗纱网，中后期网目可适当加大。网箱规格可根据饲育池确定，以方便操作为原则，见图 5-3。

图 5-3　稚鲍培育网箱

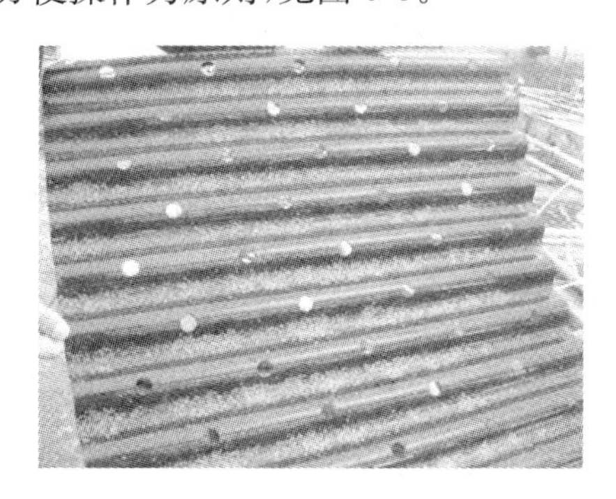

图 5-4　附着板

④附着板：附着板既可为稚鲍提供附着基，也兼行盛接配合饵料的作用。由于稚鲍后期不喜欢强光，所以带孔的黑波纹板较好，孔洞便于稚鲍上下爬行，波纹可增大附着板面积，用黑色硬塑料制成。附着板表面要光滑以利于剥离操作，见图 5-4。

(2)稚鲍的剥离选别。

1)氨基甲酸乙酯麻醉剥离。

①药液的配制：取市售氨基甲酸乙酯用海水配成 1%浓度。配制量可根据剥离稚鲍的多少确定，10 万左右的剥离量，配制 50 升即足够。

②剥离方法：在盛药液的水槽内，铺放一层尼龙筛绢，以便盛接和收集剥离

后的稚鲍。剥离时将采苗板浸入药液内，1～2 分钟后待稚鲍贝壳举起原地扭动时，振动采苗板或用塑料海绵轻轻擦动即可脱落。剥离后的稚鲍在药液中时间不宜过长，一般不要超过半小时。

2)酒精麻醉剥离。

同氨基甲酸乙酯麻醉剥离相比，酒精的成本低，来源也方便，是比较好的麻醉剂。

①药液的配制：取市售医疗消毒用酒精，用海水配成 2%浓度。

②剥离方法：基本同氨基甲酸乙酯法，故略。

3)水冲击剥离。

麻醉剥离适用于采苗板上的稚鲍和网箱流水饲育期的选育剥离，而培养池壁的稚鲍则不必采用，因水体过大而不便用药。这时可采用水冲击法剥离。

水冲击法剥离，此法适用于剥离池壁和池底的稚鲍，可以用水泵(流量 22 L/min)冲刷池壁和池底上的稚鲍，在排水口处放置网箱，收集稚鲍。

无论是麻醉剥离或水冲击法剥离，剥离后的稚鲍在进入网箱前都应进行选别。在麻醉剥离的情况下，选别作业可在麻醉液中进行。方法是根据稚鲍的大小，选用两种不同网目的筛网，一次可分离三种体长的规格。冲击剥离的筛选可借助水冲击进行。选别后的稚鲍分别过滤到不同网箱中饲养。

(3)网箱流水平面饲育(图 5-5)。

①体长要求：一般地说，稚鲍个体越大，网箱饲育的效果越好。但是，在稚鲍前期培育阶段，硅藻饵料的供给往往比较紧张，因此适当提早向网箱过滤的时间，对减轻前期培育的饵料压力，提高成箱饲育，在饵料严重不足时，平均壳长 3 mm 也可以。

图 5-5 网箱流水平面饲育

②饲育密度：网箱流水平面饲育本属于高密度集养方式，但密度过大也将影响稚鲍的生长和增重。按附着板面积计，一般以 5 000 个/平方米左右为宜。为了降低培育密度，提高单位水体收容量，水深 50 cm 的饲育池也可采用双层网箱饲育。

③流水量：流水量的大小不仅关系到水质的稳定，也关系到稚鲍的摄食和生长。在 20℃以上水温时，24 h 水的交换量不可少于饲育水体的 6～7 倍，溶解氧含量不应低于 3 mL/L。

④饵料：可自始至终采用人工配合饵料。人工配合饵料与其他饵料相比，来源丰富，不受季节限制，饵料效率高。壳长 7 mm 以前的稚鲍，宜投喂人工配合饵料粉末。壳长 7 mm 以后宜采用固形效果较好的片状或颗粒饵料。

饵料的投喂量与个体大小和水温有关。在 20℃水温下，壳长 0.5～1.0 mm 的稚鲍，每天投喂体重的 5%～7%。壳长 1.1～1.5 cm 的稚鲍，每天投喂体重的 4%～6%。但投喂饵料必须依据稚鲍的实际摄食状况适当调整，如果投饵量过多不仅造成饵料的浪费，也容易败坏水质。相反投饵量不足会影响生长。

由于稚鲍的摄饵活动在夜间，白天伏居不动，因此，每天投饵的时间应在傍晚前进行，这样不仅有利于避免饵料的浪费，也容易避免水质的污染，粉末状饵料投喂前先用水调和，然后均匀洒到附着板上。片状饵料可直接投喂。

⑤饲育管理：网箱流水饲育的管理比较省力，管理的重点是防止水质败坏。为此，在水温 20℃以上时，每天早晨要用虹吸法清除残饵。每 2～3 天彻底清洗一次网箱和水池(槽)。饲育过程中有时会出现稚鲍沿网箱壁大量爬出水面的情况，这是严重缺氧的典型征候，必须及时移池换水，否则容易造成大批死亡。

8. 四角砖和瓦片培育

(1)四角砖是用水泥砂浆浇铸而成，边长 30 cm，厚 3 cm，四脚高 3 cm。如图 5-6 所示。每平方米投放四角砖 15～18 块，行距 7～10 cm。

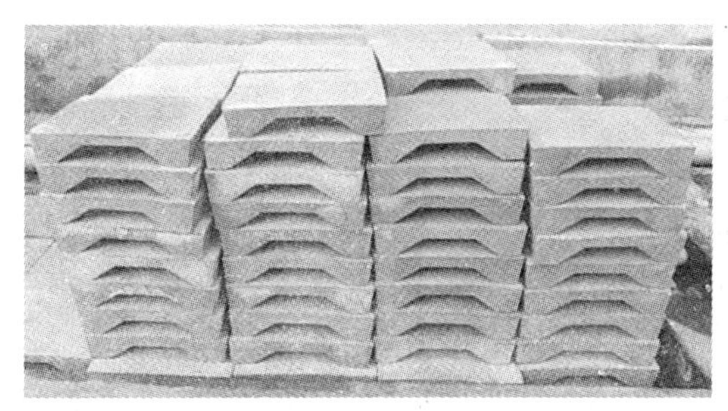

图 5-6　四角砖结构图

(2)瓦片是盖房用长方形平面带沟槽的片状瓦，平瓦的尺寸为 400 mm×240 mm～360 mm×220 mm，每平方米投放四角砖 10～12 块，行距 7～10 cm，如图 5-7 所示。

9. 日常管理

在培育中要保持水体交换，每周清池 2～3 次，清除附着基上和池底的残饵、污物。幼鲍常爬出水面，应随时移入水中，以免干死。如有大量幼鲍爬向水线附近，则应检查并及时换水和加大充气量。

图 5-7 瓦片附着基及摆放

10. 稚鲍下海前剥离

在北方地区由于冬季供水困难，加之当水温低于 7℃以后稚鲍的生长极慢，因此，网箱饲育的稚鲍可于 11 月中旬左右下海暂养。下海前的剥离可采用温度剥离法。11 月中旬自然水温为 12℃左右，是温度剥离的最适水温季节。剥离时先将附着板浸于比自然水温高 10℃左右的温海水中半分钟，随后再回到常温海水中，这时稚鲍剧烈运行，用手(戴手套)便很容易剥下。常温水的槽内要铺以筛绢布，以便盛接和收集剥离的稚鲍。

11. 稚鲍南方大规格苗种培育技术

北方海域当年培育的苗种在水温下降的 10 月底只能长至约 2 cm，此时放流增殖，苗种个体小、成活率低，生产单位都希望购买越冬后 3～4 cm 的大规格苗种进行放流。但在北方室内越冬，能源消耗大、成本高；海上越冬成活率低，而且整个冬季长达 4～5 个月基本不生长。利用南北方海域的水温差异，将北方繁育的皱纹盘鲍苗种移至南方海域，利用南方海上鱼排和鲍鱼养殖笼(图5-8)进行养殖，饵料以盐渍、新鲜的海带或南方养殖的江蓠、紫菜等为主进行越冬，经过 4～5 个月南方越冬保苗，平均个体增长 2 cm 左右。而鲍苗的生长快慢与环境水温密切相关，水温越接近其最适生长水温(20℃)，鲍苗的生长越快，反之

图 5-8 越冬网笼及鱼排

水温越低，鲍苗生长就越慢。通过南北方的接续养殖，可以延长鲍的适宜生长温度的时间达 2～3 个月，即使是南方最寒冷的 1、2 月，水温也超过 13℃，鲍苗依然可以生长，延长苗种的生长期，提高越冬成活率，还能节省成本，是一种经济、适用的越冬方法。

12. 杂交鲍育苗技术

(1)中国皱纹盘鲍与日本皱纹盘鲍的杂交。

张国范等(2003)在查明皱纹盘鲍不同地理群体间具有显著的遗传差异，不同地理群体间的杂交可能产生杂种优势的基础上，建立了科学简便的杂种优势利用的单侧定向杂交技术，获得杂种优势明显、性状稳定的中国黄渤海—日本岩手宫城群体皱纹盘鲍杂交组合。杂交鲍苗种培育期间壳长、壳宽和体重生长的杂种优势率分别为 17.98%、22.07%和 61.93%，成活率提高了 1.8 倍；养成期间成活率达到 85%～92%，较常规苗种提高 40%～50%，养殖周期较常规苗种缩短了 1/3；杂交鲍养成亩* 产 650～700 kg。目前，杂交及杂种优势的利用已是杂交鲍高效养殖的核心技术，“杂交鲍”已经成为产业名牌。

(2)日本盘鲍与皱纹盘鲍的杂交。

自 1997 年以来，先后在辽宁、山东开展了日本盘鲍(*Haliotis discus discus*)与皱纹盘鲍(*Haliotis discus hannai* Ino)杂交育苗大规模生产性试验，并取得了很好的结果。现将日本盘鲍与皱纹盘鲍杂交育苗技术要点及杂交苗的特性介绍如下：

①亲鲍促熟。皱纹盘鲍促熟积温 700℃以上即可达到性腺发育成熟，900℃可完全发育成熟。但日本盘鲍特别是雌鲍性腺达到完全成熟积温要 1 300℃以上(雄鲍 1 100℃即成熟)，要想使两种鲍同步发育成熟，必须将日本盘鲍比皱纹盘鲍提前升温促熟 1 个月。其他促熟设施、管理方法与皱纹盘鲍育苗相同。

②催产与孵化方法。与皱纹盘鲍育苗基本相似，但结果有所不同。从表5-2中可以看出：

受精率：皱纹盘鲍自交组为最高，日本盘鲍♀×皱纹盘鲍♂与日本盘鲍自交组接近。

孵化率：皱纹盘鲍自交组与皱纹盘鲍♀×日本盘鲍♂明显高于日本盘鲍自交组和日本盘鲍♀×皱纹盘鲍♂杂交组。

附着率：皱纹盘鲍自交组为最高，日本盘鲍自交组为最低。

日生长速度：日本盘鲍组为最快，皱纹盘鲍组为最慢，两个杂交组接近。

---

* 亩为非法定单位，考虑到生产实际，本书继续保留，每亩为 666.66 m^2 水面，以下同。

成活率:皱纹盘鲍♀×日本盘鲍♂为最高,皱纹盘鲍自交组为最低,日本盘鲍自交组与日本盘鲍♀×皱纹盘鲍♂组接近。因此,进行日本盘鲍与皱纹盘鲍杂交育苗生产时,尽量使用皱纹盘鲍♀鲍与日本盘鲍♂鲍杂交。

表 5-2　各试验组的受精及其发育成活情况(17℃～22℃;燕敬平等,1999)

杂交组合	产卵日期	受精率(%)	孵化率(%)	附着变态率(%)	日生长(μm)	剥离后60天存活率(%)
日♀×皱♂	4.24	70	51	45	67.6	30
皱♀×日♂	4.24	91	60	49	69.6	62
皱自交	4.24	95	64	62	49.2	19
日自交	4.24	73	52	39	72.6	25

③采苗与中间暂养:杂交育苗的采苗和中间暂养与正常育苗完全一样,详见鲍育苗部分。

④杂交苗的表现:通过观察发现,杂交苗壳形与皱纹盘鲍苗截然不同。先是杂交苗壳表面粗糙,体螺层高低非常明显,在壳长 2～3 cm 以前,壳稍长略窄。皱纹盘鲍壳表面较平整,体螺层较均匀,壳形较椭圆。特别是杂交苗成活率及生长速度都优于皱纹盘鲍自交苗(表 5-3)。

表 5-3　杂交苗与皱纹盘鲍自交苗比较

项目	杂交苗	自交苗	统计日期
育苗面积(m^2)	220	580	1998.07.10
数量(万只)	280	1 200	
壳长(mm)	4.2	3.6	
数量(万只)	143.8	177.9	1998.10.12
壳长(mm)	14.7	11.9	
成活率(%)	51.4	14.8	
生长速度(μm/d)	114	90	
出苗量(只/平方米)	6 500	3 100	

二、脉红螺的人工育苗

脉红螺[*Rapana venosa* (Valenciennes)]隶属于腹足纲(Gastropoda),前鳃

亚纲(Prosobranchia),新腹足目(Neogastropoda),骨螺科(Muricidae)动物。脉红螺肉食性,双壳类就是其主要食物之一,因此被列为贝类养殖中的敌害。但其足部特别肥大,甚为人们所喜食,并常用以代替鲍鱼。目前除鲜食外,多加工制成罐头或干制品,经济价值高。

(一)亲螺培育

1. 亲螺选择

亲螺采自山东沿海,选择壳高 8~10 cm,外形完整、无损伤、无病害、健康、活跃的个体入池暂养,如图 5-9 所示。

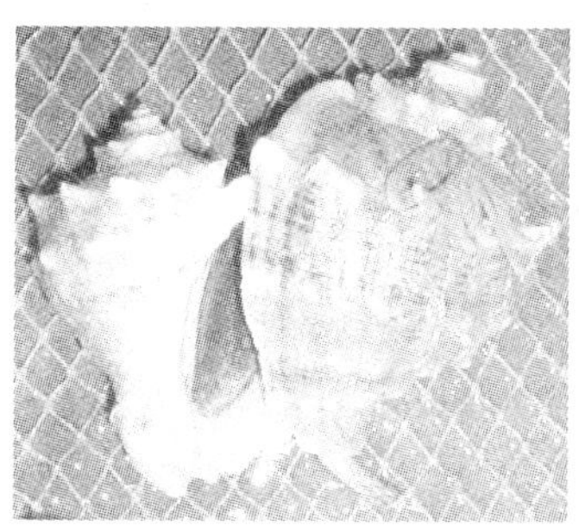

图 5-9 脉红螺亲贝

2. 采集时间

亲螺采集时间,对其繁殖有很大的影响。6 月中、下旬采集的亲螺,平均每个亲螺产卵量为 77 万粒,面盘幼虫孵化率为 84%,平均每个雌螺能孵化出面盘幼虫 65 万个;而 6 月 2 日采到的亲螺不仅产卵时间晚,需暂养 1 个月,而且产卵量少,每个亲螺产卵量仅为 64 万粒,少则仅 13 万粒;面盘幼虫的孵化率仅 70%,每个雌螺只能孵化出面盘幼虫 44 万个。

3. 培育密度

亲螺培育密度为 5 个/立方米水体。采用浮动网箱培养(图 5-10)。

图 5-10 脉红螺亲贝蓄养

4. 培育管理

(1)换水:每天清底换水 2 次,每次更换 1/2 水体。连续充气。

(2)投饵:投喂四角蛤蜊、蛤仔、贻贝等饵料,但摄食较少。在上述 3 种饵料中,摄食四角蛤蜊明显好于蛤仔和贻贝。

(二)交尾与产卵

1.交尾时间的选择

6月中下旬入池的亲螺,在水温20℃左右的条件下,第8～10 d,就有交尾活动;而6月2日入池的亲螺,在水温18.2℃的条件下,需暂养1个月,才有交尾活动。整个交尾活动可连续1个月左右,但高峰期在7月中、下旬,水温为21℃～24℃。

2.交尾雌、雄个体大小

脉红螺交尾时,无个体大小之分,只要是性成熟个体,大个体均具有交尾的能力,只要是水质好,交尾是很容易的。

3.产卵

(1)产卵时间:通常在夜间,在室内遮光的条件下,白天也能见到产卵个体。

(2)产卵地点:一般交尾后1～2 d,雌螺就可产出卵袋,从外套腔中将卵袋产在池壁上,在采苗试验中,从未发现过产在池底的卵袋。

(3)卵袋大小:先产的卵袋较小,卵袋长约1.6 cm;后产的卵袋较长,通常在2 cm以上。由于卵袋是成群产出的,故成簇状。待1个池中卵袋数达40～50簇时(20 m^3 水体),就把亲螺移到其他池中,继续交尾产卵,原池经清洗干净后加水、充气,作为孵化池,如图5-11、图5-12所示。

图5-11　脉红螺卵袋的产出

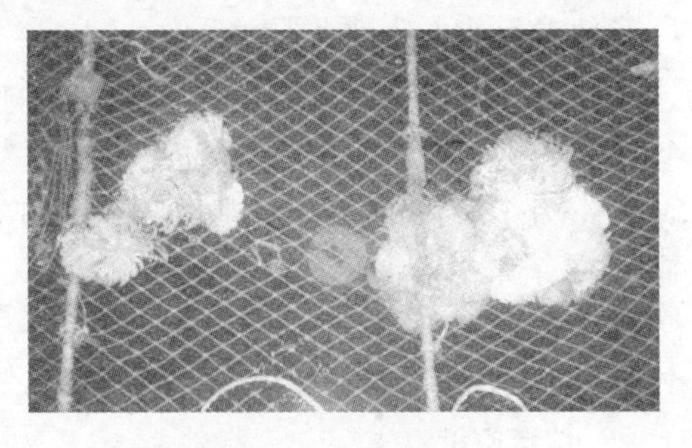

图5-12　卵袋的孵化

4.孵化

(1)孵化时间:脉红螺孵化的时间较长。卵袋中胚胎发育至面盘幼虫,从顶端小孔处孵出,约需20 d时间。

(2)孵化管理:在孵化过程中,每天换水2次,每次更换1/2水体,并连续充气;每天早晨将孵出的幼虫用200目网箱接出,按0.2个/毫升密度入池培育,通常一个孵化池可收集幼虫3～5次,分布到3～5个培育池中。在孵化池中卵袋逐渐由乳黄色变成灰黑色,待幼虫全部孵出时,卵袋呈白色,即孵化结束。

（三）幼虫培育

1. 培育密度

以0.2个/毫升最为适宜，幼虫平均日增壳高20 μm；培育到壳高1 mm变态幼虫时，密度达0.1个/毫升，成活率为60%；培育密度为0.5个/毫升以上，面盘幼虫常出现面盘纤毛脱落下沉而死亡。

2. 投饵

投喂等鞭金藻和叉鞭金藻的幼虫，胃内饵料不断转动，摄食良好。在培育密度为0.2个/毫升时，每天投喂2～4次，每次投喂5 000～10 000个细胞/毫升，幼虫发育正常。

3. 水质

每天换水2次，每次更换1/2水体。前期用200目网箱，后期用150目，换水期间要不断搅动网箱，以免幼虫贴网受伤。每天连续充气。每5～6 d倒池1次，如不能及时倒池，幼虫容易下沉池底，并出现面盘分解现象。

4. 采苗

水温21℃～24℃的条件下，幼虫培育25～35 d，壳高达1 000 μm以上，面盘中间的头部触角和眼能伸出壳外，面盘下面的前后足形成宽平的蹠面。此时，幼虫虽能用足匍匐，但面盘仍能营浮游生活，应投放附着基采苗。由于脉红螺幼虫附着变态期较长，可达10～12 d，因此，为人工育苗提供了较长的采苗期。

（1）采苗器材：采苗中使用了6种附着基：

①高压聚乙烯波纹板（40 cm×33 cm）；

②附着底栖硅藻的高压聚乙烯波纹板（40 cm×33 cm）；

③聚乙烯薄膜采苗架（80 cm×50 cm）；

④采苗袋（12目，80 cm×80 cm，内装海区半人工采苗使用的聚乙烯网衣250 g）；

⑤扇贝壳串（壳高7 cm左右，每50个为1串）；

⑥瓦片（35 cm×25 cm）。

上述器材，分别均量投放在培育池中。这些器材均洗刷干净后在海水中充分浸泡后投放。底栖硅藻是提前20 d接种培养的，种类较杂，附着面上有14 000～18 000个细胞/平方厘米。总的采苗面积为池底面积的14～16倍。

（2）采苗方法：面盘幼虫培育26～28 d，出现3个螺层，壳高达1 mm左右时，即可投附着基进行采苗。采苗时，先将经充分浸泡的附着基放入池中，然后将幼虫按0.1个/毫升的密度投入附着。

采苗时，日换水2次，每次更换1～2个水体，并连续充气；每天投饵2～3

次,除继续投喂金藻外,每天投喂牡蛎卵、四角蛤蜊、蛤仔的碎肉(粉碎后用 60 目筛网过滤)2~4 mg/L;每天施土霉素 1 mg/L。目前,最好的方法是投喂牡蛎和魁蚶幼苗,成活率高,生长速度快。

在上述条件下采苗,经过 4~6 d,幼虫全部附着完毕。如不投喂动物性饵料、全部投喂单胞藻类培育的幼虫,虽然经过 8~10 d 采苗,仍采不到苗,并且幼虫逐渐在附着基上或池底死亡。

(3)采苗结果:各种附着基的采苗结果,如表 5-4 所示。

表 5-4　脉红螺不同附着基采苗效果比较

采苗器材	数量	采苗量（个/片）	稚螺平均壳高（mm）	采苗量（个）
附有底栖硅藻波纹板(片)	360	750	1.82	270 000
未附有底栖硅藻波纹板(片)	360	310	1.48	111 600
聚乙烯薄膜(片)	372	195	1.36	72 540
采苗袋(个)	125	2 869	1.20	358 625
扇贝壳(个)	10 000	11.8	1.40	118 000
瓦片(片)	240	2.1	1.31	504

①附有底栖硅藻的聚乙烯波纹板:采苗效果最好,采苗 10 d 后,每张板采得平均壳高 1.82 mm 的稚螺 750 个;而未附上底栖硅藻的聚乙烯波纹板,每张板只采得平均壳高 1.48 mm 的稚螺 310 个。

②12 目的聚乙烯采苗袋:平均每袋采得稚螺 2 869 个。其原因可能是海上自然采苗袋中 12 股聚乙烯网片,附有一定数量的底栖硅藻和有机质所致。由于采苗密度过大,稚螺个体较小,平均壳高仅为 1.20 mm。

③聚乙烯薄膜、扇贝壳和瓦片:采苗效果较差。

(4)稚螺的培育:投放附着基 6 d 左右,池中已无浮游幼虫,在采苗器上能看到大量黑色的稚螺,见图 5-13,此时的管理要点为:

①去掉网箱,日换水 3 次,每次 1～2 个水体,连续充气;水位控制在距池顶 30 cm 左右,防止稚螺爬出。

图 5-13　稚螺(×100 倍)

②每天投喂牡蛎、蛤肉(用 40 目过滤)3 次,每次 4～8 mg/L。最好投喂牡蛎和魁蚶幼苗,效果更佳。

③每半月倒池 1 次,防止因残饵腐败影响水质。

在上述条件下培育,稚螺生长很快,平均日增高 80～100 μm,长到 1～2 cm 即为增养殖用的苗种,见图 5-14。

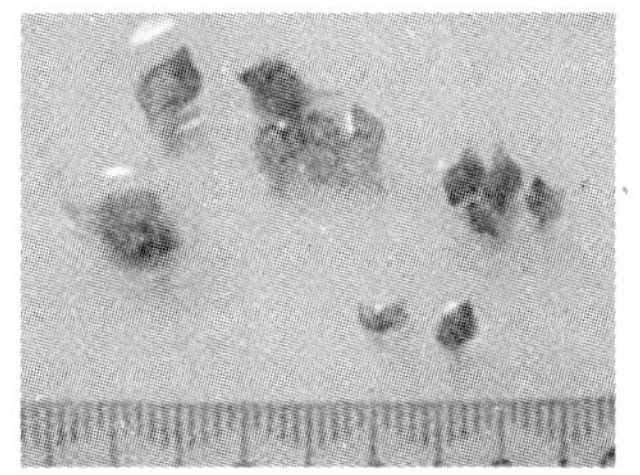
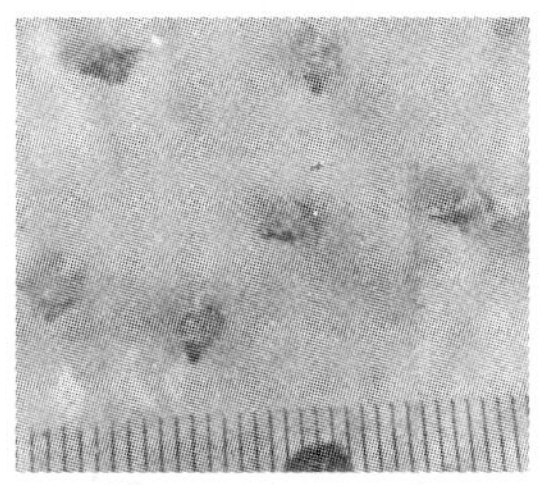

图 5-14　脉红螺苗

三、泥螺的人工育苗

泥螺 *Bullacta exarata* (Philippi)(图 5-15),隶属于软体动物门(Mollusca)、腹足纲(Gastropoda)、后鳃亚纲(Opistobranchia)、头楯目(Cephalaspidea)、阿地螺科(Atyidae)贝类。广泛分布于我国南北沿海潮间带砂泥质滩涂,尤以江、浙沿海产量最高。其肉味鲜美、营养丰富,具有很高的食用价值。我国沿海特别是浙江一带的人民,很早就开始食用泥螺,作为海味珍品,除盐渍、酒渍等传统食用方法外,还可蒸煮、炒、烧汤等,别具风味。

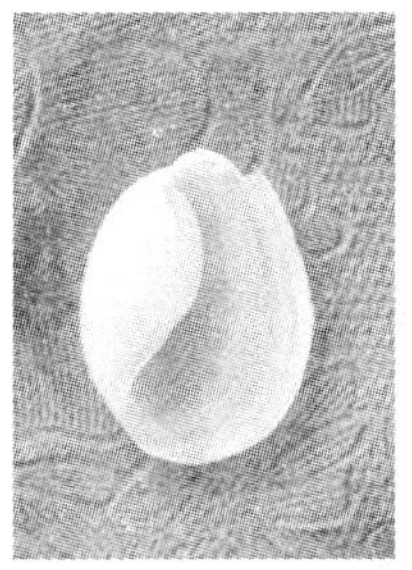
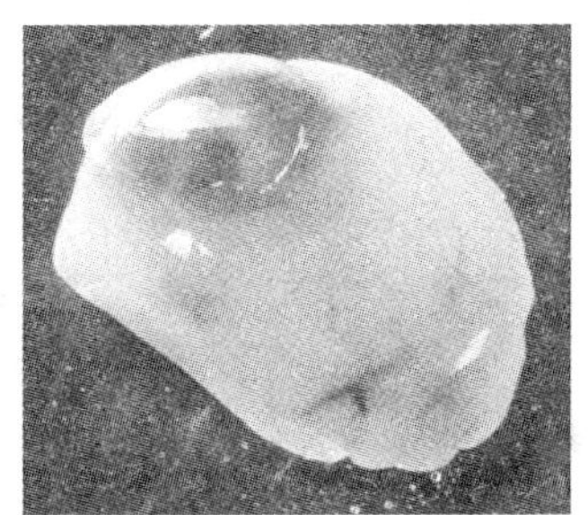

图 5-15　泥螺

泥螺的人工育苗过程如下:

1.底栖硅藻的培养

泥螺的人工育苗中，幼虫培养所需的饵料除了常规人工育苗所需的金藻、小硅藻和扁藻等饵料外，还需要培养底栖硅藻。

底栖硅藻是泥螺匍匐幼虫和幼螺的重要饵料。底栖硅藻是附着性的单细胞藻类。因此，必须以透光性较好的薄板或薄膜等作附着基，培养小型的底栖硅藻。可以用脱脂棉檫取池壁或海水管口的底栖藻类，放入三角烧瓶中加以培养选择，也可利用塑料薄膜挂于海上养殖筏架或网箱筏架上，等 5～7 d 时底栖硅藻附着再将其刷下接种，也可以从海上取回鼠尾藻等大型藻类在过滤海水中洗刷，再用 300 目筛绢网过滤作藻种。然后按单胞藻培养要求加入营养盐(即 N：P：Fe：Si＝20：1：1：1)，最后将藻种均匀泼于池中，一般光照 1 000～2 000 lx，经过 1 个月的培养即可用于投喂。

2.亲螺的选择与暂养

亲螺收获季节，春季育苗，一般在 3 月底至 4 月底；秋季育苗的，一般在 9 月底至 10 月中旬。亲螺壳高 15 mm 以上，活泼健壮，贝壳无破损，没有外伤，没有经过雨淋和淡水浸泡，体表多黏液，壳色灰黄色。

亲螺暂养可采用室内水泥池和室外土池培养。室内水泥池底铺 1～2 cm 厚的软泥，加水 10～30 cm，然后投底栖硅藻、扁藻、配合饲料等，暂养密度为 100～150 个/平方米，每日换水 2 次，换水时让亲螺每天干露 4～6 h。成熟亲螺放养后，当日可见交配，有些个体在自然海区交配过，当天夜晚即可见部分个体产出卵群。

亲螺也可放在室外的土池培养，将土池进行清理，除去杂螺，平整滩面，再施以适量的肥料，池水保持 10～20 cm 深，培养底栖硅藻，待池底出现黄褐色油泥后，将亲螺以 100～200 个/平方米密度养于土池中。每天干露 2 次，每次 2～3 h。亲螺在池内自行交配产卵。每日将卵群收集于孵化池内孵化。也可以从养殖场地直接采集泥螺卵群，进行室内人工育苗。

3.卵群的采集与处理

从室内水池和室外土池采集的卵群或在繁殖盛期，从泥螺养殖场采回卵群，均可用于育苗。选用的卵群，必须用砂滤海水冲洗，清除卵群表面的淤泥、污物，同时剪去卵群柄，冲洗时可加土霉素 5×10^{-6} 或高锰酸钾 10×10^{-6} 进行消毒处理。冲洗时尤其要注意冲洗水的水温与卵群的温度，温差不宜超过 2℃，否则极易出现滞育与胚胎畸形。

4.孵化与充气

卵群经冲洗消毒后可放入孵化池孵化，孵化密度为每个卵群 100 mL 水体，充气力求均匀、微量，连续充气效果不如间歇充气，室内孵化率一般可达到80%以上，为了提高孵化率，可以使用高锰酸钾、福尔马林或土霉素消毒、防腐，高锰酸钾浓度为$(0.5\sim1)\times10^{-6}$，福尔马林为9×10^{-6}，土霉素为$(2\sim5)\times10^{-6}$，可使孵化率提高到95%以上。孵化过程中可适当投喂单细胞饵料，投饵量(2万～3万)个细胞/毫升，以供刚孵化出膜幼虫摄食，切忌投喂有原生动物污染或老化的饵料。

孵化时尽量保证孵化水温的恒定，一般在23℃～25℃，不宜超过30℃，温差突变不宜超过2℃，并保证每天有一定的时间干露，以促使卵群三级卵膜的分解和提高孵化率。每天上午用捞网捞出卵群于另池孵化培养，原池水经60～80目筛绢过滤后倒入幼虫培养池进行幼虫培养。

5. 浮游幼虫培养

出膜浮游幼虫平均壳高200.7 μm，平均壳宽150 μm，浮游期最短4～5 d(水温23℃～25℃)，若附泥条件不好或幼虫培养密度过高，浮游期可延长10～15 d。浮游期幼虫培养每天换水二次，每次换原池水1/4，换水后投喂单胞藻类，如等鞭金藻、扁藻等，投饵量以幼虫胃饱满程度来决定，一般保证水体中有金藻类细胞3万～5万个/毫升或扁藻5 000～8 000个/毫升。幼虫培养密度以15～20个/毫升为宜，附着前可适当分池降低培养密度。在培养过程中，需注意换水时的温差不宜超过2℃，否则幼虫受温差刺激极易将软体部缩入壳内而沉底。每日镜检，测量幼虫生长情况，观察幼虫活动能力及胃肠饱满程度，发现原生动物可加大换水量来换出原生动物。幼虫培养4～5 d后，其足部伸缩频繁、面盘退化，常集聚池底爬行，此时即可投入附着基。

6. 附着基处理与投放

(1)附着基的处理：在自然海区刮取无污染的海泥，然后按下列方法进行附着基处理：①取经太阳暴晒干的海泥置于电热干燥箱内烘干1～2 h(烘箱内温度150℃～200℃)，取出泡于过滤海水中，用200目筛绢袋搓出；经太阳暴晒的海泥泡入过滤海水中，用200目筛绢袋搓出，然后将搓出的泥浆在炉火上烧至沸腾，冷却后备用。

(2)附着基的投放：投放附着基前，应根据池内浮游幼虫的密度进行适当扩池，使之附苗后保证20～30个/平方厘米幼虫，然后在培养池中直接倒入泥浆中，充分搅匀，每天投泥一次，投泥量以底泥厚1～2 mm为宜，连续投泥3～4 d，直至底泥厚约5 mm即可。

7. 匍匐幼虫培养

投泥后幼虫立即营匍匐生活，此时幼虫面盘退化，足部伸缩频繁，水体中浮游幼虫日趋减少。第一次投泥后的4～5 d即可全池换水。换水时，进出水宜缓不宜急，并注意进出水的温差。培育水位10～20 cm，饵料为单胞藻类，最好用底栖硅藻类，也可投扁藻或配合饵料。将已培养好的底栖硅藻从饵料板上或膜上用刷子刷到塑料盆中，用过滤海水冲洗，澄清后，倒去上清液，沉入底部的即为底栖硅藻，然后均匀地泼入育苗池中。扁藻夜间沉入池底，正好可被匍匐幼虫所舐食。匍匐幼虫在室内培养4～5 d后，壳高可达300 μm，挑选合适时间，即可移至土池进行培育。

8.幼螺的培养

当匍匐幼虫长至壳高近达700 μm左右时，靥消失，变态成为幼螺，此时应加大投饵量，若底栖饵料不足，可用人工配合饵料投喂，见表5-5。使用时先用水浸泡，然后均匀地撒在培育池中。刚投饵后，不可马上换水，以防止饵料随水流失。

表5-5 饵料配方及营养成分

配方（%）	鱼粉	海带	淀粉	酵母片	贝壳粉	混合维生素	KI	KBr
	33.7	55.2	7.3	1.8	1.2	0.6	0.1	0.1
营养成分（%）	水分	粗蛋白	粗脂肪	粗纤维	无氮浸出物	粗灰分		
	13	42.2	0.2	1.4	27.3	15.9		

在幼螺培育期间，可及时分池，注意水体及底质内原生动物的危害情况，随时观察幼螺的活动，发现问题及时处理。

当幼螺长至壳高2～3 mm时，即可出池，供养殖用苗。

9.育苗过程中应注意的事项

(1)在育苗各个阶段，必须严格控制，切忌温差突变在2℃以上。

(2)注意培养池的原生动物，一旦原生动物大量繁殖，泥螺幼虫便难以生存，除用加大换水量或投药来控制原生动物数量外，提早投泥亦可有效防止原生动物大量繁殖。

(3)必须严格处理好附着基，充分暴晒，严格消毒。

(4)育苗过程中，尽量少用或不用药物。

四、东风螺的人工育苗

东风螺在广东俗称“花螺”、“海猪螺”和“南风螺”，隶属于软体动物的腹足纲(Gastropoda)蛾螺科(Buccinidae)，我国的主要种类有方斑东风螺 *Babylonia areolata*（Link）、台湾东风螺 *Babylonia lutosa*（Link）2 种（图 5-16），分布于我国东南沿海，东南亚国家及日本也有分布，是一类经济价值很高的浅海底栖贝类，其肉质鲜美、酥脆爽口，是国内外市场近年十分畅销的优质海产贝类。人工育苗过程如下：

1. 亲螺的选择

挑选健康无病，贝壳完整光洁、斑纹鲜艳，活力好、个体肥大，体重达到 50 克/粒的东风螺作为亲螺。见图 5-17。

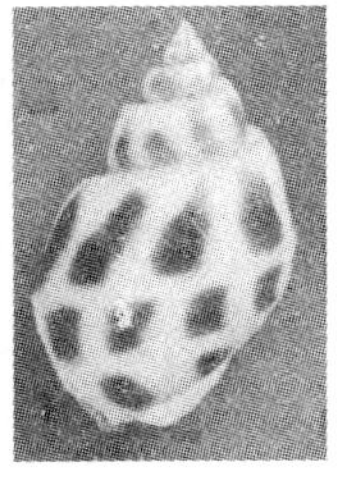
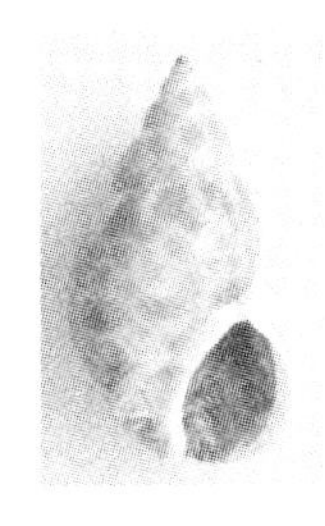
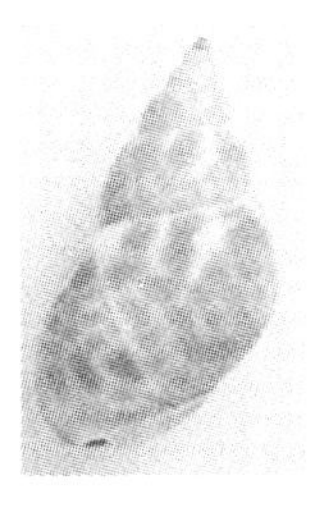

图 5-16-a　方斑东风螺

图 5-16-b　台湾东风螺

图 5-17　培育池及亲螺蓄养

2. 亲螺消毒

亲螺运至繁殖场后应进行严格的消毒处理。清除螺壳体表的附着物，使用过滤海水冲洗干净后，用聚维酮碘 10～15 mg/L 的浓度消毒 5 分钟，此时需注意充气增氧。

3. 亲螺育肥与促熟

（1）亲螺养殖的环境条件：方斑东风螺有潜沙习性，在亲螺培育池底铺 5 cm 砂子，水深 40～50 cm，连续充气；弱光，避免干扰。亲螺培育池养殖密度为 20～30 粒/平方米，亲螺雌雄比为 1∶1。海水相对密度 1.017～1.022，水温 25℃～31℃。每天下午（4～5 时）投喂切块的鲜杂鱼 1 次，投喂量为成螺体重的 8%

～10%，次日上午(7～8 时)捞出残饵。总之，在不影响水质的情况下，尽量投足饵料，以满足亲螺生殖腺成熟的能量需要。

(2)投饵：饵料是亲螺生殖腺发育成熟的物质基础。每天投喂新鲜蟹肉 2 次，投喂量为亲螺体重的 10%。投喂时添加维生素 E、维生素 A、海水贝类钙多肽等进行人工营养强化。另外，适宜的饵料还有单细胞藻类，如牟氏角毛藻、等鞭金藻、叉鞭金藻、巴夫藻、扁藻、小球藻等。不同的藻类对亲螺生殖腺成熟有明显的影响，如扁藻、金藻在亲螺促熟时，亲螺生殖腺发育良好。一般日投饵密度为 10 万～20 万细胞/毫升，上、下午各一次。且投放活藻需多样化，各种单胞藻中蛋白质氨基酸组分含量不同，有助于亲螺生殖腺成熟的能量累积。

(3)水质管理：每天采用换水、清污的方法，改善亲螺的生活环境。一般每天上午 7～8 时排干池水一次，捞出残饵和死螺；保持微流水，每天水体交换量为 2.5～3 个全量。亲螺培养池中的溶解氧要大于 5 mg/L、氨氮小于 200 mg/L、pH 为 8.0～8.5、有机质耗氧量低于 2 mg/L，在这样的水质条件下，亲螺生殖腺能充分发育成熟。

(4)疾病防治：防治疾病时要非常注意病菌传染问题，在育苗时常因育苗池、供水管道、育苗器材、充气管道等消毒不严或残饵和死螺没及时捞出，造成亲螺感染细菌互相传染，而引起摄食减少或不摄食甚至死亡现象，用$(1\sim2)\times10^{-6}$氟苯尼考抗生素进行定期预防，每三天施药一次，培育期间亲螺成活率 90%以上。

4. 亲螺交配、产卵和孵化

在繁殖季节，亲螺经过 10～15 天的蓄养，便开始排放卵囊。方斑东风螺属体内受精，卵胎生种类，成熟时自然交配，一般早上换水后至傍晚进行交配活动，雌螺通常在夜间产卵。亲螺可在繁殖季节内进行多批次自然产卵。卵囊呈高脚杯形，3～5 个粘在沙堆和池壁上，连成一片。每一个卵囊有受精卵 700～900 粒。一般 5～7 天收集受精卵囊一次。收集卵囊时先将池水排至 3 cm，把亲螺捡起与卵囊分开，将卵囊连砂铲下，用网兜分离。收集受精卵囊结合消毒砂层进行，收集完受精卵囊后用 100 mL/m^3 双氧水消毒漂白砂层一次。消毒 15 分钟后排掉消毒水，用过滤海水认真冲洗干净砂层。同时让亲螺阴干 0.5 小时，刺激亲螺交配、产卵。另外亲螺用$(1\sim2)\times10^{-6}$氟苯尼考抗生素消毒 5 分钟，然后用过滤海水冲洗干净。

将收集的受精卵囊用过滤海水冲洗干净，去除污物后用聚维酮碘 10～15 mg/L 的浓度消毒 2～3 分钟，再用过滤海水冲洗干净，放入育苗池中所挂的孵化网袋中孵化。每一孵化网袋(40 cm×40 cm)放 500～750 g 卵囊，均匀挂在池内四周。网袋底部要尽量拉平让卵囊分散、勿堆压，避免卵囊堆积造成局部缺氧而影响孵化率。经过2～5天，幼体便破囊而出。

5.幼虫培育

(1)可控环境因子：水温：27℃～31℃；光照：300～500 lx，避免直射光；增氧：散气石密度3粒/平方米；避免干扰；亲螺培育池养殖密度为20～30粒/平方米，亲螺雌雄比为1∶1。海水相对密度1.017～1.022，水温25℃～31℃。

(2)育苗前准备工作：布苗前10小时投放EDTA-2Na 5 g/m^3，百炎净2.3 g/m^3，氟哌酸0.6 g/m^3，盐酸吗啉胍0.6 g/m^3；布苗前1小时抽入藻水，池水藻类浓度达到10万～15万细胞/毫升。

(3)培育密度：投放密度不要太大，以8万～10万幼虫/立方米为宜。当面盘幼虫达到布幼密度时，将卵囊移至另一个育苗池继续孵化。

(4)投饵：方斑东风螺浮游期为植食性，以活藻为主。主要品种有巴夫藻、扁藻、角毛藻、金藻。投喂的饵料以处于指数期的活藻为佳，老化或被原生动物、细菌污染的饵料不能投喂。不应投喂单一品种饵料，因为各种单胞藻中的氨基酸组分含量不同，方斑东风螺幼虫对饵料的消化吸收效果也不同。投喂饵料时应停止施肥2天以上，防止因氨氮过高引起幼虫中毒。每天投喂2次，维持水中藻类浓度10万～15万细胞/毫升；再搭配品质较纯的螺旋藻粉，每天投喂2次，分上、下午进行，每次3～4 g螺旋藻粉；另外添加维生素C、虾元、海水贝类钙多肽。当单胞藻类不足时，每次投喂1.5～2.0 g/m^3 的螺旋藻粉，幼虫变态后改投鱼肉、蟹浆；蟹浆用200目网揉搓后投喂。投饵量以2小时摄食完为宜。

(5)水质控制：在方斑东风螺人工育苗中，为了保持水质新鲜，使幼虫在良好的水环境中生长发育，采用定期换水、“倒池”等技术措施。前4天不换水，以添加藻水为主，维持水中藻类浓度15万～20万细胞/毫升；4天后开始换水，换水量为50%。浮游期前期用100目筛网，后期幼虫较大，使用80目网兜，变态后改用60目网进行换水，有利于换出原池中累积的有机质和原生动物等。同时水中藻类浓度维持在20万～25万细胞/毫升。换水结合药物防治进行，添加新水后全池泼洒百炎净0.3 g/m^3，1.0 g/m^3 氟哌酸，0.5 g/m^3 病毒灵；以后每隔3天换水一次，每次换水均进行药物预防。幼虫培育7～10天后，池内有机质积累过多，原生动物及致病性细菌、病毒等大量繁殖，残饵、氨氮大量贮存积累，同时也对所投活饵造成污染，严重影响到幼虫的生长发育，甚至引起下沉死亡。此时可采取“倒池”措施，在洁净池中加入育苗用水和添加新藻水，水中维持藻类浓度15万～20万细胞/毫升，能有效改善水质与培育环境，大大提高幼虫变态成活率。

(6)幼虫变态期的管理:13 天后大部分幼虫变态为稚螺,出现足与吸管,开始营底栖生活。此时将幼虫收集转移到稚螺池进行培育。幼虫食性由滤食浮游藻类转化为摄食鱼、虾、蟹肉。仍继续投喂活藻,浓度维持在 5 万～10 万细胞/毫升,再投喂少量蟹肉和蟹浆。稚螺有爬壁习性,在池内壁贴海绵 10 cm 至水位线,每天淋湿海绵 3 次,防止稚螺干燥死亡。稚螺培育水深 40～50 cm。搬移幼虫至稚螺培育池前,在稚螺培育池施药(氟哌酸为 1 g/m^3,百炎净为 1 g/m^3)。以后隔天用药,施土霉素 1 g/m^3,百炎净 1 g/m^3。隔 2 天换水一次,换水量 60%～100%。每天及时清理残余蟹肉,一星期后,全部变态为稚螺。刚变态成稚螺时体高在 0.1～0.15 mm,规格在 1 000 粒/克左右。

6. 稚螺培育

刚变态为稚螺的幼虫转入底栖生活,对新环境适应能力差,易大量死亡。稚螺在一周内为危险期。在稚螺壳长 0.3 cm 以前不铺沙,壳长 0.3 cm 后铺沙,以刚能盖过稚螺为宜,随着稚螺的生长再适当补充经清洗消毒直径 0.3～0.5 mm 的细沙。稚螺期以投喂蟹肉为主,一天 2 次,日投喂量为螺苗体重的 15%～20%,并每天投喂蟹浆 2 次。藻类浓度维持在 3 万～5 万细胞/毫升。充足的饵料能加快稚螺的生长速度,但过分地增加饵料,造成饵料过剩而污染水质,可致使稚螺死亡。须采用定期清底、加大换水量、药物防治等技术措施来改善水质。每隔 4 天小水量冲洗池底一次,冲洗时注意温差的变化。停药期间投放 EM 菌 15 万～20 万细胞/毫升,抑制水中病菌的滋长。壳长 0.3 cm 后采用流水培育,一方面流水有利于改善水质,另一方面在流水环境下能促进稚螺生长,每天保持微流水 1.0～2.0 个全量。水深 40～50 cm,连续充气、适当增强光照(1 500 lx),避免干扰;稚螺培育池养殖密度为 1 000～1 200 粒/平方米。通常一星期冲洗砂层一次。稚螺培育期间水温不能高于 31℃,温度过高容易发生"走肉病"("走肉病"是在稚螺培育期间的常见病,即螺体的软体部与壳分离,主要是在高温季节由于温度过高、底质恶化造成的)。可设置室内暗沉淀池,能够有效控制水温长期低于 31℃。另外用 1.0～2.0 g/m^3 二氧化氯消毒水体,3 小时后排干池水重新注入新鲜海水,连续 3 天,能有效防止"走肉病"的发生。

7. 螺苗收集

停食一天后,将池水排干,用 10 目不锈钢网浸泡水中,把幼螺从砂中筛出,操作需轻巧,尽量避免伤及螺体(图 5-18)。然后按重量法计量各池幼螺数量,进行出售。

图 5-18　培育池及池壁上的苗

五、管角螺的人工育苗

管角螺(图 5-19)是浅海较大型的经济腹足类，主要生活在近海约 10 m 的泥砂或泥质的海底。分布在日本海及中国东、南沿海地区。由于它的外形个体大，味美，营养丰富，是高级海产品。管角螺的胚胎发育都在卵荚内进行，出卵膜即为幼螺，人工繁育技术相对简单，因而进行人工养殖的苗种问题容易解决。管角螺生长速度快，养殖的经济效益高，可作为养殖新品种予以推广。

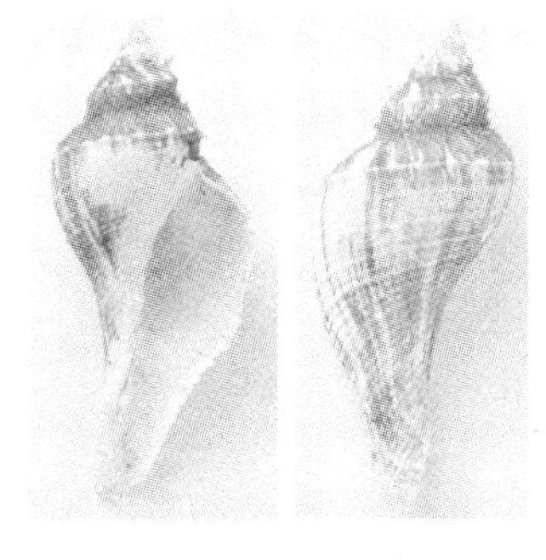

图 5-19　管角螺

1. 亲贝饲养

挑选壳高 13～20 cm、体重 130～480 g 的亲贝，室内育苗池中暂养半个月左右，暂养密度为 6 个/平方米。以文蛤、紫血蛤、波纹巴非蛤、翡翠贻贝、牡蛎肉等为饵料，每天换水 1 次，清洗池子。

2. 交配和产卵

在广西沿海，从每年 4 月中旬到 5 月下旬为管角螺繁殖季节，繁殖盛期为 4 月底至 5 月中旬。管角螺为雌雄异体，产卵前雌雄亲贝先行交配，多数雌螺在夜间至凌晨产卵，白天亦有少部分个体产卵，卵荚从腹足口产出。雌螺喜欢将卵荚产在池中光线阴暗处，通常产卵 2～3 次。若雌螺在产卵过程中受到干扰则停止产卵，恢复产卵需 3～4 d 时间。雌雄个体在外形上无区别，但在繁殖季节可根据腹足口和交接器的有无加以鉴别。管角螺的卵荚为淡黄色半透明的胶质膜，呈梯形，上宽下窄，高 1.7～2.8 cm，宽 1.2～1.9 cm，厚 0.3～0.4 cm，在一个柄长 0.2～0.4 cm 的卵柄基部处相连。每个雌螺一次可产卵荚 10～50 个，卵荚呈弧形或螺旋形整齐地等距离排列，常集中固着在水泥池的池壁、砖块上或池底裂缝处。卵子为球形，直径 250～310 μm，均匀分布在卵荚内的胶状蛋白基质中，每个卵荚中有卵子 1 186～3 096 个。产卵后将亲贝移出，卵荚留在原池进行孵化。每天观察并记录卵荚内胚胎的发育情况。

3. 稚螺培育

管角螺的胚胎发育都在卵荚内进行，出卵膜即为幼螺，没有浮游幼虫阶段，卵荚内的受精卵经过 30 d 后发育至幼体，最终发育成形似成体的幼螺，平均壳高达到 4.1 mm，壳宽 2.3 mm。水温 24℃～30℃时卵荚内的卵子要经过 1 个月的发育，变态成为幼螺才破荚而出，刚孵出的幼螺壳高 3～4 mm，集中在卵荚周围，摄食池底和壁上的底栖硅藻。第 3 天食性转化为肉食性，开始趴在投入的新鲜贝肉上摄食。随着个体逐渐长大，投饵量需逐渐增加。到 7 月 20 日，部分个体壳高已达到 46.2 mm。幼螺以肉食为主，喜食壳薄的双壳贝类，尤其是肉质较嫩、壳长 4～5 cm 的文蛤、紫血蛤、波纹巴非蛤等。幼螺具明显的趋食性，在投入贝肉的 10 min 内爬满四周。

4. 稚螺生长

稚螺生长速度快，稚螺对饵料的选择以壳薄的双壳贝类（紫血蛤、波纹巴非蛤、文蛤、小竹蛏）为最，牡蛎肉次之，鱼虾糜较差。管角螺稚贝培育过程中的自相残杀现象及动物性饵料费用过高是导致养殖成本过高的问题之一。

第二节　固着型贝类的人工育苗

固着型贝类主要是指牡蛎属的种类，在我国已开展养殖的种类有长牡蛎、褶牡蛎、近江牡蛎、密鳞牡蛎，另外有从国外引进的太平洋牡蛎（在日本又称为真牡蛎）、美国牡蛎等等。由于我国牡蛎的天然苗种比较丰富，所以我国南方养殖牡蛎多采用半人工采苗方法。近年，随着牡蛎滩涂、池塘混养成功，特别是单体牡蛎的养殖得到很大的发展以来，对牡蛎苗种的需要量也不断增加，仅靠半人工采苗满足不了生产需要，特别是对单体牡蛎的需要，因此牡蛎的人工育苗就逐渐发展并推广开来。

一、长牡蛎

长牡蛎是我国优良海水养殖贝类，它具有体型大、生长快，出肉率高，适应性强，有较高经济价值等优点，目前已是我国北方牡蛎养殖的主要品种之一，已形成一套完整的工厂化育苗技术，满足牡蛎养殖的需要。

1. 亲贝的选用

育苗的亲贝以 2～3 龄，壳高 12 cm 以上为好（图 5-20）。亲贝在收获季节经过挑选，装入网笼后在专用筏架上疏挂精养。

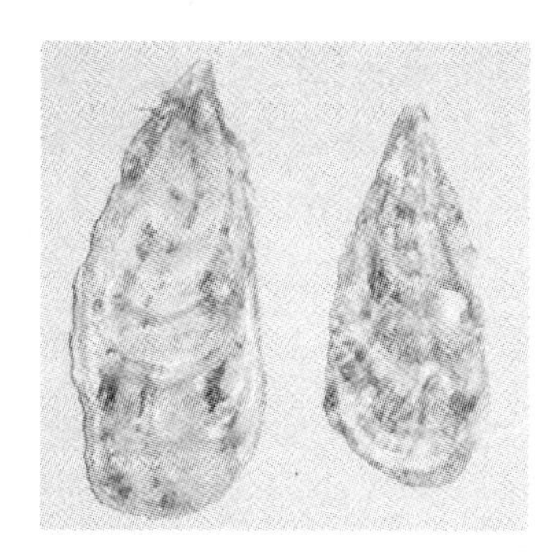

图 5-20　长牡蛎

长牡蛎在我国北方的繁殖期一般为 6～8 月份，水温 15℃～25℃，肥满度达到 27.8%以上，而且亲贝在 6～8 月繁殖期有 3～4 次排放高峰，且通常在大潮期间排放。

取用亲贝时，均应在预测牡蛎的自然排放期前 1～2 天内，将亲贝从海区取来进行直接催产。为了提早育苗可在亲贝产卵这前一个月提取亲贝，进行亲贝的促熟培育。亲贝促熟培育管理可按常规方法进行（如投饵、换水、升温）。经过一段时间的促熟培育，生殖腺充分成熟，出现自然排放现象。

2.获取精卵方法

（1）自然排放法：当牡蛎充分成熟时，在换水或倒池时便会自行产卵、排精，这种方法采集的卵成熟好，孵化率高。

（2）阴干、流水、升温刺激。阴干 2～8 小时，流水 1.5 小时，水温升高 5℃左右，半小时便大量排放精卵。在亲贝生殖腺充分成熟的情况下，当池水水温超过 20℃，采用自然排放法和人工刺激的方法都能获得大量的卵，而且培育效果是相似的。此外也可采用解剖取卵、精子进行人工授精。

3.洗卵与孵化

由于长牡蛎雌雄外形上无第二特征，所以排放时精子常过多，为了提高孵化率采用洗卵和分池的方法来改善水质。亲贝产卵后，使受精卵静置 1～2 小时，用虹吸法吸去上层 1/2 的精海水，再加过滤海水，如此反复洗卵 2～3 次后，再采用虹吸分池的方法孵化，孵化密度为 30～50 粒/毫升，孵化池中加青霉素（80 万单位）2×10^{-6} 的浓度，在孵化过程中每小时搅池一次。在水温 20℃～22℃的情况下，受精卵经 22～23 小时孵化成“D”形幼虫。而未经洗卵的孵化池，其孵化率较低，孵出的“D”形幼虫多呈元宝型，畸形率增高。

4.幼虫培育

（1）选幼：胚胎发育到“D”形幼虫后，立即用 300 目筛绢网选出，选到各池培育，选幼后的培育密度为 10～15 个/毫升。

（2）投饵与换水：饵料采用等鞭金藻、角毛藻和扁藻等混投，前期（从 D 幼至壳顶初期幼虫）日投饵量为$(1.2\sim4)\times10^4$ 细胞。分 2～3 次投喂，刚选育的“D”形幼虫以等鞭金藻为开口饵料（在壳长 120 μm 以前幼虫不能摄食扁藻），以等鞭金藻混合投喂，幼虫能比较顺利地发育到壳顶期，否则幼虫多呈空胃，消化盲囊色淡，逐渐下沉死亡。幼虫发育壳顶期后（即中期）日投饵量为$(6\sim8)\times10^4$细胞，以扁藻、等鞭金藻、角毛藻、小球藻等混合投饵，但效果最好的饵料是金藻。

选幼虫后第一天用加水的方法改善水质，以后，采用300目网箱的方法换水，7天后改用250目网箱换水，每天换水3次，每次1/3个培育水体。

幼虫在上述条件下培育18～20天便可出现眼点，眼点的幼虫的壳长范围为280～320 μm，个别大的为350 μm，体表分布黑色素。

(3)清底、倒池与施药：采用不充气的静水培育，每小时搅池一次，每2～3天用水泵清底器吸污一次，在幼虫发育到壳顶初期和刚出现眼点幼虫（平均壳长260～280 μm）时各倒池1次，在培育过程中每隔2～3天施青霉素或土霉素。

(4)长牡蛎幼虫生长发育特点。

①长牡蛎从“D”形幼虫发育到壳顶初期（壳长70～120 μm生长缓慢），日平均生长速度8～10 μm，而且死亡率较高；从壳顶初期到眼点幼虫（壳长120～300 μm）则生长速度较快，平均日增长为15 μm左右，高时增长可达20 μm，并且幼虫成活率较高。

②影响前期幼虫生长发育的主要因素有两个，一是饵料的种类和投饵量，采用金藻、角毛藻等饵料，日投饵量在$(1.2\sim4.0)\times10^4$个细胞/毫升，则幼虫能正常生长发育；二是培育密度，“D”形幼虫的培育密度不应超过15个/毫升。培育密度大，容易造成幼虫下沉和增大个体差异，当幼虫出现眼点时，培育密度过大，更会造成附苗不均匀。

③控制适宜的光照、温度等环境因子，能使幼虫上浮良好，避免出现大量下沉现象，控制室内光照，光照强度在50～100 lx，光照过强或不均匀很容易造成幼虫下沉。当下半夜室内温度较低时，幼虫也容易散开、下沉，此时采用流水的方法能使幼虫上浮。长牡蛎的“D”形幼虫和壳顶初期幼虫浮游状况和扇贝幼虫相似，集中在水体的上、中层，而壳顶幼虫则多均匀分散在水中，在水面上不形成雾状集群的现象。

5. 投放附着基

(1)投放附着基的标准：长牡蛎在水温20℃～22℃条件下，选幼后18～20天，眼点幼虫的比例达20%～30%时，就可投放附着基，但长牡蛎幼虫觅寻期较长，一般5天左右，所以在这5天觅寻期内投放采苗器都能采到大量的苗。

此外长牡蛎幼虫个体差异较大，投放附着基后幼虫在池内浮游的时间可连续7～10天，所以当第一批附着基附苗后（每壳30～100粒），就可移出，原池可继续投采苗器进行第2次采苗及至3～4次等。

(2)附着基的种类和处理方法:附着基的种类主要有扇贝壳、塑料板或塑料盘等。

①扇贝壳类:将壳高6～8 cm的扇贝壳洗刷干净后,中间钻直径2～3 mm的小孔,用12股聚乙烯线穿过。每100个贝壳为一串,全长100 cm左右。这样的附着基每立方米投放量50～80串,见图5-21。

扇贝在投放前用0.5%的氢氧化钠浸泡24小时,然后再用过滤海水冲洗、浸泡2～3遍。

图5-21　扇贝壳附着基投放

②塑料盘:用专用塑料板或扇贝养成笼的塑料隔片平挂或垂挂在水池中进行采苗,每水体投30～40盘,其处理方法与扇贝壳相似。这两种附着基都有良好的采苗效果,每个扇贝壳上能附苗100～300粒,塑料盘上能附苗1 000～2 000粒。而扇贝弯曲剥离后,蛎苗一个个自行分离落下,适合于进行单体圆笼养殖及底播和虾池养殖。

(3)附着基投放后的管理工作:幼虫开始出现眼点后,次日开始倒池投附着基,连续几天投完,4天后,在扇贝壳上就可观察到黑色的附着稚贝,但池中仍有较多幼虫投放7～8天后逐渐减少,10天后则基本上看不到浮游幼虫,整个附着过程历时8～10天。

附着基投放后,稚贝的主要培育过程为:饵料此时主要投喂扁藻、金藻、小球藻,日投喂量为8万～12万个细胞;每天换水3～4次,每次1/3;10天左右附着倒池一次,每2～3天流水前轻轻地摇动附着基,防止残饵、淤泥、杂质等堆积壳面上淤死稚贝,在这种条件下培育,眼点幼虫平均变态率较高,稚贝日平均生长速度为100～350 μm。

(4)附苗结果:根据附苗情况看。

①眼点幼虫的密度对变态率有明显的影响，当眼点幼虫密度超过3个/毫升时，其变态率平均为30%左右，当密度为2个/毫升时其变态率可高达50%，所以长牡蛎采苗时眼点幼虫控制在2～3个/毫升比较适宜。

②长牡蛎在扇贝壳光滑面的附苗量较粗糙面显著减少，两者的比例约1∶3的面上尤其集中附着在放射沟中，所以投放扇贝壳时，将放射面朝上提高附苗量。

③当扇贝壳上附苗量达到30～100个时(图5-22)，将其移到他池继续培育；原池流水改善水质后，可以再次投放附着基进行二次采苗；也可用网箱虹吸浓缩的方法，将眼点幼虫移出，放入另池重新投放附着基进行二次采苗，二次采苗的好处在于不仅提高附苗量，而且能使附着基附苗均匀，增加稚贝的生长速度和存活率。

图 5-22 扇贝壳附苗情况

④附着基种类除了上述二类外，还有水泥制件、石块、瓦片等，可根据生产条件因地制宜，附着基以小型、轻便为佳。

6. 稚贝培育

幼虫附着变态后即成为稚贝。这期间要加大投饵量及换水量，以满足其生长发育的需要。同时要逐渐降低水温，增加光照，使室内环境逐步与外界自然环境一致。稚贝生长较快，壳长日增长达100 μm以上，一般在室内培育7～10天即可出池。

二、香港巨牡蛎

香港巨牡蛎(*Crassostrea hongkongensis*)为高温低盐种，栖息于近河口或附近有淡水注入的地方，已有700多年的养殖历史，是我国南方海区特有经济贝类，其壳质坚厚，软体部为白色、外套膜多为黑色，具有色泽美观、肉质鲜美的特点。贝壳大型，长达24 cm，高15 cm，质坚厚，是我国南方主要养殖牡蛎之一。香港巨牡蛎的人工育苗就是指亲贝的选择、蓄养、产卵、受精、幼虫培育、采苗等环节都是在室内人工控制的育苗过程，它能克服外界环境条件对育苗的不利影响，使采苗期提前。

香港巨牡蛎人工育苗的主要环节如下：

1. 亲贝的采捕、选择与蓄养

从养殖海区采捕的亲贝，要清除贝壳上的浮泥、杂贝和杂藻，选择体大健壮，无损伤、无病害的个体。香港巨牡蛎用2～3龄的个体为亲贝（图5-23）。在繁殖期前采捕的亲贝，为促使其成熟，需要提高水温蓄养，近江牡蛎在25℃～30℃。蓄养期间进行换水、投饵工作。换水每天3次，每次1/3～1/2水体，换水温差小于2℃；3～4天倒池一次；饵料是促使性腺发育的物质基础，因此要加大投饵量，饵料应勤投，每天投饵量为40万～50万个细胞，前期较少，后期较多。

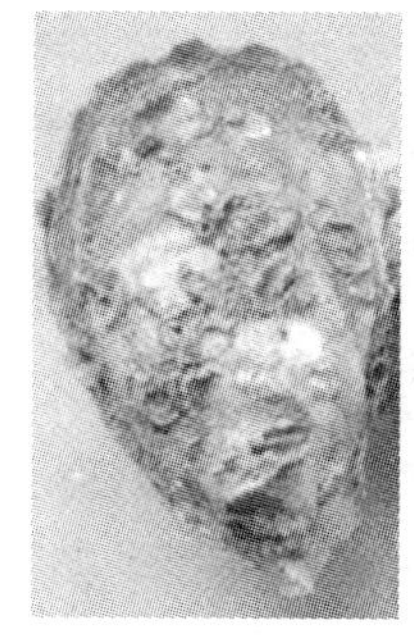

图5-23　香港巨牡蛎亲贝

对于已经成熟的亲贝，如果在1～2天内进行授精的，不用放在水池中蓄养，可直接进行采卵。在繁殖期采捕的亲贝，一般可随用随采卵；如果采捕的亲贝10～15天不进行采卵，也可放在自然海区暂养。

2.采卵与受精

（1）采卵。

①解剖取卵、取精：取经过挑选的肥满和生殖腺充实的亲贝进行解剖，勿伤内脏团，吸取生殖细胞于显微镜下观察，鉴别其雌雄，也可用吸管吸取一滴，滴于载玻片上，如果性细胞立即散开则为卵，若不散开而呈烟雾状则为精子。然后用吸管吸取精、卵，一切用具在使用前均用5×10^{-6}的高锰酸钾水消毒5 min。也可把性腺放于电动搅拌器搅动，取得精子、卵子，然后用筛绢过滤出残渣及软体部等。

②阴干流水升温刺激法：亲贝阴干4～8小时，流水2小时，升温5℃后，半小时后即可排放，排放时根据精子、卵子分散程度不同，把雌雄亲贝取出分别放入他池中继续进行排放，然后进行人工授精。

③自然排放法：亲贝充分性成熟时，采用倒池、换水时自行排放，这种方法排出的卵子成熟度好，质量高，受精率、孵化率高。

④改变相对密度法：利用降低海水相对密度方法可诱导牡蛎排放精卵。

（2）人工授精。

授精条件和方法：以香港巨牡蛎为例，水温25℃～28℃，盐度为15～25，pH为7.8～8.2，雌雄配比为4∶1～5∶1。授精时充分搅拌孵化池中含有卵的海水，然后把稀释好的精液均匀撒入，不停搅动使之受精均匀。精子过多，易造成胚胎发育畸形，败坏水质。

应指出的是，用②③法诱导成熟亲贝排精、产卵，与①④相比，不但减少了大量的操作程序，而且精卵质量好，幼虫发育整齐。

(3)洗卵。

为使孵化过程中胚胎发育正常，授精后半小时至1小时开始第一次洗卵。方法是，待卵子沉淀后，将池里中上层海水用滤鼓换出，留下底层的卵子。然后加入新鲜的过滤海水，这样洗2～3次后，即可让其孵化成幼虫。整个洗卵过程应在胚体开始游动之前完成。为避免受精卵沉积池底造成死亡，应搅动池中海水，同时不断充气。

3.幼虫培育

(1)选幼。

牡蛎受精卵在孵化池发育，经过几天时间，发育至担轮幼虫而上浮，并在水中上层活动。到"D"形幼虫时，可把这部分幼虫选育到他池中进行培育，两池的水温、盐度等条件差异不宜太大，选幼采用拖网法和虹吸法、网箱浓缩三种方法。

(2)幼虫培育密度："D"形幼虫时期为8～10个/毫升。壳顶后期为5个/毫升。

(3)日常管理：

一是经常进行换水，水质清新，换入的海水要经过严格过滤，以防敌害生物侵入。换水常用滤鼓换水，换水时前期稍少，每天1～2次，每次1/3～1/2；中期为每天2～3次，每次1/3～1/2；后期及投采苗器时换水量大，每天3次1/2个水体，并进行长流水培育和勤倒池工作。

二是要注意调光，以使幼虫在它所喜爱的光线下生长发育和抵制有害生物。一般初期光线稍弱些，但不要直射阳光，中期以后光线宜弱，特别是进入附着期后，光线应更弱，调光办法主要是用窗罩进行遮光，控制进入育苗室的光线。育苗期间光强度应在100～500 lx。

三是投饵，适时投饵是人工育苗的关键。培养牡蛎幼虫的饵料一般采用等鞭金藻、湛江叉鞭金藻、扁藻、新月菱形藻等。投饵前期以等鞭金藻为主，日投喂量2万～3万个细胞；中期为4万～6万个细胞，后期及投采苗器后为6万～8万个细胞，并辅以扁藻和硅藻，其量因金藻数量而定，投喂次数为前期3～4次/天，中期4～6次/天，后期6～8次/天。

除此之外，每天要观察幼虫的活动和生长发育情况，分析和记录水质状态，及时发现和解决育苗中出现的问题。

4.采苗

牡蛎胚胎发育20～30天(自然水温下)，当部分幼虫出现眼点，且眼点幼虫达到40%以上时,可陆续投放附着器,进行采苗。

常用的附着器为:贝壳、水泥饼制件、聚乙烯塑料板等,采苗器要密集放置,附苗密度达到每平方厘米面积有1～2个便可移入另一池子蓄养。附着后投饵的数量要相应增加并加大换水量。

在蛎苗附着半个月后,移入自然海区育成。但下海过早,易被藤壶等其他有害生物附着而造成损失,最好是在藤壶繁殖结束后,再移入海区放养。这样稚贝生长快又安全。对生长周期短的褶牡蛎和一些适于养成的海区及深水场,可以在原地育成,不必再分区移殖,但应在原地疏散附着器,扩大养殖面积。

三、牡蛎的三倍体育苗技术生产

1.亲贝的选择与处理

(1)选择:长牡蛎2龄,体长10 cm以上,体质健壮,无创伤,自然海区无死亡现象。

(2)处理:首先用水冲洗一遍,然后用刀具将贝壳上的附泥、杂藻和其他附着和固着生物去掉,用塑料毛刷刷洗干净。

2.亲贝的蓄养

(1)蓄养方式:亲贝入池时间一般在2月上旬为好。采用浮动网箱(长2.5 cm,宽1 m左右,深30 cm),或用网笼(直径30 cm左右,层间距15 cm左右,4～5层)蓄养。蓄养密度一般100个/立方米左右。

(2)蓄养管理。

①投饵:饵料种类有鼠尾藻磨碎液,人工培养的单胞藻(金藻、硅藻、扁藻等)、鲜酵母食母生、光合细菌、螺旋藻粉、淀粉等。

投喂量,小硅藻保持密度5万个/毫升左右。其他饵料据其大小和鲜活状况酌情投喂。投饵次数,水温3℃～7℃条件下,每天投喂8次,7℃～10℃每天12次,10℃以上时,每天24次。

②加温:亲贝入池后,先稳定1天,然后以每日0.5℃～1℃升至10℃,稳定1天,再以0.5℃～1℃水温升至15℃,稳定2～3天,以0.5℃～1℃升至20℃,然后以每日不高于0.5℃水温升至22℃,稳定数日,等待采卵。

③换水:初期采用倒池方法,在15℃以下,每隔一日倒池一次,每隔一日大换水一次,每次换水量约1/2。15℃～22℃之间,每日大换水1/2,每隔两日倒池一次。为了保证水质良好,后期增投光合细菌。

④其他:每日清底1次,微量充气,及时清除死亡个体。观测水温和氨氮,观察摄食状况和性腺发育程度,测量肥满度。保持环境卫生。

3.采卵

取培育成熟的牡蛎，除去右壳，可见乳白色性腺非常饱满，遮盖了全部消化腺，用吸管或解剖镊子取一点生殖细胞，放入置有一滴海水的载玻片上，遇水后马上散开的为卵。若放入一滴生殖细胞在水中成烟雾状则是精子。

将充分成熟的亲贝按雌雄严格分开，为了保证质量，可将操作人员分两组，一组负责开壳，一组负责检查雌雄，首先肉眼观察，分辨雌雄，然后显微镜下再严格复查一遍，并分别隔离放置。然后分别去掉鳃外套膜等部分，将性腺取出，撕破生殖腺，将卵子轻轻揉洗下来，卵先用 100 目、200 目筛绢过滤。以便除去较大颗粒，再用 500 目筛绢过滤，除去较小杂质和组织液以备受精。为提高卵的受精率，将卵在过滤的海水中浸泡 0.5～1 小时。在浸泡卵子的同时，将雄性生殖腺划破，用过滤海水将精子冲洗下来，再用 500 目筛绢过滤制成精液备用。

4.受精

人工授精，一般雌雄比例按(10～15)：1 即可，将精子按上述比例加入卵液中，迅速均匀搅动，即可受精。受精卵密度为(1～2)×10^4 个/升。在 23℃～25℃条件下，卵受精后 10 min 左右进行洗卵。

5.多倍体诱导牡蛎产生三倍体操作步骤

精卵受精后，连续取样在显微镜下观察受精卵的发育情况。当发现有 40%～50%的受精卵出现第一极体时，即可开始诱导处理。①药物处理：加入 6-DMAP药液至终浓度为 50～70 mg/L。②低渗处理，迅速搅拌均匀。受精卵在 6-DMAP 中浸泡处理 10～15 min 后，用 500 目筛绢滤除药液，并用过滤海水滤洗受精卵，然后放入新鲜过滤海水中进行孵化。受精卵孵化密度为 30～50 个/毫升。孵化过程中进行充气，观察胚胎发育状况。

6.幼虫培育

幼虫培育指从"D"形幼虫开始到幼虫附着变态为稚贝为止这一阶段。幼虫培育期间管理如下：

(1)幼虫密度："D"形幼虫的密度以 8～15 个/毫升为宜。随着幼虫的生长，可适当降低密度。

(2)换水：每日换水 2～3 次，每次换水 1/2～1/3 水体，换水温差不要超过 2℃，也可采用流水培育进行水的更新。

(3)投饵：投饵密度：扁藻 3 000～8 000 个/毫升，小球藻 10 000～20 000 个/毫升，金藻 30 000～50 000 个/毫升。混合饵料优于单一饵料，个体小的优于个体大的。投喂时，坚持"勤投少投"的原则，禁止使用污染和老化的饵料。

(4)选优：由于牡蛎幼虫发育的同步性较差，在生产上将大小整齐、游动活泼的优质幼虫选出集中培育是必要的。牡蛎幼虫有上浮习性，并有趋光性，因此可用拖网将中上层的幼虫选入另池培育。也可采用虹吸法，用较大网目的筛绢将个体较大的幼虫进行培育。

(5)充气与搅动：在幼虫培育过程中均可充气，这可增加水中的溶解氧，使饵料和幼虫分布均匀，有利于代谢物质的氧化。无条件充气，可每日搅动 4～5 次，一般充气加搅拌为好。

(6)倒池与清底：由于残饵、死饵及代谢物质的积累，死亡的幼虫、敌害和细菌的大量繁殖，氨态氮大量贮存，严重影响水的质量和幼虫发育，因此在育苗过程中要倒池或清底。倒池采用拖网或过滤方法，每 3～5 天倒池一次，两次倒池之间用清底器清底。

(7)水质分析和生物观察：水质分析主要测量育苗用水的理化因子，牡蛎幼虫培育过程中，一般要求 pH 为 8.0～8.4，溶解氧含量高于 4.5 毫升/升，氨态氮含量低于 0.1 mg/L。

生物观测包括饵料密度、幼虫密度及幼虫生长测量，幼虫摄食情况及敌害生物的检查。

7. 采苗器的投放

牡蛎幼虫在水中经过一段时间的浮游生活之后，便要固着下来变态成稚贝，此时便可投放采苗器采苗。

(1)采苗器种类。

常用的采苗器有牡蛎壳、扇贝壳等。采苗器必须处理干净，贝壳要严格除去其上的闭壳肌及附着物，投放之前，应以 10×10^{-6} 的青霉素处理 0.5 h 以上。

(2)投放时间。

投放采苗器的时间应在幼虫即将附着变态之前，水温 20℃～23℃条件下，太平洋牡蛎的幼虫培育 20 d 左右、壳长达 300～320 μm 时，有 30%出现眼点，即可投放采苗器，或者筛选牡蛎眼点幼虫入另外池中，再投放采苗器进行采苗。由于牡蛎幼虫发育的同步性较差，同批幼虫大小差异显著，可筛选牡蛎眼点幼虫入另池中，再投放采苗器进行采苗。

(3)投放方法。

贝壳可串联成串后垂挂于池中，也可平铺于池底或放入扇贝笼中采苗，一般投放量为 5 000 壳/立方米。塑料盘(直径 30 cm)或板悬挂于采苗池中，一般 50～60 盘/立方米。

(4)采苗密度。

以 0.25～0.5 个/平方厘米稚贝为宜。以贝壳为采苗器时，一般每壳附苗

30个以上即可(图5-24)。为防附苗密度过大,可将密度较大的幼虫分为多池采苗,或者多次采苗,即将采苗器分批投入并及时出池。

图5-24 扇贝和牡蛎壳附苗情况

8.异地采苗

异地采苗即将牡蛎幼虫运往他地进行采苗的方法。眼点幼虫的运输方法如下:将眼点幼虫过滤出来,用筛绢包裹,外放吸水纸保持一定的湿度,置于泡沫塑料箱中,利用双层塑料袋在箱内分置浓盐度低温水(水温-4℃左右)或冰块,再进行干法运输。也可利用保温箱,使幼虫在低温、高湿度状况下干法运输。只要容器内保持一定的湿度和4℃~8℃低温,一般10 h左右的运输,可达100%的成活率。

异地采苗可以充分利用某些单位对虾育苗池或贝类育苗池条件,就地采苗不仅减少了亲贝蓄养、幼虫培育过程,而且减少了采苗器的长途运输,提高异地育苗池的利用率,能够充分发挥生产单位的潜力,优势互补。此外,眼点幼虫的运输简便易行,且成本低廉,是一项很有推广前途的苗种生产方法。

9.稚贝培育

幼虫附着变态后即成为稚贝。这期间要加大投饵量及换水量,以满足其生长发育的需要。同时要逐渐降低水温,增加光照,使室内环境逐步与外界自然环境一致。稚贝生长较快,壳长日增长达100 μm以上,一般在室内培育7~10 d即可出池。

10.稚贝海上暂养

稚贝附着后5~7 d,壳长生长到800~1 000 μm时就可以出池了。具体出池时间的确定,除根据天气预报外,还应考虑避开藤壶、贻贝等附着生物的附着高峰期。稚贝出池后挂到海区筏架上暂养,此时稚贝生长速度很快,在海区水温25℃左右条件下,出池后一个月的稚贝,平均壳长可达24~30 mm。因此适时出池对加快稚贝生长,早日分散养成是有利的。

11. 无固着基牡蛎的培育

牡蛎具有群聚的生活习性，常多个牡蛎固着在一起，由于生长空间的限制，壳形极不规则，大大地影响了美观。群聚还造成了牡蛎在食物上的竞争，影响其生长速度。无固着基牡蛎由于其游离性而不受生长空间的限制，因而壳形规则美观，大小均匀，易于放养和收获。网笼养殖和海底播养增加了养殖空间和饵料利用率，提高了单位养殖水体的产量。网笼养殖减小了蟹类、肉食性螺类等较大个体敌害的危害。

无固着基牡蛎的形成是在牡蛎幼虫出现眼点即具有变态能力时，对其进行一系列的处理，使之成为单个的、游离的牡蛎(图 5-25)。一般采用下列 3 种方法：

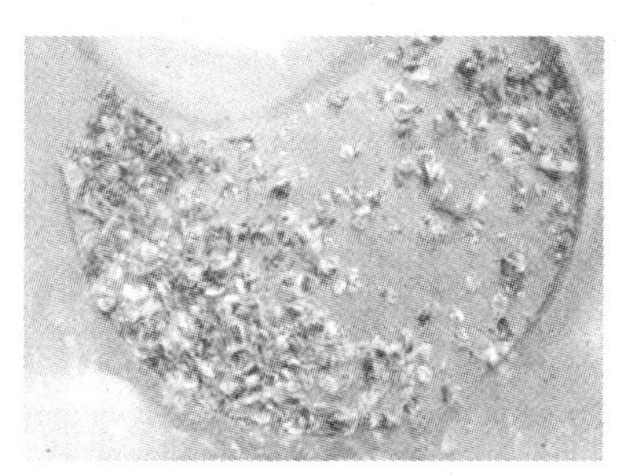

图 5-25　单体牡蛎

(1)肾上腺素(EPI)和去甲肾上腺素(NE)处理法：EPI 和 NE 能诱导牡蛎眼点幼虫产生不固着变态行为，其最适浓度为 10^{-4} mol/L，诱导不固着变态率分别达 59.9%和 58.0%，药品处理对稚贝的生长无明显副作用。

(2)颗粒固着基采苗法：使用微小颗粒作固着基，让幼虫固着变态。变态后的稚贝生长速度较快，微小的颗粒固着基对于稚贝来说，就显得微不足道，起不了固着基的作用，故蛎苗还是单个的、游离的。用作颗粒固着基的有石英砂和贝壳粉。利用底质分样筛筛选出 0.35～0.50 mm 大小的颗粒，尤其以 0.35 mm 左右的颗粒产生的单体率最高。

(3)先固着后脱基法：牡蛎幼虫出现眼点后，向池中投放各种固着基让幼虫固着，待其长到一定大小时，再脱基而成无固着基牡蛎。若选用那些质硬、面粗的贝壳、瓦片等做固着基，采苗效果虽好，但脱基困难，蛎苗易被剥碎。一般以质软的塑料板(厚 2～3 mm)和厚的塑料薄膜作为采苗器为佳(图 5-26)，尤以灰色塑料板效果最好。废旧的聚丙烯包装袋经彻底处理后，也是较理想的采苗器。蛎苗长至 1～2 cm 时，弯曲塑料板或聚丙烯包装袋，小蛎苗便顺利地脱落，不受任何机械损伤。

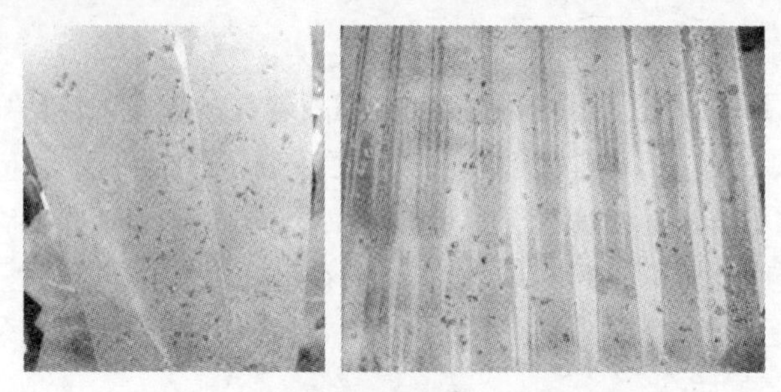

图 5-26 塑料薄膜和波纹板附着的牡蛎苗

12. 倍性的检测方法

(1)胚胎三倍体率的检测：利用染色分析法、流式细胞仪计量法，极体计数法，核仁计数等方法，可检测胚胎期的三倍体率。

(2)幼虫和成体的倍性检测：幼虫和成体期间一般采用流式细胞仪进行倍性的检测分析。幼虫期可用筛绢直接收集幼虫，幼贝和成贝一般取鳃组织，取得的样品用 DAPI 进行荧光染色后，直接用流式细胞仪分析倍性(图 5-27)。

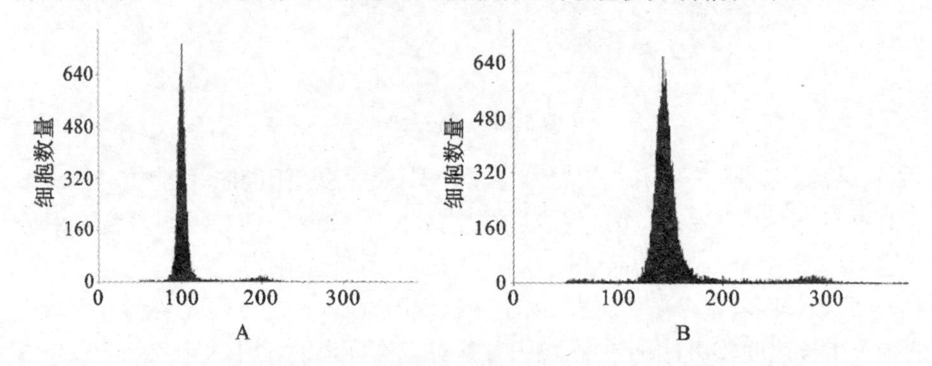

图 5-27 流式细胞仪分析牡蛎二倍体和三倍体图

(A 是二倍体，B 是三倍体)

第三节 附着型贝类的人工育苗

附着型的贝类是扇贝、贻贝、珍珠贝等贝类的人工育苗，由于附着性贝类育苗生产起步早，对其研究得比较深入，现已开展了室内常温育苗和室内升温育苗及秋季人工育苗等，下面将分别叙述。

一、栉孔扇贝

栉孔扇贝两壳大小及两侧均略对称，右壳栉孔扇贝较平，其上有多条粗细不等的放射物，两壳前后耳大小不等，前大后小，壳表多呈浅灰白色。

1. 常温育苗

(1)育苗前的准备工作。

①制订育苗生产计划，检查全部育苗设施，备好各种仪器和器材。

②清池：用漂白粉洗刷育苗池池壁，数小时或一天后再用过滤海水冲洗干净。

③备好饵料：一般接种应在育苗前 1～2 个月开始，二级培养在 20～30 天前开始，三级培养在育苗前 15～20 天开始。

(2)选择与处理亲贝。

①亲贝的用量：1 m^2 的育苗池需用壳高 6～7 cm 性腺成熟的雌贝 80 个，雄贝的用量为雌贝 1/10 并分开培养。

②成熟性腺的鉴别：性腺肥满，性腺指数达 20%以上，雌性性腺呈鲜艳的橘红色，雄性性腺呈乳白色(图 5-28)。

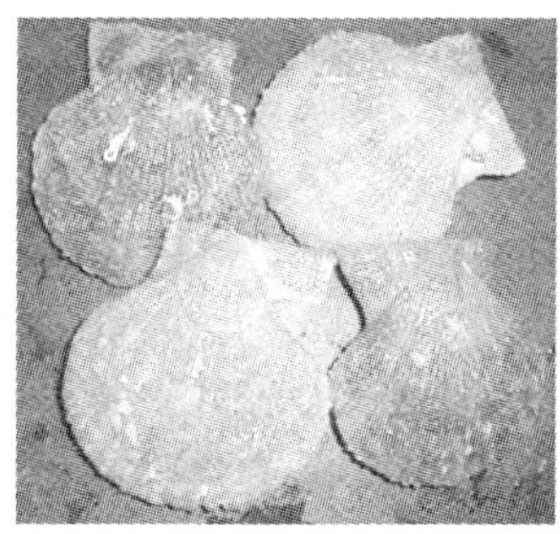
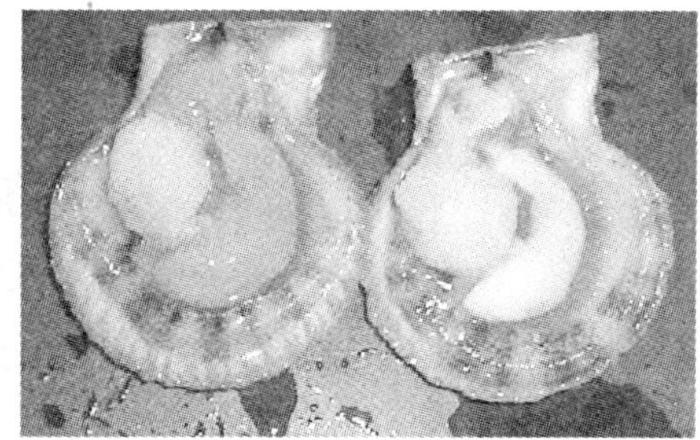

雌贝　　雄贝

图 5-28　栉孔扇贝亲贝及雌雄体区分

③洗刷亲贝：用清贝机或刀具除去贝壳上的杂藻和各种固着动物，用草根刷刷洗贝壳，利用贝壳自动开壳观察其性腺颜色，将雌雄亲贝分置。

图 5-29　栉孔扇贝亲贝培育

④蓄养亲贝：洗刷后的亲贝，按 80～120 个/立方米置于浮动网箱(图 5-29)和网笼内采用流水蓄养，蓄养要认真检查和管理，防止亲贝产卵后卵子流失，亦可采用换水方法每天换水两次，每次 1/2。蓄养中要

及时投单胞藻饵料等，及时清除池底污物。扁藻饵料密度一般为(1～2)×10^4个/毫升，小硅藻为(3～4)×10^4个/毫升。

⑤蓄养初期采用网笼吊养或浮动网箱蓄养均可。当水温上升到15℃以上时，应采用单层浅水浮动式网箱蓄养，即将网箱浮在水深30 cm的水层中。此法优点是：浅水层中饵料丰富，氧气充足，亲贝的代谢产物、残饵等可沉积在底层；可保持稳定的水层，亲贝接近成熟时，不易受到刺激，有利于清除死贝和池底积污；成活率高，可缩短暂养时间。

(3)获取精、卵的方法。

①阴干、升温诱导法：亲贝阴干1小时后，再置于比常温高出2℃～3℃的海水中，诱导其排放精、卵。

②阴干、流水诱导法：从暂养池中取出亲贝，将雌、雄分置于阴凉处阴干1小时，然后在催卵池中利用流水刺激1小时再置于产卵池中。充分成熟的亲贝潜伏期数分钟至数十分钟便可排放精、卵。

③自然排放法：将蓄养的亲贝利用换水的方法将池中陈水排干，然后放进新鲜过滤海水，以诱导充分成熟的亲贝排放精、卵。

(4)人工授精和受精卵的处理。

①采卵的季节：自然海区每年有春、秋两次繁殖季节。因此，人工育苗采卵也有两次，春季在5～6月，秋季9～10月。

②采卵量的统计：授精前需统计采卵量。统计的方法：均匀搅拌池中水，使卵子分布均匀，然后用玻璃管或塑料管任意取4～5个不同部位水溶液入500～1 000 mL烧杯中，再用1 mL移液管搅匀杯中水，随后取1 mL滴于胚胎培养皿上，在解剖镜下逐个计数。如此取样，检查3～5次，求每毫升卵的平均数，再根据总水体容量求出总卵数。

③受精：精、卵排出之后，受精时间越快越好，一般在水温19℃条件，精子排放后12小时仍具受精能力。要防止精子受阳光暴晒，精子加入要少而精。一般在盛有卵子的池中，加入冲稀的精液经搅拌或充气即可受精。5分钟后，取少量卵子在显微镜下检查受精情况，一般在显微镜下观察一个卵周围有2～3个精子便可。只要出现受精膜或极体一般表示受精了，加入的精子要少而精，如果一次未加够精子数量可酌情再补加。

④受精率的统计：卵受精后20～30分钟，可以搅动池水，随意取样。在显微镜下通过视野法计数卵数(受精膜高起和出现极体)和未受精卵数，通过3～5次取样观察，求出平均受精率(受精率＝受精卵数/总卵数×100%)，然后根据总卵数和受精率求出总受精卵数。

⑤受精卵的处理。

充气、搅动：如果卵周围的精子不多(显微镜下观察卵周围精子，一般2～3个)可不必洗卵，大型水体要控制精液密度，一般不洗卵，加氟苯尼考、土霉素、青霉素。抑制细菌繁殖，不断充气或搅动，用纱网捞取杂质、污物，待胚胎发育到"D"形幼虫后，进行浮选法移入他池培育。

洗卵：如果精子过多，则必须洗卵。洗卵的方法是：加入精液混合后，静置20分钟，使卵沉底，便可将中上层水换掉，留下底部卵子，然后再加过滤海水，如此反复洗卵2～3次便可除去多余的精子和精液。

计数分池：将受精卵以30～50个/毫升的密度分散至孵化池或育苗池不断充气，无充气条件每0.5～1小时搅动一次。

⑥胚胎发育：在16℃～18℃条件下，受精卵经过6～12小时的发育便可破卵膜，浮起，在水中转动，称之孵化。通过视野法求出孵化率(浮出幼体数/总卵数之比)，经过1～2天便可发育到"D"形幼虫，将"D"形幼虫利用浮选法移入育苗池培育，除去池底部死亡的胚胎。发育过程中，不换水，采用逐日加水和充气方法改良水质，在胚胎发育过程中如果畸形胚胎太多，超过30%，应弃之另采。

(5)幼虫培育。

①拖网选优：大型水体用260目筛绢制成的长方柱形网套于长70～80 cm、宽40～50 cm的塑料(或竹、木制)架上，在水表层拖网，然后置于另外已备好的洁净水的育苗池中，进行幼虫培育工作。

为防止大型污物入池，可用80目筛网过滤后入池。小型水体也可以利用幼虫上浮习性，虹吸入他池培养。

另外也可用网箱浓缩法选幼。

②密度："D"形幼虫密度一般10～15个/毫升。

③换水：胎胚发育时期用加水的方法，每天加水一次，加水量为原水量的1/4～1/5。幼虫长大后，而且水已加满，采用流水培育或大换水法进行水的更新。

流水培育或大换水均需用换水器(过滤鼓＋过滤棒)过滤，使用时，要检查网目大小是否合适，筛绢有无磨损之处，换水过程要经常晃动换水器，防止幼虫过度密集。换水温差不要超过2℃，流水培育或大换水的更新以每日能换出全部陈水为宜。

一般流水培育比大换水好，但是流水培育饵料损失较多，是其不足之处。

④投饵："D"形幼虫时开始投饵。饵料种类要求：个体小(长20 μm以下，直径10 μm以下)；浮游于水中，易被摄食；容易消化，营养价值高，代谢产物对幼虫无害；繁殖快，容易培养。

使用的饵料要新鲜,禁止使用污染和老化的饵料。

投饵密度:扁藻 3 000~8 000 个/毫升,小硅藻 10 000~20 000 个/毫升,金藻 30 000~50 000 个/毫升。

混合饵料:优于单一饵料,个体小的饵料优于个体大的,一般采用多种饵料混合投喂,效果最佳,幼虫生长发育好。

⑤除害。

敌害种类:常见敌害有海生残沟虫,游仆虫和猛水蚤等。

危害方式:争夺饵料;繁殖快,种间竞争占优势;能够败坏水质。

防除方法:要坚持"以防为主"的方针,过滤水要干净、要消毒,避免投喂污染的饵料入池。

一旦发现敌害可以采用下列方法:加大换水量,机械过滤后移入他池培育。敌害的防除应坚持以"预防为主"的方针,严禁投喂有敌害污染的饵料入池。水要经过黑暗沉淀,过滤的海水要彻底。

⑥选优。

浮选法:"D"形幼虫和壳顶初期幼虫有上浮习性,并有趋光性,因此可以将上层幼虫选入另外池子进行培育。整个浮游过程中可以浮选 2~3 次。

滤选法:壳顶后期幼虫个体已长大,并有下沉趋势,此时个体大小常有差别。为了适时投放采苗器,应用较大网目的筛绢将个体较大的幼虫筛选出来进行培育。健康优质的幼虫应该是大小整齐、游动活泼、无敌害。

大型水体培育可以不必进行滤选。

⑦倒池与清底。

由于残饵及死饵、代谢产物的积累、死亡的幼虫、敌害和细菌大量繁殖、氨氮大量贮存,严重影响水的新鲜和幼虫发育,因此在育苗过程中要倒池或清底,倒池方法与机械过滤除害方法一样,清底采用清底器吸取,清底前,需将池水放置搅动,使污物集中到池底中央,然后虹吸出去。

大型育苗池不倒池,但必须每隔 4~5 天加(1~2)$\times 10^{-6}$土霉素、氟苯尼考 1 次。

⑧充气与搅动。

在幼虫培育过程中均应充气,它可以增加水中氧气,使饵料和幼虫分布均匀,有利于代谢物质的氧化。无充气条件,可每日搅动 4~5 次,一般充气比搅动好。

投放采苗器后,采用流水培育或加大换水量和搅动方法增加水中氧含量,但散气时要避开采苗器。

⑨幼虫培育中的适宜理化条件。

水温 17℃～26℃；日温差不超过 2℃，盐度 28～33，酸碱度 7.5～8.1；氨态氮 100 mg/m^3 以下，光照 1 000 lx 以下。

幼虫培育中有关技术数据的观测：

饵料密度；利用血球计数板统计。以每毫升细胞数代表饵料的密度。

幼虫定量：均匀搅拌池水，用细长玻璃管或塑料管从池中 4～5 个不同部位吸取水溶液少许，置于 500 mL 烧杯中用移液管均匀搅拌，并吸取 1 mL，用碘液杀死计数，以每毫升幼虫数代表幼虫密度。

幼虫生长：利用微尺测量壳长和壳高来判断其生长速度。

幼虫活动：池水搅拌均匀后，用烧杯任意取一杯，静置 5～10 分钟，观察其在烧杯中的分布情况。如果均匀分布是好的，若大部分沉底是不健康的幼虫，应进行水质的检验和生物检查。

理化测定：每日 5:30～14:00 分别测最低和最高水温。池中有暖气管加热设备的，应每 2 小时测水温 1 次。

每 3 日测盐度和光照各一次。盐度可用盐度计或精密比重计测定计算出，光照利用一般照度计测定。

每日测一次溶解氧、酸碱度、氨氮和有机物耗氧。溶解氧用碘定量法测定，酸碱度用酸度计或精密 pH 比色计测定，有机物耗氧用碱性高锰酸钾法定量，氨氮可采用纳氏比色法测定。

幼虫发育速度：幼虫发育速度与水温、饵料关系密切，适宜的高水温和饵料条件下，栉孔扇贝受精卵快者经 9 天发育生长便可出现眼点，一般 13～14 天便可出现眼点。

(6)幼虫的附着。

①附着基的种类：红棕绳苗帘和聚乙烯网片，目前以聚乙烯网片为主(图 5-30)。

A. 聚乙烯网片

B. 红棕绳苗帘

图 5-30　扇贝附着基

②附着基的处理：棕绳必须经过严格锤打、烧棕毛、浸泡、煮沸、再浸泡、洗刷等处理后方可使用。废棕绳和塑料网衣需用 5×10^{-6} 土霉素或用 1%氢氧化钠浸泡、搓洗干净，氨氮在 50 mg/m^3 左右，酸碱度在 8.0～8.5。

③投放附着基时间：发现幼虫出现眼点后当日达 50%以上时投放池底附着基，次日悬挂表层附着基。

④投放附着基数量：每立方米水体投放苗帘折合苗绳 300～400 m(直径0.8 cm)，聚乙烯网片 1～2 kg/m^3。

⑤稚贝附着后管理：

加大换水量，采用流水培养需加大进水量，采用大换水方法每昼夜换水 3 次，每次 1/2，用胶管虹吸换水，流水培育优于大换水。

投饵量增至扁藻 10 000～12 000 个/毫升，小硅藻 20 000～25 000 个/毫升，金藻 50 000～60 000 个/毫升。

保持温度，光照接近外海条件。

通过振动，增加附着能力的锻炼。

(7)稚贝出池育成苗种。

①出池规格：壳高 300～500 μm。

②稚贝定量计算：在池内不同部位剪取每段长 10 cm 的棕绳数块或 2～3 个聚乙烯网片结扣，放在培养器中，加些海水，放在解剖镜下观察计数。从而计算出每立方米水体或每个育苗池附苗量。再计算出全部育苗池总附苗量。

③海区的选择：选择风浪小、水流平稳、无污染、无浮泥、海水透明度大、水质肥沃的海区作为苗种培育场。

④苗种育成器。

种类：网箱和网袋。

规格：网箱系由 0.5～1 mm 聚乙烯筛网缝制而成，长方形。网箱长 2～3 m，宽高各 1 m，刚好能套住一个由直径 6 mm 铁棍焊接(竹竿或木棒)而成的框架上。铁棍上缠一层纱布，防止铁棍磨损网衣。

网袋采用 0.5～1 mm 聚乙烯筛网制成，长 30～40 cm，宽 20～30 cm，现在主要用网袋保苗。

⑤稚贝装箱、袋的方法。

稚贝出池时，连同棕绳苗帘(或塑料网衣)一起装箱。把苗帘绑在框架上两根长的铁棍上，每个网箱吊 5～6 行，各行之间要有一定距离，防止互相摩擦。如图 5-31-a 所示。

装袋时,将采苗棕帘约 5 m 长装入一个袋中,网衣采苗每袋可装网衣 100 g 左右(图 5-31-b)。

在装箱、筒、袋过程中操作要轻,动作要稳而快。

a

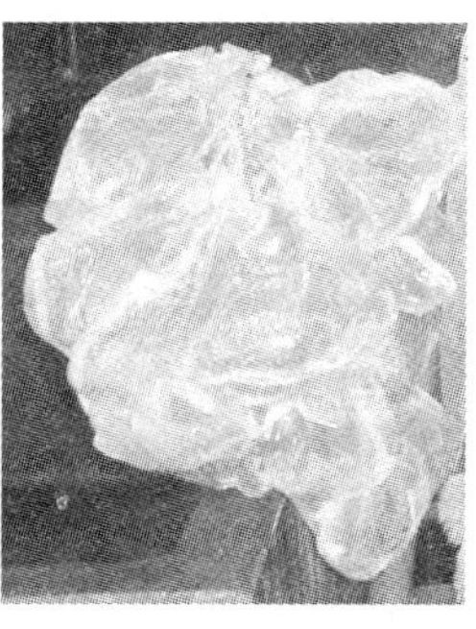

b

图 5-31 网箱(a)和网袋(b)保苗

⑥稚贝运输。

图 5-32 出库保温车

稚贝出池后,要尽快运到海上吊养在浮筏上。运输中,要严防干燥和强光直射。严禁在大风和下雨天出池下海。最好选择在风平浪静的阴天或早晨 4:00～6:00 或下午 16:00 后下海。运输时要盖上浸湿海水的草包皮,出池下海的干露时间一般不超过 1 小时,有条件的最好是用保温车,如图5-32所示。下海时动作要轻,使育成器缓慢沉于水中,下海前,要收听天气预报,在一周内无风雨下海为宜。

悬挂水层 3～6 m,每台架子挂网箱 30 个左右,网袋 500～600 个。

下海时最初几天不要随意启动育成器。一星期后结合疏散密度开始洗刷,洗刷时不要把网箱提出水面,用刷子刷掉网衣上的浮泥。网袋育成法,需用毛刷轻轻刷洗。

随着稚贝的生长,要进行分箱或分袋工作。一般下海后 7～10 天,壳高一般达 1～1.5 mm 时,应及时疏散密度,助苗快长,此时要分箱或分袋扩大养育。根据稚贝密度不同,每箱、筒、袋可以分 2～3 倍,一般养至 0.5 cm 时可售出或分苗养成。

2. 控温育苗

栉孔扇贝控温育苗是根据亲贝性腺在控温状态下,能够发育成熟并产卵孵化这一生物学特征,利用控温设备提前在栉孔扇贝的非繁殖季节,进行室内控温,来完成整个繁殖过程的一种育苗方法。用这种育苗方式培育出的苗种,时间早、规模大,能充分利用育苗设备培育一茬苗。使用控温苗种进行养殖,可比常温苗种增加产量 2～3 成,而且个体大、价格高,能够达到增产创益的目的,因此,栉孔扇贝的控温育苗不仅能取得育苗生产的直接效益,而且能获得养殖生产的社会效益,较之常温育苗具有明显的优势。

(1)亲贝的选择处理及促熟培育

1)亲贝的选择处理:选用壳高 5.0～7.0 cm 的 1～2 龄贝做种贝,挑选体形完整、无损伤的个体,经洗刷处理后进行促熟培育,其培育过程大致如下。

2)亲贝促熟培育:

①亲贝蓄养密度:以 60～80 个/立方米为宜,密度不宜过大,促熟密度过大往往造成水池中粪便过多、有机质含量过高、致病性细菌大量繁殖,从而造成性腺发育较慢、亲贝死亡率过高。

②水温:亲贝入池后升温速度不宜太快,先稳定 1～2 天,然后每天升温 1℃～2℃,到 12℃～14℃稳定 2～4 天,此时雌雄性腺已可辨别,抓紧时间挑选出性腺发育较好的亲贝继续促熟,雄贝按 10%左右的比例挑选使用。以后每天按 0.5℃～1℃,升至 18℃～20℃稳定至产卵排精。其 4℃以上的有效积温范围为 180℃·日～210℃·日,亲贝促熟培育大约需要 25 天。

升温方法采用蒸汽直接加热或盘管加热,在预热池中调好水温后加到各育苗池中。

③换水:10℃以下时采用清底换水的方法改善水质,每天早晚各一次,每次 1/3 水体;10℃以上采用隔日倒池加换水的方法,每天换水 3 次,每次 1/3,出现个别排放现象后,不倒池,采用清底流水的方法改善水质,以避免刺激亲贝让其充分成熟、自然排放。

④饵料种类及投喂量。

亲贝性腺促熟时要摄食大量饵料,投喂的饵料种类以小新月菱形藻为主,适当地增投扁藻、等鞭金藻等多种饵料有利于性腺成熟。一般每 2 小时投喂一次,水温 10℃以前日投饵量为(5～15)$\times 10^4$ 个细胞/毫升,10℃以后日投饵量为(20～30)$\times 10^4$ 个细胞/毫升,单细胞藻类不够时,可投喂海藻磨碎液和(3～5)$\times 10^{-6}$浓度的可溶淀粉,一般每天投 3～6 次。

⑤管理工作。

水质检测:每天进行 1～2 次水质测定,发现问题及时解决。

充气与施药：采用间歇充气来增加水中的溶解氧，每小时充 10 min。充气有利于提高溶解氧、使饵料均匀分布，而且能降低氨氮对亲贝的毒害作用。产卵之前，应停止充气。亲贝入池后经常施抗生素（土霉素、青霉素），进行抑菌、杀菌。

及时检查性腺发育：每 4～5 天测一次性腺指数和出肉率，入池 20 天左右时解剖雌贝，卵子遇海水立即散开，雄贝精子处于活泼状态，说明性腺已成熟。

每天测 2 次水中的残饵：早晚各一次，一般控制残饵 $(2\sim3)\times10^4$ 个细胞/毫升。根据残饵的多少调节投饵量。

（2）产卵与受精。

将待产的亲贝分别放入产卵池和排精槽内，在不经任何刺激的情况下，使其自然排放，约经 1 小时，便可大量排放；也可采用倒池洗刷（阴干）加水（流水）升温刺激的方法让其产卵、排精，当池中卵子数量达到 30～50 粒/毫升时，将亲贝移入另池进行产卵，一般可产 2～3 池，3 小时左右便不再产卵。

亲贝移出后，将精液稀释；均匀泼洒在池内，充气搅拌，镜检卵子周围的数量 2～3 个时，比较适宜。也可使雄贝先于雌贝排放，将精子按一定的量投入产卵池内，搅拌均匀，再将雌贝移入产卵，由于受到精子的诱导刺激，雌贝产卵较快，一般 15 min 后便开始大量排放，这种方法受精非常均匀，受精率也高。

（3）孵化与选育。

受精后，采用搅动或充气的方法，使受精卵在产卵池内均匀孵化，一般半小时搅动或充气一次。孵化速度随水温而异，如表 5-6 所示，在 16℃～22℃下一般从受精卵孵化到"D"形幼虫需 24～44 小时，孵化率在 90%左右。

表 5-6 不同水温下受精卵的发育速度和孵化率（1991）

水温（℃）	16	18	20	22
孵化时间（h）	38～44	30～32	28～30	24～26
孵化率（%）	85	84	86	72

胚胎发育至"D"形幼虫后立即进行选育。采用三种方法进行选育，一是网箱（N×103 或 JP120）浓缩法；二是直接虹吸法；三是拖网法，即单一使用或交替使用，效果都很好，能够达到选育上浮强壮幼虫，滤掉死卵、坏卵，弃去陈水的目的。

（4）幼虫培育。

幼虫培育是工厂化育苗的关键，在幼虫培育过程中，应主要抓好以下环节：

1）幼虫的培育密度：幼虫培育密度与产量有密切关系，密度过小，产量低，密度过大，培育期间管理困难，根据现在的育苗水平，一般在 8～15 个/毫升为宜，出池稚贝附苗量都在 500×10^4 粒/立方米(600 μm 以上)以上，个体比较均匀，下海流失少，保苗率高。

2)水温的控制：幼虫培育阶段以升温培育为好，一是顺应自然状态下的升温趋势，二是温度容易控制，因此栉孔扇贝控温育苗的水温控制应是：产卵孵化水温为 18℃～19℃，幼虫培育水温以 18℃～20℃为起始水温，逐步升至 22℃～25℃恒温培育，至出池前以每日降 1℃的梯度逐渐降至与海水温度(一般 12℃～14℃)温差不大于 2℃为止，这样从产卵到出池约 25 天。

3)换水：换水是改善幼虫培育的水质和保护水温稳定的主要措施，每天换水 2～4 次，每次 1/4～1/2 量，随幼虫的生长，每日换水次数和换水量逐渐增大。

4)投饵：整个幼虫培育期，始终采取以等鞭金藻为主，扁藻和小新月菱形藻为辅的混合投喂方式，"D"形幼虫的开口饵料为等鞭金藻，第 5～6 天混投扁藻和小新月菱形藻，每日投饵为 4～8 次，除换水投喂以外，每 2 次换水之间再投一次，日投饵量为$(1\sim2)\times10^4$ 个细胞/毫升增加到 12×10^4 个细胞/毫升。

关于投饵量的确定，一定要以幼虫胃含物的饱满程度和生长速度两个因子的变化情况灵活掌握，不能盲目投饵。另外饵料质量一定要新鲜、无老化、密度大、无污染的，投喂之前要镜检和测量密度。

5)清底与倒池：清底和倒池是改善培育池池底环境条件的重要措施，在池底无严重污染的情况下，只隔日吸底一次，直至出现眼点，进行倒池投放附着基，对个别池底杂质、死壳、原生动物较多的池子，在培育 5～7 天时倒池一次，出现眼点后再倒池一次。

6)附着基的投放。

①附着基的种类：附着基的好坏，是关系到附苗的关键，目前采用的附着基有两种；一是红棕绳，二是聚乙烯网片，控温育苗出池时间较早，稚贝下海生长较慢，附着基在海里的时间较长，根据这一点，控温育苗最好采用聚乙烯网片附着基，尽管它不如红棕绳的附苗效果好，但在海里的透水性好，沉集浮泥少，保苗率高。同是聚乙烯网片因色泽不同，附苗效果不大相同，应选择深色网衣片为好，网片目大小为 1 cm，线粗 15～18 丝。

②附着基的投放时间：以往是以眼点幼虫的比例达到 20%～30%为准，根据近几年生产实践认为这一投放时间过早，幼虫出现眼点到匍匐需 3～5 天时间，这段时间幼虫的眼点要变大、变圆，足要变大、变粗，壳缘要增厚，而壳缘的增厚比较容易观察，因此应把投放附着基的时间选在壳缘增厚幼虫的比例达到

20%～30%时进行。实践证明，此时投放附着基，幼虫很快匍匐。3天后幼虫大部分匍匐，5天匍匐基本结束。由于附着基在培育池内的时间较短，沉积的粪便等杂质少，相对干净，利于幼虫匍匐。

③投放数量：附着基处理的好坏，关系到附苗的成效，在投放前用(20～30)$\times10^{-6}$浓度的青霉素浸泡网片数小时，每m^3水体2～2.5 kg，红棕绳(1 cm)每m^3水体300～500 m。

7)水质分析和定期使用抗菌药及其他。

①水质分析是检查水环境优劣的主要指标，根据试验结果：溶解氧含量不得低于5 mL/L，pH不宜高于8.20，氨氮含量不超过100 mg/m^3，有机物耗氧量不高于2 mg/L，在这4个因子中，除溶解氧随幼虫的生长发育逐渐降低外，其余3个因子均呈上升状态，当超出上述指标外，应马上加大换水量使之恢复正常。

②坚持以预防为主的原则，定期施抗生素。在幼虫培育阶段3～4天用药一次，每次青霉素3×10^{-6}浓度，附着基投放后，每日用药一次，每次(4～6)$\times10^{-6}$浓度，直至变态附着。

③其他：幼虫培育期间光照在200 lx以下而且均匀，附着后光线可适当加大，室温要稍高出水温2℃～3℃等等。

8)出池及海上中间培育。

①出池：稚贝平均壳高达到600 μm以上，海水水温也回升10℃以上时出池，出池时间为早晨或傍晚，而且听天气预报，要求出海近天内无大风和阴雨天气等。

②中间培育：采用双层网袋下海保苗，也有采用网箱，网笼保苗等方法。下海后7～10天后进行洗刷网袋，10～15天后把外袋除掉或换筛网等，当稚贝平均壳高高达2 mm左右时，立即分苗，每小袋装1 000～1 500粒，于海区培育成苗种出售或养殖。

3.秋季人工育苗

栉孔扇贝秋季人工育苗类似于常温育苗，但各有其特点。

(1)亲贝入池时间。

应选择栉孔扇贝秋季繁殖盛期(第二个繁殖期)入池，根据各地实际情况入池。威海沿海应选在9月下旬～10月上旬，青岛沿海在8月底～9月底。

(2)亲贝的肥育。

亲贝的肥育应在海中进行，只是因为秋季水温逐渐下降，扇贝正处于一年内第二个生长发育旺期。若将亲贝移到水温高于自然海域的室内培育，则与自然规律相悖，限制和延缓了性腺发育。此外，秋天室内水温、气温高，饵料不易培养，往往造成饵料单一和不足，满足不了亲贝肥育需要，而在自然海区中肥育则能为亲贝提供较优越的条件。

(3)亲贝的选择和产卵。

①亲贝的选择：挑选性腺发育好的个体为亲贝，由于秋季繁殖期的亲贝性腺发育不如春季繁殖期，再加上秋季产卵不集中，因此产卵时亲贝数量要较春季多。

②采卵：采用阴干刺激法诱导亲贝产卵。阴干 2 小时后入池产卵，产卵后将亲贝移出，卵留在原池孵化，发育至“D”形幼虫后选优培养。

(4)幼虫培育。

①幼虫培育密度较春季稍高，一般为 10 个/毫升，眼点幼虫时为 5～6 个/毫升。

②光线：平均为 500 lx 左右。

其他培育方法同栉孔扇贝人工培育。

由于秋季育苗，水温常因寒流的影响，而导致幼虫下沉、死亡和生长发育迟缓，因此要采用预热水换水稳定培育池水温，可提高扇贝苗的出苗率和成功率。

二、华贵栉孔扇贝

华贵栉孔扇贝[*Chlamys nobilis*(reeve)]属热带或亚热带暖水性贝类。它栖息于低潮线以下至浅海的水清流急的岩礁、碎石块及沙砾较多的海底 30 m 左右，以足丝附着于岩礁石块或砂砾碎壳上，营附着生活。在自然海区中主要以硅藻类、双鞭毛藻类和桡足类等浮游生物为食。

1.亲贝暂养和优选

供人工催产用的亲贝是从大量的成贝中挑选壳高大于 6 cm，无损伤和无虫害的健康个体(图 5-33)，首先清除贝壳表面的附着生物(藤壶、苔藓虫、石灰虫、牡蛎等)，经过洗刷干净，暂养于室内水池，每日换水并投喂单细胞藻类。

图 5-33　华贵栉孔扇贝

催产时，取出暂养的亲贝，在亲贝阴干的过程中趁贝壳张开的时候仔细选取性腺发育饱满的个体，同时区别雌雄，准备催产用，在亲贝充足的条件下，对少数经阴干而没有张开的贝可不采用，以免耗费时间。

2. 催产

主要的催产方法有：一种是阴干后的变温刺激；另一种是阴干后的精液诱导，再者也可采用单独的阴干刺激；这些均可获得良好的催产效果，这些方法对大批量催产是适合的。

(1)阴干后的变温刺激。

催产前将亲贝阴干 30～40 min，以雌雄性 5∶1 的性比直接置于预先经阳光照射(或加热)升温 3℃～4℃的海水中(或雌雄贝分别进行催产，而后采用人工授精)。亲贝经阴干刺激后复入高温海水中，在最初 5 min 内，亲贝产前活动十分频繁，约经过 10 min，雄贝首先放精，而后雌贝相继产卵。在正常情况下，15 min 内产卵 3～4 次，即将性腺内成熟的卵子排放殆尽。用此法催产可获得良好效果。无论是亲贝排放个数或个体排放率往往可达 80%以上。

(2)阴干后的精液诱导。

这种方法系将雌、雄贝分别催产，先以变温刺激使雄贝放精，而后以适量精液倒入雌贝的催产池内，搅拌均匀，雌贝在精液的诱导下，很快产卵。采用此法一般应选取性腺成熟度好，且外观显著饱满的亲贝，这样可获得很好的催产效果。这种催产方法刺激强度轻，对胚胎和幼虫的培育效果有益。

(3)其他诱导方法。

①流水刺激法：流水刺激 8～12 小时，速度为 0.6 m^3/h。

②阴干、紫外线照射、变温刺激法：将亲贝阴干 0.5～2 小时，紫外线照射(用 60 W 的紫外灯)1 小时，水温升高 2℃～5℃，便可诱导亲贝产卵。

3. 受精与洗卵

采用了雌、雄贝分别催产和混合催产，前者以人工授精的方法，容易控制精子的数量。在人工授精时，取适量精液倒入催产池内，轻轻搅匀，即行镜检，一般在卵子周围附有 3～4 个精子就可达受精目的。后者催产结果往往出现精子过量或太少；故在催产过程中，必须注意雄贝排出精子的数量，及时取出雄贝置于其他容器内，让其继续排放，若发现排精量太少，可外加精液；精子过量，应立即换水洗卵，排除过量精液，这样处理，受精率一般可达 95%以上。

卵子受精后，必须进行洗卵以除去余精残卵，采用过滤虹吸法洗卵，洗卵次数依据池内余精的数量和卵子质量而定。试验证明，受精卵经过充分水洗，胚胎和幼虫发育的效果比较好，“D”形幼虫后期转入壳顶初期的成活率比没有充分洗卵的高。

4. 幼虫培育

(1)选优。

幼虫的健康状况和出苗率高低有密切关系,故选优培育是十分重要的。一般从幼虫孵化至附着变态之前,需要经过 1～2 次选育。幼虫培育密度为 6～8 个/毫升。

首先为选择健康的担轮幼虫,当胚体发育至担轮期,随着游泳能力的增强,幼虫大量向上层游集,此时以胶管虹吸上层幼虫,经网目约为 100 μm 的筛绢过滤入池培育,这些首先上浮的幼虫为健康个体。它们在培养池中分布均匀,没有出现成批沉底现象。而且顺利地发育为"D"形幼虫,这个发育阶段的成活率均达 95%以上。

第二次选育是在受精后的 5～7 天,即壳顶期,个体大小为 150 μm×125 μm～180 μm×140 μm。用虹吸过滤,把收集的壳顶期幼虫移于他池,提高幼虫后期的成活率。

(2)换水与投饵。

在培养幼虫期间,每日换水 2～3 次,换水量据当日水温高低而不一。换水方式有两种:一种在早上换水 1/2,晚上换水 1/3;另一种是连续性换水,每天早上 9 点至晚上 8 点停止换水,其余时间(12 小时以上)均以细水长流的方法进行连续性换水,换水量为 1/3～1/2,育苗水体 40～50 m^3 以上的大池宜采用这种方法换水,可以使池徐缓流动,幼虫发育比较正常,明显地提高了出苗率。

从"D"形幼虫期开始投饵,以投喂角毛藻、叉鞭金藻等较细微的单细胞藻类。壳顶初期以扁藻为主要饵料,并辅以角毛藻等。投饵量是随着幼虫发育的进程而增加,池内饵料密度由每毫升 800 个细胞逐渐增至 3 000 个细胞。

(3)投附着器及调光。

受精后的第 10～12 天,幼虫发育至壳顶后期,多数个体已出现眼点,幼虫开始过渡,转入底栖匍匐生活。此时开始投入附着器(经过消毒过的棕绳、聚乙烯网片等),分三次投入,第一次投放 1/2,余下的部分每隔一天各投一半。在 3～4 天内附苗器定置于水层中,一直至移苗入海不必移动。

幼虫对光的反应一直到眼点出现后才比较明显,表现为避光性。倘若培育池光线过强,大量幼虫移动聚集于光线较暗的基面上。出现了由上至下随着光线的减弱,幼虫的附着密度急剧增加的现象,而幼虫的密度过大,不但影响其生长速度,而且容易发生脱苗现象。因此,在投入附着基后,必须调节光照强度,在 2～3 天内逐渐减弱至 200 lx 以下,使幼虫的分布比较均匀。

(4)育苗期间每天观察幼虫生长情况及摄食情况,并进行水质分析,发现问题及时解决。

5. 出池

当稚贝长至壳长 600 μm 左右时，随机取样测量其大小，然后出池下海。出池后放在海上浮架上进行中间培育，常用保苗器为保苗袋，当长至 0.5 cm 时便出售或养殖。

三、虾夷扇贝

虾夷扇贝（*Pecten yessoensis* Jay）是一种大型经济贝类，具有个体大、生长快、经济价值高等优点，深受国内外市场的欢迎。自 1980 年经我国水产科技工作者引入，在我国安家落户，已成为我国北方沿海主要扇贝增养殖品种之一。

1. 虾夷扇贝的生物学

虾夷扇贝为冷水性贝类。原主要产于日本、苏联千岛群岛的南部水域，日本北海道及本洲北部。分布于底质坚硬、淤沙少和水深不超过 40 m 的沿海地区，正常生活水温为 5℃～23℃。虾夷扇贝在我国北方繁殖季节为 3～4 月份，产卵水温为 3℃～10℃，自然种群雌雄比为 6：4 左右。

虾夷扇贝受精卵在海水中受精后不断发育，初期“D”形幼虫壳长 110～120 μm；经过浮游幼虫阶段，当幼虫平均壳长达到 240～260 μm 时出现眼点，随即附着变态，稚贝壳长达 3～4 cm，足丝腺退化。

虾夷扇贝生长速度很快，3 龄贝壳长达 14.5 cm，壳宽 15 cm，体重 200 多克。

2. 虾夷扇贝人工育苗

(1)亲贝选择与运输。

壳长 8～13 cm 的 3～4 龄贝均可做亲贝，一般按每立方米水体购置 5 个左右亲贝就可以了(其中雄贝占 3%～5%)。亲贝运输要在低温季节进行。在气温 5℃以下，将亲贝装入泡沫箱中，泡沫箱用胶带扎紧。海上运输 15 小时，成活率可达 100%。

(2)亲贝养殖。

以浮动网箱进行培育(图 5-34)，暂养密度 30～40 个/立方米，暂养水温 5℃～7℃。以小硅藻为主要饵料，辅投少量金藻和扁藻。日投饵量 30×10^4～40×10^4 个/毫升，每 2 小时投饵一次；日换水 4 次，每次 1/3。亲贝暂养期间，一般不倒池、不充气。

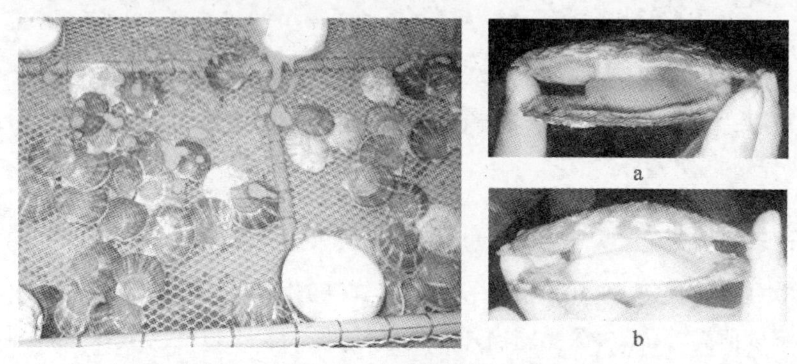

图 5-34　虾夷扇贝蓄养及雌贝(a)、雄贝(b)

(3)产卵、孵化及优选。

成熟的虾夷扇贝性腺十分饱满。雌贝性腺呈橘红色或桃红色,雄性呈乳白色。当性腺指数达 25%以上,正常换水发现少量亲贝排放时,采用同温下倒池的方法产卵,不进行其他刺激。亲贝第一次平均产卵量低于 300×10^4/只,可留下亲贝再继续暂养 3～5 天,则可大量排放。

孵化水温 12℃～13℃,孵化期间每隔 1 小时人工搅动一次;经 60～72 小时,当 80%～90%受精卵发育到"D"形幼虫时,用 300 目拖网及时优选或虹吸选优。

(4)幼虫选育。

"D"形幼虫培育密度前期控制在 10～15 个/毫升。后期 8～10 个/毫升。金藻 3011、8701 均是虾夷扇贝优质的开口饵料。采用金藻与硅藻混合投喂,日投饵量$(1\sim6)\times10^4$ 个/毫升。投放附着基后饵料可改为以扁藻为主,并适当增加投饵量。

幼虫培育阶段最适宜水温为 15℃左右,"D"形幼虫选出后每天以 0.5℃的速度将水温升至 15℃,达到稚贝后可降温培育。以利向海上过渡,培育期间换水 2～3 次/日,前期每次 1/3,后期每次 1/2,并适当充气,每天吸底一次。幼虫平均生长 10 μm 左右,选育后 18～20 天,幼虫平均壳长达到 240～260 μm,最大壳长达 300 μm,大部分幼虫即可出现眼点。

(5)附着基投放。

当有 30%左右幼虫眼点变圆,壳缘增厚时,应倒池投放附着基。棕绳、聚乙烯网片经彻底处理,附苗效果都很好。

为了提高附着变态率,结合幼虫附着时倒池,用 120 目筛绢将眼点幼虫筛选一遍,经筛选的幼虫规格大、眼点幼虫比例增加,附着时间缩短。

(6)稚贝海上中间育成。

采用外层 40 目大袋,内层 30 目小袋的双层袋保苗法保苗,海上中间育成前期,水温低、附着物少,管理上主要是清除浮泥,适时脱掉外层大袋,及时分苗。

虾夷扇贝稚贝下海后生长很快,升温培育后苗种海上中间育成期要分苗二次。第一次在 4 月底～5 月上旬,将小苗分到 20～30 目网袋,每小袋 1 000～1 500粒为宜;第二次分苗在 6 月上旬,每天的早上和晚上进行。稚贝经过筛选,按每袋 500 粒左右,装入 15～20 目网袋中,并开始向深海转移以利度夏。

进入 10 月份,水温已下降到 20℃左右。虾夷扇贝又进入本年度的第二个最适生长期,此时稚贝平均规格达 2 cm 以上,这时要将稚贝及时分到网目为 1～1.5 cm 的暂养笼中疏稀培育(7～10 层笼,每层 100～200 粒)。

四、海湾扇贝

海湾扇贝[*Argopecten irradians* (Lamarck)]是 1982 年由中科院海洋研究所从美国引进的,经过近 30 年的努力,已发展成为北方主要的浅海养殖品种之一,给沿海广大养殖单位和渔民带来了显著的经济效益。但是,作为目前完全靠人工手段获得苗种的海湾扇贝养殖业,由于苗种生产的不稳定,常给苗种和养殖业带来很大的经济损失。

在海湾扇贝人工育苗生产实践中,对以往的一些育苗工艺,进行了改进和总结,使之做到稳产高产。

1. 海湾扇贝的繁殖生物学

海湾扇贝的生长发育较快,春季培育的苗种,养殖到秋季(壳高达 5 cm 左右)性腺就成熟,并可以此为亲贝采卵培育苗种。生物学最小型为 2.2 cm。海湾扇贝为雌雄同体,性腺仅局限于腹部,精巢位于腹部外周缘,成熟时为乳白色;卵巢位于精巢内侧,成熟时褐红色,性腺部位表面通常具一层黑膜,在性腺逐渐成熟过程中,黑膜逐渐消失,精巢与卵巢便历历分明(图 5-35)。在我国北方海域,海湾扇贝一年有春秋两个生殖盛期,春季生殖盛期为 5 月下旬到 6 月,秋季为 9～10 月,7～8 月期间,贝体内仍含有一定数量的成熟精卵,在人工条件下可采到少量。8 月中旬以后,性腺急剧发达,形成秋季生殖

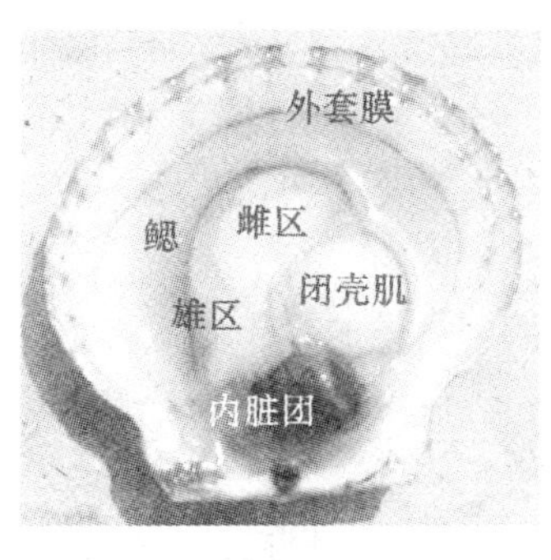

图 5-35　海湾扇贝及主要结构图

盛期。秋季生殖期后，腹部透明，无精卵存在。当性腺开始发育后，在控温条件下给予一定数量的饵料，能促进性腺提前成熟，排放精卵，这就是提前育苗与多茬育苗的生物学根据。

2.亲贝的选择与促熟

(1)选择条件:亲贝的质量对育苗成败有明显的影响，合格的亲贝应具备以下条件：

①肥满，鲜出肉率＞30％。

②健壮，死亡率＜10％。

③壳高＞5 cm，贝体上附着生物少。

要选择生活在水清、流大、饵料生物丰富，养殖密度又低海区生产的贝作为亲贝，亲贝应在秋季收获前调取个大、体肥的个体进行稀养，每层 20 个左右，这样有利于亲贝在越冬时生长、发育。这样的亲贝营养基础较好，入池促熟后，成活率较高，育苗的成功率也较高。反之，有的海区水质瘦、浮泥多，贝体上附着生物又多、贝体很消瘦，用这样的亲贝育苗，往往造成失败，有的海区开始少量养殖时，亲贝肥壮、质量较好，但大面积养殖后，亲贝明显消瘦，死亡率高了，质量也就差了。因此，选择亲贝时，一定要注意产地，要注意亲贝的质量。

(2)促熟培养。

1)积温:水温是影响贝类生殖腺成熟的主要因子，海湾扇贝生殖腺发育程度与产卵量的多少，和积温有直接的关系。3 月上旬(水温 2℃～3℃)入池的亲贝，积温达到 450℃时成熟较好，在 3 月中、下旬(水温 4℃～6℃)入池时，积温达到 400℃～420℃时才能成熟，而在 4 月中旬(水温 10℃左右)入池的积温 280℃～300℃就可成熟。亲贝在升温促熟中，达到积温后产的卵，往往孵化率较高，孵化后的幼虫成活率也较高。反之，即使大量产卵，孵化率和成熟率都是非常低的。

贝类的生殖腺成熟后，只有达到某个水温才能产卵，这个水温称为产卵的临界温度。海湾扇贝的临界温度是 18℃～20℃。临界温度既是产卵水温，也是生殖腺发育的最适水温。在生产中，3 月中旬亲贝入池(水温 4℃左右)，稳定两天后，每天升温 1℃，在 18℃时恒温 3～4 天，有 80％以上的个体雌区变为橘红色，然后再每天升温 1℃，到 20℃恒温待产，历时 22～25 天，积温达到 420℃左右亲贝就能成熟，如果积温未达到，可以降低水温，每次降 1℃～2℃，以后根据情况再升温待产。

2)饵料:饵料是海湾扇贝生殖腺发育成熟的物质基础，饵料的种类和数量对亲贝生殖腺的发育有显著影响。小新月菱形藻、三角褐指藻等硅藻是亲贝生殖腺发育的适宜饵料，而扁藻、金藻、异胶藻等对亲贝生殖腺发育的饵料效果较差。在亲贝促熟中，如单细胞硅藻类不够，适当投喂一些代用饵料，如大型海藻（鼠尾藻）磨碎液、螺旋藻、蛋黄（煮熟后用 300 目筛绢搓碎），可溶性淀粉、酵母等对生殖腺的发育是有利的。

亲贝的摄食量随着水温的升高而增加，在 10℃以前摄食量较少，通常每天投喂 4～6 次，每次$(2\sim3)\times10^4$ 细胞/毫升，在 10℃以后，逐渐增加投喂次数，水温升到 18℃时，每 2 小时投喂一次，每次也是$(2\sim3)\times10^4$ 细胞/毫升，在 20℃～22℃恒温待产时，也是摄食量最大的时候，可以每小时投饵一次，每次 2×10^4 细胞/毫升左右。最高投饵量可以达到 60×10^4 细胞/毫升。

判断投饵量是否合适的标志，有以下三点：

①水中的残饵量控制在$(2\sim3)\times10^4$ 细胞/毫升，残饵过高，说明饵料投多了，过低则说明饵料不够。

②直肠粪便的充填程度。当直肠是膨起时，并且直肠中的粪便是连续的，说明饵料够了。如果直肠萎缩，直肠中的粪便是念珠状或空白透明的，说明饵料投少了。

③假粪数量过多，说明饵料投多了（粪便呈弥散状，是扁平的短柱状）。一般以不出现假粪作为投饵量适宜的标志。增加投饵次数，减少每次的投饵量可以防止假粪的出现。

(3)换水和充气。

换水和充气是为了改善亲贝的生活环境。当水中的溶解氧(DO)＞4 mL/L，NH_3—N＜150×10^{-12}，pH 在 7.8～8.3 之间，COD＜2 mg/L，亲贝的生殖腺能顺利发育。反之，生殖腺发育受阻，并且容易引起早产。生产在水温 10℃以前，每天倒池换水一次，在 22℃恒温前，每天在早晨换水 1/2，晚上倒池一次。在 22℃恒温后，采用换水或流水的方法改善水质，每天 3～4 次，每次 1/3 左右。

连续微量充气有利于改善水质，提高亲贝的摄食量，增加水中的溶解氧。在 22℃恒温待产时，一般不充气，以免引起刺激而造成早产。如果气量控制较好，也可连续充气。在亲贝促熟中不宜采用间隙充气，尤其在后期增温促熟中更不宜采用此法来改善水质，因为它常能引起突然的刺激而诱导亲贝产卵。

3. 获卵与孵化

(1)获卵：当亲贝 22℃恒温促熟 3～4 天，积温达到 400℃以上，发现亲贝有排放现象，应采取逐笼成熟倒池产卵的方法获卵，不宜采用整池亲贝全部倒池获卵，否则，常因倒池刺激引起不成熟的亲贝也排放产卵，不但降低了孵化率，孵化后的幼虫成活率也低。采用逐笼成熟（有排放现象），逐笼倒池（升温 1℃～

2℃)产的卵,孵化率高,幼虫的成活率也高,原池未成熟的亲贝可以继续促熟培养。分批成熟,分批获卵,不但能提高卵的产量,而且降低了亲贝的用量,通常每立方米培育水体暂养30～40个,就能满足生产的需要。

在生产中常常发生亲贝积温未到而排放产卵,这种现象称之为"早产",早产的卵一般是不成熟的,孵化出来的幼虫,培育过程中常出现面盘分解病。在生产中用冷激法抑制亲贝早产,取得了较好的效果。当发现亲贝有排放现象时,用低于促熟水温10℃左右的海水,用桶或水管局部降温刺激,使亲贝闭壳,停止排放。采用冷激法可延迟亲贝1～2天产卵。也可采用将亲贝倒入比原池水温低3℃～5℃的海水中降温促熟,可延迟3～5天后产卵。采用冷刺激法抑制亲贝产卵时,应打开门窗通风(尤其中午前后),屋顶加遮盖物(玻璃钢屋顶)降低室温。必要时停止充气,暂停投饵。采用少换水(每次1/4～1/3),勤换水(每天4～6次);少投饵(每次1×10^4细胞/毫升～2×10^4细胞/毫升),勤投饵(每天12～24次)的方法,减少刺激,使亲贝达到积温,提高卵的质量。

(2)孵化:亲贝在恒温促熟中往往在原池有少量排放的卵,第一次自然排放的卵质量较高,应该使其孵化,选幼培养。

海湾扇贝受精卵孵化的密度以30～50粒/毫升为宜,第一个产卵池应尽可能在30分钟内结束排放,防止因精液过多,影响孵化率。在孵化池中加EDTA $(3\sim5)\times10^{-6}$;土霉素或氟苯尼考$(1\sim2)\times10^{-6}$,对孵化是有利的。在充气条件下(微量),大量的精子形成泡沫,用刮板(板长稍短于池宽,高10 cm,厚1 cm),将池面泡沫推向一端,然后用筛网捞出。采用此法,能很快净化孵化水质。孵化水温以20℃～21℃为宜,此时孵化时间为24～26小时,孵化率一般为40%～60%,但孵化率的高低与幼虫的成活没有直接的关系,有孵化率很高,幼虫成活率很低的现象,也有孵化率虽然很低(例如10%),但孵化后的幼虫成活率却非常高,关键是卵的质量,胚胎发育到"D"形幼虫后,要尽快选幼,防止因水质差,孵化的"D"形幼虫很快下沉现象的发生。

4.幼虫培育与附着

海湾扇贝幼虫培育方法同常规操作,在生产中,应注意以下技术指标,提高出苗量。

(1)培育密度:培育密度不宜过大,一般"D"形幼虫10～15个/毫升就足够了,培育密度过大(如超过15个/毫升),不但幼虫生长发育缓慢,而且会引起"面盘分解病"。

(2)培育水温:采用升温培育法,有利于增强幼虫的活力,在22℃获卵、孵化,22℃选优培育,以后每天升温1℃,25℃恒温培育,26℃附着变态,在升温条件下幼虫发育很顺利。为了保持水温上升，适当提高室温，比水温高 2℃～3℃（暖气），对幼虫生长发育是有利的。在培育过程中，发现幼虫上浮差，可采用提高室温或者适当降低水温（0.5℃～1℃）的方法，能增加幼虫上浮能力。

（3）饵料：等鞭金藻（3011）是目前海湾扇贝幼虫生长发育的最适饵料，无论是单一投喂，还是和扁藻、硅藻等混合投喂都能使幼虫顺利发育、附着变态。如果没有等鞭金藻，那么幼虫的生长发育和变态率会显著下降。单一投喂等鞭金藻，幼虫日生长速度 10 μm 左右，选幼后第 9 天就出现眼点，第 10 天投放附着基。混投（等鞭金藻占 50%以上）的效果与其相似。等鞭金藻对扇贝幼虫显著的饵料效果，其主要原因是等鞭金藻无细胞壁，个体小，营养丰富，而且又是悬浮性的藻类，便于幼虫摄食，消化和吸收。

等鞭金藻的投喂量随着幼虫的生长发育逐渐增加，通常开口饵料为 5 000 细胞/毫升，以后每天增加 1×10^4 细胞/毫升，当总投饵量达到 $(5\sim6)\times10^4$ 细胞/毫升天时不再增加，待幼虫附着变态后再逐渐增加。上述的投饵量分为 4～6 次投喂，每次少投，每天多投几次，对幼虫的生长是有利的。

（4）水质：海湾扇贝育苗用水要求水质清澈，没有污染。当水质不佳时，幼虫会出现面盘分解病，应采用物理或化学的方法进行净化，在生产中采用的主要方法有以下几项：

①尽量往外海引伸管道，外海深水的水质好于近岸潮头水，引伸的长度根据水质、地形情况而定，从数百米到上千米不定。

②沉淀池海水沉淀的时间不应少于 28 小时，沉淀时间过短，海水中有害的物质和原生生物等得不到沉降而进入培育系统，对幼虫的生长发育非常不利。当海水混浊时可以在沉淀池中加 1×10^{-6} 的硫酸铁或氯化铁，经过 24 小时沉降后，海水就被净化而变得清澈。

③砂滤罐加细沙层的厚度一般为 60～100 cm，减少细沙的粒径，一般为 150～200 μm，并经常反冲，定期更换上层的细沙，对于净化育苗用水有很好的效果。

④如果海水中有机质过多（预热池充气升温时，池面有大量泡沫），可在预热池中加 $(0.5\sim1)\times10^{-6}$ 的明矾，经过 2～4 小时沉降，海水就能变清。为了防止池底絮状物进入培育池，可在抽水龙头上挂浮力，使其悬浮在水面抽水，放弃下层 10～20 cm 的污水。

生产中改善育苗水质通常采用换水、清底、倒池等方法，这些措施是必要的。在换水时随着幼虫的生长发育，逐渐增加筛网的孔径（如 300 目→250 目→200 目）对改善水质非常有利。当幼虫出现下沉，幼虫的面盘分解或解体要立即倒池,改善水质,否则,常引起大量死亡。微量充气有利于改善水质,增加溶解氧,但是不充气,采用每小时搅池一次,幼虫也能正常发育。

在海湾扇贝人工育苗中施抗生素药物起预防作用,通常每天施药一次,每次 1×10^{-6}左右,抗生素的种类有土霉素、链霉素、青霉素、氟苯尼考等,但当幼虫出现面盘分解或软体分解病后,即使加抗生素,其药效甚微,防止不了疾病的蔓延与发展。当幼虫出现面盘分解病,造成育苗失败后,一般不宜立即再取亲贝入池,而应该将培育池暴晒 2～3 天,然后用盐酸浸泡消毒 24 小时(pH 在 2 左右),再用漂白粉或次氯酸钠洗刷池子及育苗工具后,再取回亲贝促熟,继续生产,否则常因消毒不严而造成面盘分解病蔓延。

(5)投放附着基:无论是聚乙烯网片还是红棕绳,编制的棕帘,按常规处理后,使用前 2～3 天,应该用 0.5‰的 NaOH 浸泡 24 小时,然后用过滤海水摆洗 2～3 遍,水色清澈透明,测水质的 pH 为 8～8.3 即可使用,投放前用 10×10^{-6}的青霉素(80 万 G)浸泡 1 小时,这样处理后的附着基较清洁,易附苗,当眼点幼虫的比例达到 20%～30%时倒池投放帘底(占总附着基的 10%左右),然后投放附着基。附着基的投放数量,通常棕帘每立方米培育水体投 300 m,聚乙烯网片投 2 kg 左右。在流水过程中投放附着基,幼虫不容易出现下沉现象。如果附着基投放后幼虫下沉,采用流水 0.5 小时(流量约 1/2 培育水体)和降低光照强度(500 lx 以下)后,幼虫往往会重新浮起。在附着过程中,要适当降低室温,使之与水温相同,便于幼虫分布均匀,而提高单位水体的附苗量。

在水温 23℃～24℃下海湾扇贝眼点幼虫的觅寻期与附着基种类有关,投放棕帘时幼虫的觅寻期只有 2～3 天,投放聚乙烯网片时可达 4～6 天。在附着变态期间,每天施青霉素$(3\sim5)\times10^{-6}$或氟苯尼考$(1\sim2)\times10^{-6}$对提高变态率有利。

5.稚贝下海中间育成

室内稚贝采用流水(每天流水 3～4 次,每次 1～2 小时),投饵(每天投饵 6～8 次,每次$(1\sim2)\times10^{4}$ 细胞/毫升)法培育,日生长速度可达 40～60 μm,在水温 23℃～24℃下,投附着基 6～7 天稚贝壳高可达 400 μm 左右,此时日降温 2℃～3℃,待海区水温 10℃左右时,可出池下海。

稚贝下海的时间要选择在大潮后的死汛期,此时流小、温差小,稚贝不易脱落。稚贝出池时采用双层袋(内为 30 目聚乙烯网袋,外罩 40 目袋),下海一周左右脱外袋,二周左右疏散(将原袋附着基取出装入 30 目新袋中),1 个月左右分苗(分到 20 目袋中,每袋 2 000 粒左右),大约下海后 50 天贝苗壳高就可达到 0.5 cm 以上商品规格。

为了提高稚贝海上的保苗率，可以采用吊漂（将筏架沉入水下 1 m 左右），重坠（坠石重 1 kg 左右），及时调节水层（风浪小时提到水下 2 m 左右，风浪大时垂入水下 4～5 m）的方法，一般不要摆袋、涮袋，有利于稚贝附着生长，提高成活率。

6. 海湾扇贝秋季人工育苗

根据南方亚热带气候特点，可以进行海湾扇贝的秋季人工育苗。海湾扇贝在广东、福建南部的秋季繁殖盛期是在 10 月份。一般秋季人工育苗，亲贝在 9 月 20 日至 11 月初入池，对亲贝产卵诱导较好。扇贝育苗的方法按常规进行。在南方 11 月份后由于常受冷空气影响会造成水温下降，要注意加强保温措施。

五、贻贝

贻贝（*Mytilus edulis* Linnaeus）在中国北方俗称海红，在中国南方俗称青口，它的干制品称做淡菜，是驰名中外的海产食品之一。中国养殖的贻贝科有贻贝、厚壳贻贝、翡翠贻贝 3 种如图 5-36 所示。它们的贝壳都呈三角形，表面有一层黑漆色发亮的外皮。翡翠贻贝贝壳的周围为绿色。

a. 贻贝

b. 厚壳贻贝

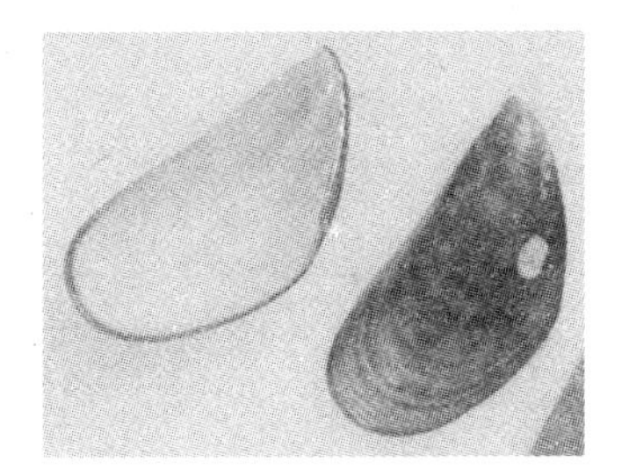
c. 翡翠贻贝

图 5-36　3 种贻贝的形态

1. 亲贝的选择及处理

（1）亲贝的选择：亲贝性腺的成熟度是人工育苗成功与否的重要条件，只有获得大量成熟的卵、精子，才能保证育苗工作顺利进行。选择个体大（5～6 cm 以上）、体型端正、性腺饱满的个体作为亲贝（图 5-37）。个体大、成熟好的亲贝排卵量大，卵质量好。5～6 cm（2 龄）的雌贝每次排卵量可达 300 万～500 万；7～9 cm（3 龄）的雌贝每次

图 5-37　贻贝亲贝

排卵量可达 1 000 万左右。秋季产卵较春季产卵量低。

性腺的饱满度、成熟度对排卵量有很大关系，选择亲贝时必须认真检查性腺饱满情况及成熟度。检查方法如下：①检查性腺覆盖内脏团程度，出现于外套膜的部位，测定性腺指数。②显微观察：解剖亲贝，吸取性腺，用滴水法观察精卵的发育情况。

(2)亲贝处理：在人工刺激排放前，用刷子除去亲贝壳表的附着物，洗净，剪去足丝。

2. 人工诱导排放精卵的方法

人工诱导排放精卵的方法可分为物理刺激、化学刺激、生物刺激等。

(1)物理刺激

①升温刺激：此法效果好，使用简单，是人工诱导的常用方法。将成熟亲贝移动到比原生活水温高 3℃～5℃的水中，经几分钟至几十分钟，亲贝便自动产卵、排精。在非繁殖期，刺激的水温应适当升高，但不能超过 25℃。

②变温刺激：秋季育苗或产卵困难时，进行变温刺激，促使精卵的排放。秋季育苗时可先降温刺激后再放入原水温，排放效果好。春季可用高温、低温反复刺激，使其排放。

③阴干刺激：将亲贝放在阴凉通风处，阴干 4 小时以上。繁殖盛期时，阴干时间缩短；非繁殖盛期时，阴干时间可适当延长。春季繁殖盛期时控制阴干时间不能太长，否则容易造成干排现象。

(2)化学刺激：利用化学药物刺激亲贝。将亲贝浸泡或在软体部注射 2‰～5‰氢氧化铵、氯化钾溶液。但由于药物不易除净，会影响以后幼虫的培育，一般不采用。

(3)生物刺激：雄性比雌性易排放，可用稀精液倒入排放容器内诱导雌贝排卵。

总之，刺激排放精卵的方法很多，在贻贝培育中常用的是阴干、变温相结合的刺激方法。

3. 排放与受精

(1)排放：成熟的亲贝受刺激后经过数分钟至十几分钟就开始排放精、卵。雄性先排精，当发现排放精、卵时，即将排放的亲贝取出，雌雄分开放入容器，让其继续排放。产卵量大时，往往要几次将亲贝移入新的容器中继续排卵。大面积采卵时，雌雄亲贝很难分别挑选，可让雌雄亲贝同池排放，将亲贝先放入预产池，待雄性个体排精高峰过后，把亲贝移入产卵池，即可取得正常的受精卵。

(2)受精:当取得一定数量卵后,就可以进行人工授精。人工授精前把容器中亲贝捞出,然后加入少量精液(一般按体积 5‰),搅动水,即可受精。在大面积采卵时,产卵过程中自行受精。

(3)洗卵:洗卵目的:水中精液过多使受精卵的孵化率降低,水中有机质腐败容易引起原生动物的大量繁殖,使育苗失败,因此必须洗卵。

洗卵方法:将受精卵水体静置半小时,受精卵慢慢沉入底部,此时将中上层海水轻轻倾出,留下底部卵,加入过滤海水。当受精卵下沉后,再弃去上层海水,这样洗 2～3 次即可。

大面积采卵后,可利用不同的出水阀门或用虹吸法将上层水弃去,增添过滤海水,经过数次换水即可达到洗卵目的。

4.担轮幼虫的培育及选取

有条件的单位应进行担轮幼虫的培育及选取。受精卵放入过滤海水中的培育密度为 500～1 000 个/毫升。受精卵经过一系列的细胞分裂形成担轮幼虫,从受精到担轮幼虫需 36～48 小时(12℃～17℃),水温高、变态快,担轮幼虫不摄食,不需投饵。

担轮幼虫形成后,须分池。将上层担轮幼虫倒入或吸入他池中培育,幼虫经"D"形幼虫期、壳顶幼虫期、匍匐幼虫期最后附着变态。

5.幼虫培育

(1)培育密度:按育苗池容积计算,平均每毫升培育水投放"D"形幼虫 10～15 个为宜,换水等条件好的池子,培育密度可以适当增加。

(2)换水:换水方法:要求是废水能排出,不损伤、流失幼虫,操作容易,使用方便即可,现主要采用滤鼓换水和网箱换水两种。

换水量:换水是培育过程中必不可少的措施,入池幼虫最初 1～2 天内可不换水,采用加水法。初培养时水体仅半池,每日加水逐步加满。到"D"形幼虫开始换水,换水量随个体的增长而增加,幼虫出现足以前,每天换水量为池水体积的 1/5～1/3,幼虫开始附着到全部附着期间,每天换水量约为池水体积的 1/3～1/2,投放附着基的,换水量可适当多些。

(3)投饵:饵料是幼虫生长发育的物质基础,根据幼虫发育阶段不同,供应不同的适宜饵料,供应要充足、适当,这样幼虫发育又快又好。

扁藻、三角褐指藻、小新月菱形藻、小球藻、中肋骨条藻、盐藻都可作为幼虫饵料,前三种较常用,三角褐指藻、小新月菱形藻作为幼虫前期饵料为佳,扁藻是贻贝后期投喂的主要饵料。春季育苗前期,由于水温较低,主要培养三角褐指藻进行投喂,后期水温升高,培养硅藻困难,主要培养扁藻投喂。秋季育苗则正好相反。

投饵量:匍匐幼虫出现前,日投喂三角褐指藻量 8 000 个/毫升;出现匍匐幼虫至附着,平均日投喂扁藻量 6 000 个/毫升,其中多种饵料混合投喂,效果更佳。池内暂养时,饵料应适当增加至(1～1.5)×10^4 个/毫升。

每次投喂前,要检查饵料浓度、育苗池中残饵量,从而确定投喂量。

(4)调光:由于贻贝幼虫有明显的趋光性和趋地性,因此调节光线是使幼虫在池中均匀分布,提高育苗效果的重要措施之一。育苗室光线一般为 100～500 lx,根据幼虫生活情况,可适当调节光照强度。

(5)幼虫生长和发育:幼虫发育与水温、饵料、密度及水质等条件有密切关系,因此根据生长需要可适当调整,使幼虫处于快速生长发育中。在 12℃～17℃条件下,受精后 21 天出现眼点幼虫,27 天出现匍匐幼虫,29 天见附苗,此时幼虫壳长 0.21～0.33 mm。

6.幼虫的附着习性及投放采苗期

幼虫在附着期间对附着器、光照条件有一定的选择性。

(1)采苗器的种类:红棕绳帘子、泡沫塑料板、石板、竹帘、贝壳、石块等,其中前两种效果较好。

(2)采苗部位:平采的棕帘,光照 100 lx 以上时附苗在背光面。因此幼虫附着时附着器材及光照要适当掌握。

(3)投放附着基:

①附苗器材处理:生产一般采用棕绳帘子。棕帘加工方法为利用棕丝纺成 0.5 cm 直径的棕绳,经捶打、烧棕毛、浸泡、煮沸、洗刷的处理,最后编成一定规格的帘子。

②投放时间及方法:当幼虫出现眼点时,即要投放附着器。投放前可大量换水,将池内培育水浓缩,充分搅动池水,冲涮池壁,使幼虫分布均匀,此时立即平挂棕帘,悬挂于水上层为宜(换水时不露出采苗器为宜)。投放附着基后待池子静置 1～2 小时后,可慢慢加满池水。也可采用倒池投附着基方法。

(4)池内暂养管理:幼苗附着后,附苗帘不能立即出池,需在池内暂养 25 天左右,使幼苗长至 2 mm 再移到海上暂养。暂养过程中,幼苗有上移、下移、漂浮的现象。因此在此期间应加强管理,采取加大换水、加大投饵、严格控制光照等措施,保证幼苗很好生长。

7.海上暂养及保苗

幼虫变态完全附着后,经过一段时间的培育,体长一般长达 2～5 mm,为了加速其生长就要移到海上或海边大池培养成可供养殖生产的苗种。

幼苗在室内育苗池中培养，是在水质清新、水体平静、无日光照射的适宜环境中生活的，其幼苗弱小，分泌足丝附着不牢。这样移到海上后，环境起了巨大的改变。由于风浪的冲刷、淤泥的掩盖、强光的照射、附着生物的侵占排挤等因素，引起幼苗不适应，往往造成大量掉苗，损失严重。因此防止幼苗下海掉苗是目前发展贻贝养殖急需解决的问题。提高保苗率的主要措施是：

(1)幼苗在未下海之前，加强动水、流水、光照的室内锻炼，增强幼苗体质，提高适应附着能力。

(2)通过投放附着器的数量和调节附着器的位置，控制附苗量，使附苗分布均匀。

(3)为了减少幼苗出池搬动脱落以及海上的风浪袭击与淤泥的沉积，可将网帘附着器卷筒或重叠，绳索附着器捆扎成束挂养，过一段时间幼苗适应附牢后才拆开。

(4)为了减少风浪冲击和过强的光照，幼苗下海开始可挂养在深层吊养，等幼苗适应后，再逐步提高水层。

(5)选择苗体活动性小的季节和较小苗体下海。

(6)选择在小潮、早晚、阴天、无风浪以及不是附着生物附着盛期的时间下海。

(7)选择水清、风浪小、水流畅通、附着敌害生物少，以及水质肥沃、饵料生物丰富的海区育苗。

(8)若没有理想的海区环境，也可以将幼苗取下或连同附着器一起，放进网目大小适合的网笼或袋中下海吊养，这种方法虽能防止掉苗，但成本高，管理不便，而且幼苗生长也较慢。

(9)幼苗下海后，要加强海上管理工作，集纳修育苗设施的安全，经常清洗淤泥及其他附着生物，及时拆开卷扎的附苗器和调整适合的水层。如是笼养的，随着苗体的长大，要及时更换网目适合的网笼等相应工作。

以上措施，对于幼苗下海育成苗种、防止掉苗、提高保苗率，可起到一定效果。因此有的地方把幼苗移到室外土池育成苗种达到较好的效果。海边土池环境条件既不同于室内育苗池，也不同于海区。池水平静、澄清，敌害生物少，附着生物不易附着。通过水闸开闭可以更换新鲜海水，进入天然的饵料生物。不仅可以投喂人工饵料，而且经过施肥，繁殖丰富的自然生物饵料，这样不仅提高了保苗率，也促进了幼苗的生长。同时育苗设施也较安全，管理也很方便。因此，海边土池育成苗种，具有明显的优越性，值得应用和推广。

幼苗出池后，经过海区或海边土池一段时间的育养，苗体长到 1～2 cm 时，即可供作养殖的苗种，进行采收、分包育成。

六、厚壳贻贝的人工育苗

厚壳贻贝(*Mytilus coruscus* Gould)主要分布在我国黄渤海及东南沿海，俗称海红，是一种栖息于近岸、内湾与岛礁的冷水性双壳类软体动物，其肉味鲜美、营养丰富、生长快、抗病能力和适应性强，易于人工养殖，是我国目前贝类的主要养殖品种之一，在浙江沿海有一定的养殖规模。

1. 亲贝来源及促熟

经挑选后将壳高 8～10 cm 厚壳贻贝亲贝，剪去亲贝的足丝和壳外的附着物，清洗后，用浓度 15×10^{-6} 的 $KMnO_4$ 溶液药浴 15～20 min，采用浮动网箱蓄养于育苗池中，进行室内人工促熟，每天换水一次，投饵 4 次，饵料种类为三角褐指藻和小硅藻。从亲贝进池培育到催产，每天升温 0.5℃～20℃恒定，一般室内培育 15～20 天后就可催产(图 5-38)。

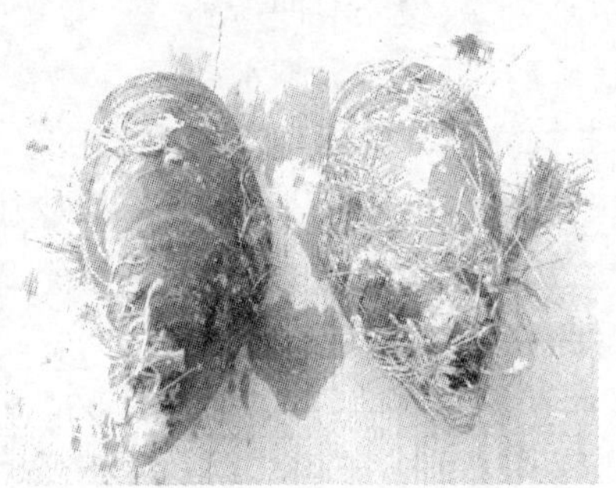

图 5-38　厚壳贻贝亲贝培育

2. 催产

将亲贝洗净并将足丝剪掉，阴干 3 小时，然后放入催产池中，逐步升温至 23℃，充气催产。一般 2 小时即可排放精、卵，3 小时后取出亲贝，进行洗卵、原池孵化，孵化水温 23℃，20 小时后将上层健康活泼的"D"形幼虫虹吸至幼体培育池中培养。

3. 幼体培育

在水温 16℃的条件下，厚壳贻贝胚胎受精后 39 h 50 min 发育至"D"形幼虫期，立即选幼，将"D"形幼体吸入到培育池后，前期水温在 20℃，前两天只加水，然后每天换水一次，换水量为 1/2 左右，每 4～5 d 倒池 1 次，每天投微藻 5～6 次，以小硅藻、巴夫藻、金藻为主，保持水体藻密度$(3\sim5)\times10^{4}$ cell/mL；变态幼虫培育水温为 23℃，饵料以巴夫藻、金藻为主，保持藻密度$(4\sim6)\times10^{4}$

cell/mL，不足时可适当投喂小球藻、活性酵母。整个培育期连续微量充气为佳。防病，不定期使用浓度为$(1\sim2)\times10^{-6}$的土霉素或青霉素。

影响贻贝幼虫生长的因素很多，主要有两方面：①水温；②饵料。水温在14℃～23℃是厚壳贻贝幼虫生长的适宜温度，生理适宜温度高限时的生长速度最快。

4. 变态附着期

当幼虫发育至眼点幼虫期时，有80％幼虫出现眼点，壳长大小在280～320 μm时，即可投放附着基，用经消毒后的聚乙烯波纹板（规格33 cm×42 cm）吊挂苗池中，按80～100片/米^{3}投放，期间每天换水3次，换水量100％～150％，微量充气，增加投饵，日投喂各种微藻8次，保持藻密度$(7\sim8)\times10^4$ cell/mL。一般附着时间10～15天，附着后约30天稚贝壳高可达2.5 mm时，将聚乙烯波纹板上的苗洗刷下来（图5-39），即可出池销售。也可以无附着基附苗，厚壳贻贝附着于池底及池壁上，长到2 mm以后可以从池壁和池底刷下来即可出售。

图5-39　聚乙烯波纹板附着基及附着苗

七、翡翠贻贝的人工育苗

1. 亲贝来源

从海区捕获的无损伤、活力好、性腺发育饱满的翡翠贻贝［*Perna viridis* (Linnaeus)］作为亲贝（图5-40）。

图5-40　翡翠贻贝亲贝

2. 亲贝暂养

亲贝剪去足丝，将壳面的附着物洗刷干净并捡出死亡个体后，放入水泥池进行暂养。饵料生物以绿藻为主，日投喂量为(10～20)×10⁴ cell/mL，每天投喂两次，日换水量30%～50%，日常管理以投饵、换水、捡出死亡个体为主。

3. 催产与孵化

亲贝暂养期间，每3天解剖数个亲贝检查性腺的发育情况，成熟雌贝性腺呈橘红色，成熟雄贝性腺呈淡黄色，用滴管吸取亲贝部分性腺组织置于光学显微镜下观察，能见到球形的卵细胞和大量密集游动的精子时，即可催产。采用阴干和流水刺激的方法诱导亲贝产卵。催产时用砂滤海水冲洗亲贝后阴干2小时再流水2小时，然后加水待产。亲贝多在夜间产卵，要合理安排好催产时间以利于生产。亲贝受刺激后排放出大量精、卵，水色变浑，水面出现大量泡沫，产卵过程中应逐渐向池中加水并不断搅动水体使精、卵混合均匀，提高受精率。产卵结束后，迅速移出亲贝，捞出泡沫，洗卵移池，直到水清、无泡沫为止。

水温21℃～28℃时，受精卵经12小时左右发育成担轮幼虫，20小时左右发育成"D"形幼虫，为了提高幼虫的存活率，在"D"形幼虫初期进行幼虫的选优。选优是利用幼虫具有趋光性的特点，用虹吸法将聚集在水体中上层活力好的"D"形幼虫移入事先准备好的育苗池中。

4. 幼虫培育

幼虫培育阶段投喂金藻、扁藻和盐藻，"D"形幼虫期的开口饵料为金藻，日投喂量为(1.0～1.5)×10⁴ cell/mL，每天投喂3～4次；"D"形幼虫开口后，经"D"形幼虫后期、壳顶幼虫期直到变态之前，饵料投喂以金藻和扁藻为主，辅以盐藻，金藻的日投喂量为(3～4)×10⁴ cell/mL，扁藻的日投喂量为(0.2～0.3)×10⁴ cell/mL。养殖过程中如单胞藻不足则可投喂浓缩单胞藻，投喂量和投喂次数由幼虫的摄食情况、饵料种类和密度而定。幼虫培育阶段每天换水1～2次，每次换水量为50%；池底污物聚集较多时则进行倒池操作。

5. 稚贝培育

水温21℃～28℃，育苗条件正常，幼虫经过18～20天的浮游阶段，开始逐渐附着变态为稚贝。此时，幼虫的贝壳边缘长出成体的壳体，并分泌足丝营附着生活。当池中20%的幼虫附着变态时，开始投放聚乙烯绳，并以此作为幼虫的附着基供其附着。附着前期的饵料投喂以金藻为主，日投喂量为(3～4)×10⁴ cell/mL；同时投喂扁藻，日投喂量为(0.3～0.5)×10⁴ cell/mL。附着中后期用金藻和扁藻混合投喂，每种藻的日投喂量为(2～3.5)×10⁴ cell/mL。

翡翠贻贝受精卵发育至"D"形幼虫，需盐度是20～30，以30较好；面盘幼虫需要的盐度是18～30，随盐度的增加发育速度加快；在盐度22以上，幼虫附着能力和生活机能完全正常。翡翠贻贝对pH的要求一般在8.2～8.5中生活比较正常，在水温 24℃～28℃范围内幼虫生长发育最快。

八、合浦珠母贝

合浦珠母贝[*Pinctada martensii* (Dunkar)]亦称"马氏珠母贝"(图 5-41)，属珍珠贝科。左、右两壳不完全相等，左壳稍突起，右壳较平，壳顶向前方，自壳顶向前后平伸两耳状突起，前小后大，全壳略呈斜方形，壳面有覆瓦状排列的鳞形薄片，淡黄褐色，内面有强烈珍珠光，足丝粗而韧，附着生活在水质澄清、有珊瑚礁或多沙砾的浅海底，分布于南海。

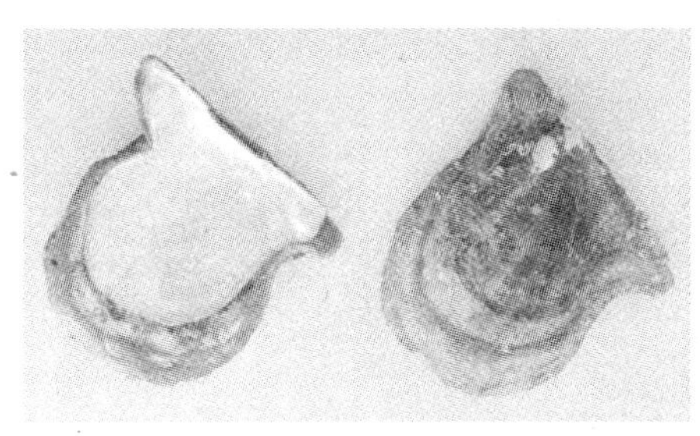

图 5-41　合浦珠母贝

1. 亲贝的选择和蓄养

选用 3～5 龄，放射线及生长纹明显、壳宽厚、无病害感染、体质健壮、性腺丰满的成熟个体作为亲贝。

亲贝最好在前一年秋季选出，雌雄分别疏养装笼深吊，至初春时浅吊于潮流畅通、饵料丰富、海况较为稳定的海区育肥。为防止因海况变化过剧而引起亲贝的排精产卵。清贝时也不露空过长时间或剧烈震动，否则会刺激其产卵。

2. 产卵与受精

(1)诱导亲贝产卵的方法：

①自然排放法：亲贝成熟度好，取回后经洗刷等操作，放入育苗池中即可产卵、排精。

②阴干流水升温刺激法：取成熟亲贝，先阴干 1～2 小时后，再流水 0.5～1 小时，再放到水温较海区水温高 5℃左右水池中，不久就排放精、卵。

③解剖法：将雌雄贝洗刷干净后，用工具解剖取得精、卵，然后在 0.05%～0.06%浓度的氨海水中受精。卵成熟度高的，浓度可适当降低，浓度和处理时间一定要适宜，浓度过高和处理过久，胚胎发育多为畸形或解体，过低则不受精。

④变温刺激法：利用培育水温的几次升降，温差为 3℃～5℃，而诱导性腺发育成熟的亲贝产卵。

(2)精、卵成熟度的鉴别：精、卵成熟度是人工育苗的先决条件。未成熟卵都不能受精，或受精率极低，有些虽能受精，胚胎多成畸形，即使能发育至幼虫阶段，但体质极差、生长缓慢，对外界环境的抵抗力甚弱。因此，必须作好精、卵成熟度的鉴别。

①肉眼观察：成熟的亲贝，性腺丰满，雌性呈黄色，雄性呈乳白色或橘红色。生殖管叶脉状，生殖孔呈乳状突，轻压生殖腺则有生殖液从生殖孔流出，精液呈乳白色、黏稠状，不易分散，卵液淡黄色，遇水即分散成颗粒状。

初步观察后雌、雄贝分别编号，再进行镜检。

②镜检：方法与其他贝类相同。

精子在完全变态后呈蝌蚪状，头部圆锥形，尾细而长，活动力强，特别是在氨海水中游动活泼。未完全变态的精子，有的头大，有的尾部拖一块细胞质，加氨海水后不活动或活动力极差。

卵子的成熟度可分为四种：

未成熟卵：卵梨形，柄长，大小不一，或可见小球形的卵母细胞以及结缔组织，生殖腺凝成块状。加氨海水后胚泡不消失。

较成熟卵：卵大多数梨形，柄较长，或长椭球形，加氨海水后复原的时间较长。吸出的生殖腺常粘结成块，不易分散。

成熟卵：卵大部分梨形，柄极短，或近球形，大小均匀，卵膜圆滑，富弹性，在海水或氨海水中不久就成球形，胚泡消失。

过熟卵：已有部分成熟卵产出，部分留在腺体内，或虽卵子未产出，但大部分球形，或多边形，卵膜褶皱，弹性较差，极易破碎而流出卵质。镜检时，可见有细胞质碎屑，卵较大，处于分解状态，这种卵不能受精，即使受精也很快成为畸形胚胎。

生产上采用的是成熟卵，在亲贝不足情况下，也可采用部分较成熟卵。其他两种则不能取用，一般在一个亲贝中，成熟卵占的比例越多越好。

(3)受精：经过人工诱导而获得的精、卵，在人工的条件下，进行人工授精。而对解剖取得的精、卵，要使用氨海水激活后再受精，受精后必须进行换水，保证孵化水新鲜干净。

合浦珠母贝受精的适宜条件为相对密度 1.020～1.024，低于 1.016 时，受精困难；水温最适宜在 27℃～29℃，低至 26℃，高至 30℃也较好，若超过此范围，受精或发育则不正常。

(4)胚胎发育:受精卵经4小时后成囊胚期,约5小时后发育至担轮幼虫,24小时发育至“D”形幼虫。开始选育,用虹吸、拖网把上浮好的幼虫选到另一个池子中进行培育。

3.幼虫培育

(1)幼虫培育密度:一般3～6个/毫升,在换水、充气条件较好时,可适当高些。

(2)幼虫培育管理:

幼虫培养的时间,短则40天,长则60～70天。在这期间,各种因素变化复杂,因此应切实做好日常的管理工作,否则稍一不慎,则功亏一篑。

①用水一定要求盐度不低于25。为了避免温差过大,换水宜在早晨九时前结束,水温过高时,应在下半夜进行,务必使水温差不超过2℃。

水温直接影响着幼虫的生长发育及安全,每天应定时观察4次,分表层和底层进行。水温过高或过低时,应开关门窗,通风或加温,换水或多加搅拌,以调节水温。目前有些珍珠场采用人工控制的方法进行育苗,使水温保持在26℃～29℃范围内,效果极好。

②扁藻、金藻是一种较为理想的饵料,它易为幼虫所消化,脂肪量和淀粉量都较多。也有采用少量小球藻或酵母作饵料的。

投饵在选优后第二天开始,每天投饵量随幼虫发育而逐增,以每毫升水体计算,扁藻的密度是:“D”形期为300～500个(酵母粉0.15 g/m^3 水体);壳顶期为500～1 000个,壳顶后期为1 000～1 500个,匍匐期为1 500～2 000个,附着期为2 000～3 000个。每天投喂4～6次。为了增加水中含氧量,饵料分布均匀,活跃幼虫,每天搅拌4～6次,每次搅拌数分钟,天气炎热或缺氧时应增加搅拌次数,也可以连续微量充气。

金藻也为其良好的饵料,其每天投喂量依发育时间不同而不同,依次为200～500个/毫升,1 000～1 500个/毫升,2 000～2 500个/毫升,5 000～10 000个/毫升。

4.采苗器的投放

幼虫经20天左右的培养可发育至壳顶后期,逐渐变态附着。适时投放附着器是采苗的关键。一般认为,当有幼虫开始出现眼点时,是投放附着器的信号。

常用的采苗器有聚乙烯网片、聚乙烯薄板等。一般是网片和塑料薄板混合使用。采苗器应经充分浸泡和消毒后才能使用。一般以6～7块塑料薄片、网片连成一串,每片间隔10～15 cm。先在池底铺上一块略大于池底面积的网片,四周以瓦片压紧后，用竹竿横架在池面悬吊塑料薄板或网片进行采苗。每串之间及竹竿之间相距 30 cm 左右，若幼虫密度大，可适当增多，反之可酌量减少。

采苗器投放后，仍需继续观测，加强管理，增加搅拌和投饵量以及换水量，附苗数量过大者应适当移出部分疏养，水温最好保持在 27℃～28℃之间。

注意采苗器在投放前要先浸泡、洗涤、消毒，然后穿成串。

5. 收苗

幼苗个体达到 2 mm 以上时，便可收苗装笼移到海区养殖。若幼苗密度过大或大小不均匀者，可分批收苗。收苗时依次先收垂吊，后收底部采苗器的苗，最后才收池底和池壁的苗。

收苗时用薄铁片或竹片小心逐个刮下，平滑的采苗器和池壁可用泡沫海绵轻轻揩下，收下的苗暂收入盛有新鲜海水的盘中，以后用抽样法或称量法计算装笼放养。用网片和塑料薄板作采苗器的可连苗一起放入笼中吊养。

6. 合浦珠母贝激光育苗的应用

(1)激光育苗的机理

生物体经激光照射可改变细胞的染色体结构和功能，从而改变生物细胞的遗传性，定向地创造动植物新品种。激光除了有热的、光化的、机械的、电磁场的效应外，还有生物刺激作用。用小剂量激光照射，对生物体的生长能起刺激作用；大剂量的激光照射，对生物体起抑制免疫作用。根据这一性能，通过各种功率密度、各种剂量的激光照射，以及散焦照射等试验探索出能增强合浦珠母贝幼体对环境因子适应性的有效剂量，从而加速幼体的发育，提高了成熟率。但当使用剂量超过某一数值时，则幼体急剧死亡，甚至全池覆灭。

(2)激光育苗相比常温育苗的优越性：

①孵化率比常规育苗提高 5.0～10.0 倍。激光育苗从受精卵到收苗，孵化率平均为 10%，最高为 15%，而常规育苗的孵化率为 1%～2%（每个母贝的受精卵按 300 万计，每立方米水体 2 个母贝）。

②激光育苗的幼体对外界环境变化的适应能力强。常规育苗的幼体，在水温降至 22℃时便发生下沉现象，若持续 3 天，幼体逐渐死亡。而激光育苗的幼体在水温降至 22℃时仍能正常活动；直到水温降至 19℃时才有下沉现象。

③激光育苗的苗抗饥饿能力强。已附着的经激光处理的幼苗，5 天不给食仍不脱苗，至第 6 天才开始脱苗。而未经激光处理已附着的幼苗，3 天不给食即开始脱苗。

④幼虫生长快，生长周期短。在 25℃的温度下，经激光处理的受精卵 4 小时后便发育成担轮幼虫，20 小时发育成面盘幼虫，5～7 天发育成壳顶初期幼

虫，18～20天便可附着。常规处理的受精卵要在5小时后才发育成担轮幼虫，经24小时发育成面盘幼虫，7至9天发育成壳顶初期幼虫，22～24天方可附着。以个体大小对比，16天的幼虫，激光育苗的平均大小为182 μm×180 μm，常规育苗的为167 μm×165 μm，且前者比后者活动性强。常规育苗要60天才能收苗下海，而激光育苗由于个体生长快，50天即可收苗下海，因而缩短了育苗周期。在下海以后的生产过程中，于同一海区，激光育苗的贝培育苗一年有60%长到6 cm，常规育苗的贝苗只有30%长到6 cm。

⑤激光育苗提高了育苗水体的单产量。采取激光育苗，每立方米水体平均产苗60万个。而用常规方法育苗，每立方米水体平均产苗仅5万个。育苗水体的单产量提高了10倍以上。

⑥用激光育苗的合浦珠母贝，育珠成活率和留核率均比常规育苗的高，珍珠质分泌快，珍珠质量好，因而经济效益非常显著。

经过激光处理后培育的合浦珠母贝苗，具有生长快、效益高等优点，在生产上有实用价值，它将为培育良种贝苗，解决种群退化问题开辟一条有效的途径。

九、大珠母贝

大珠母贝（*Pinctada maxima* Jameson）俗称白蝶贝（图5-42），隶属于珍珠贝科（Pteriidae）、珠母贝属（*Pinctada*）。大珠母贝的壳长一般在15～30 cm，最大壳长可达32 cm，体重4～5 kg，是珍珠贝科中个体最大的种类。其核位可植入直径1 cm的大规格珠核，外套膜分泌珍珠层的速率快，是世界公认的生产大型海水优质珍珠“南洋珠”的理想贝类。

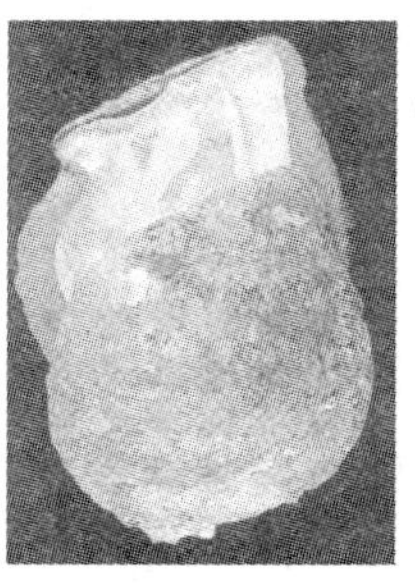

图5-42　大珠母贝

我国大珠母贝的资源主要分布于雷州半岛、海南岛及西沙群岛沿海。在海南省，大珠母贝的蕴藏量约占全省各类珍珠贝总蕴藏量的90%。大珠母贝所产的珍珠颗粒大、色泽好、价格高，是名贵装饰品和药材，具有极高的经济价值，目前在国际珍珠市场上供不应求。因大珠母贝分布范围小，数量较少，利用它养殖珍珠的国家和地区也较少。大珠母贝资源比较稀少，价值较高，被列为国家Ⅱ级保护动物。因此，开展大珠母贝人工育苗技术研究，为养殖户稳定地提供苗种，对于促进海南省乃至全国大珠母贝养殖业的可持续发展，保护大珠母贝种质资源和发展高效创汇渔业具有重要意义。

1. 亲贝的来源与促熟

大珠母贝亲贝从海南沿海海域捕获。每次购回后先消毒处理，再选择壳长18～32 cm，贝龄3～5龄，闭壳有力、壳缘鳞片锐利、贝壳完整的个体进行促熟培育。促熟培育于室外水泥池内进行，饵料以扁藻、盐藻、角毛藻及混合藻等活饵为主，辅以绿藻粉、螺旋藻粉等人工饵料。每天投喂3～6次。用充气石不间断充气，每天换水2次，每次换水量在1/3～1/2。

2. 亲贝的催产

亲贝经过15～20 d的促熟培育，根据其性腺发育的饱满度及时进行人工催产。催产方法如下。

(1)阴干刺激：捞起亲贝，并将其置于阴凉处阴干3～4 h刺激。

(2)藻液刺激：将亲贝置于大塑料盆中，加入0.1×10^6 cell/mL的亚心形扁藻液和$(0.3\sim0.5)\times10^6$ cell/mL金藻液，约40 min后，藻液变清，并有排放的条状粪便。

(3)温度刺激：捞起亲贝，将其放在阳光下暴晒5～10 min，再置于阴凉处。重复2～3次。

(4)精液诱导：解剖1～2只成熟雄性亲贝，取其精液加入催产池中，以诱导待排放的雌性亲贝排放。

(5)流水刺激：打开产卵池的进、排水阀门，再用水泵横向向进水处的池壁冲水，使水流均匀地流过产卵床，对诱导亲贝进行流水刺激。

其中，采用阴干刺激3 h＋藻液刺激1 h＋精液诱导相结合的诱导方法效果最佳。采用这种诱导方法，只有性腺达到排放期的亲贝才排放，且排放的性细胞成熟度好，因而受精率较高，幼虫畸形率也较低。

3. 受精卵的孵化与幼虫的收集

催产约0.5 h后发现有精、卵开始排放，此时应注意控制其排放数量，及时将亲贝移至另一个孵化池，避免因精、卵排放过量而造成洗卵工作烦琐。受精结束后0.5～1.0 h，开始反复洗卵1～2次，清除多余的精子和死卵。约经16 h后，受精卵发育至“D”形幼虫，密集在水表面，用虹吸法收集并放入培育池培育。

4. 幼虫培育

受精卵孵化后24 h开始投喂饵料，开口饵料为金藻，附着前以金藻、盐藻、角毛藻和扁藻为主，交叉投喂。投饵应少量多次，不喂老化、被原生动物等污染的饵料。开始时一般投喂金藻，投喂量为$(1\sim2)\times10^4$ cell/mL，第3 d后可以增投盐藻。壳顶初期至附着变态，日投喂量为$(3\sim5)\times10^4$ cell/mL。饵料以金藻、盐藻为主，辅以扁藻和角毛藻。单胞藻不足时适当补充浓缩单胞藻和海洋红酵母。早晚检查幼虫的摄食情况，视胃含物多少增减投饵量。饵料的投喂量应根据幼虫发育情况及时调整。换水自选育后的第 2 d 开始。前期日换水1/3，每天换水 2 次；中期日换水量达到 1 个水体；后期每天 3 次，每次 1/2；培育期间，每隔 5～7 d 倒池 1 次，微量充气。

5. 幼虫变态附着和稚贝培育

分别采用聚乙烯无结网片、波纹板、旧遮光网和光滑彩色聚乙烯板作附着基，聚乙烯无结网片以底铺的方式投放，其他附着基采用悬挂方式放置。聚乙烯无结网片、波纹板和旧遮光网每片规格 0.5 m×0.8 m，投放量为 2～3 片/立方米。受精卵孵化后 16 d，幼虫达到壳长 260～320 μm，壳高 190～230 μm 时，开始出现眼点幼虫。当眼点幼虫的数量达到 30%～40%时，马上投放附着基。幼虫附着前水体中的抗生素含量保持在 1 mg/L，EDTA 二钠保持在 2 mg/L，附着后停止投药。幼虫附着变态期间充气量要小，每天换水 2 次，每次换水量 1/3～1/2。经过 6～15 d，幼虫变态为稚贝。

进入眼点幼虫阶段后，分别投放聚乙烯网片、波纹板、遮光网和光滑彩色聚乙烯板作附着基进行对比。结果发现，遮光网的附着效果最好，其次是底铺聚乙烯网片和光滑聚乙烯板，波纹板的附着效果一般，水泥池底及壁上的附着效果最差。通过对比可见，采用遮光网片作大珠母贝幼虫变态的附着基，附着效果较好，且较为经济，便于就地取材，可操作性强，有利于开展规模化育苗生产。

6. 水质调控

育苗用水经沉淀池沉淀、粗砂层过滤、细沙层过滤，进入室内蓄水池再沉淀后使用。在育苗后期，不定期地加入适量活菌，以保持良好和稳定的水质。

7. 幼虫的生长

大珠母贝的人工育苗在水温为 27.5℃～30.0℃、海水相对密度为 1.022、pH 为 8.2 的条件下进行，受精卵经过 16 h 后发育至"D"形幼虫，"D"形幼虫再经过约 22 d 的发育进入变态期。"D"形幼虫期为第 2～7 天，此期间幼虫摄食量少，生长缓慢，壳长的平均日增长约 5 μm；壳顶初期为第 7～13 天，此期间直线铰合部平直但变短，靠近直线部隆起。

随着滤食量的增大，幼体的生长速度逐渐加快，壳长的平均日增长达到 8 μm；壳顶中、后期后，隆起部分掩盖直线铰合部，壳长的平均日增长超过了 10 μm；当幼体达到 320 μm×232 μm 左右时，出现眼点；再经过 7 d 左右，足出现，具匍匐能力，进入变态期；此后面盘逐渐退化并附着变成稚贝。

十、长肋日月贝

长肋日月贝[*Amusium pleuronectes* (Linne)](图 5-43)为暖水性贝类,是中国南部沿海常见种。个体较大,生长迅速,贝壳薄而美丽,肉质肥满,闭壳肌发达,味鲜美,可鲜食或干制,其干制品称作"带子",为名贵海珍品。长肋日月贝生殖腺为雌雄同体,成熟的生殖腺新月形,外观饱满,卵巢橘红色、精巢乳白色。不成熟或产卵、排精后的卵巢为半透明的浅橙色或浅黄色甚至乳白色、精巢为半透明的白色。长肋日月贝是一种重要海产经济贝类,是我国两广的名特产,是良好的海水养殖对象。产卵季节多在春、秋二季。

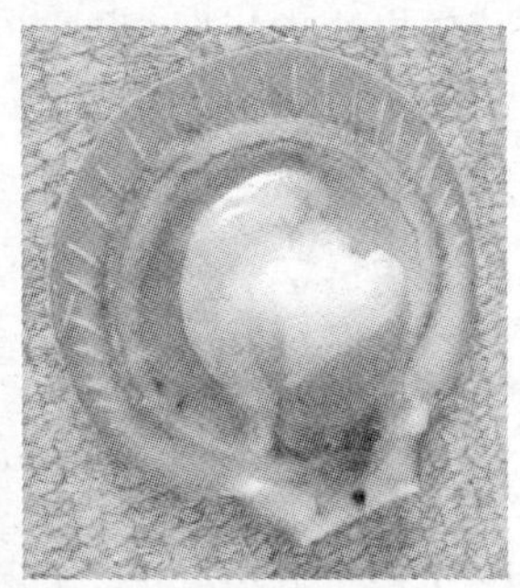

图 5-43　长肋日月贝及性腺

1. 亲贝的选择与暂养

在长肋日月贝繁殖期(广西北部湾的繁殖期为春季 2～5 月份,秋季为 10～12 月份),挑选个体大小为 70 mm×75 mm(壳高×壳长)至 91 mm×94 mm 左右的亲贝,洗刷干净后,暂养于水泥池中,每天换水 1～2 次,每次 1/2～1 水体,用扁藻和湛江叉鞭金藻及螺旋藻作饵料,饵料投喂时勤投少投,经过一段时间的蓄养,达到充分成熟,性腺雌区为橘红色;性腺雄区为乳白色。在亲本培育后期,由于亲本性腺都发育到成熟期或接近成熟期。因此,要注意控制培育环境条件的稳定:一是稳定培育水温,避免温差过大的刺激而自然排放精、卵;二是避免投入的藻液过浓而自然排放精、卵;三是不使用流水进行培育,以避免流水的刺激作用而自然排放精、卵。

2. 产卵方法

取成熟的亲贝,去除贝壳污泥和附着物,洗净消毒,采用如下方法诱导产卵:阴干刺激法;升温刺激法;阴干升温刺激法。阴干流水升温刺激法诱导产卵均有效,升温的最适水温为升高 4℃～5℃,产卵最适潜伏期 15 分钟至 1 小时,亲贝便大量排放精卵。

3. 受精及孵化

由于长肋日月贝是雌雄同体，先排精子后排卵子，易造成精子过多，因此，需要控制产卵密度，并洗卵 2～3 次，可以大大提高孵化率。受精卵在 23℃～25℃条件下经 20 小时达到"D"形幼虫，可进行选幼，选幼采用虹吸法和拖网法。

4. 幼虫培育

刚孵化的"D"形幼虫平均壳长(87.5±3.55) μm、壳高(71.2±2.98) μm。幼虫培育密度为 3～5 个/毫升，采用每天搅动育苗水体使幼虫分布均匀，增加溶解氧。

换水采用筛绢滤鼓虹吸法进行换水，每天换水量为原水体的 1/3 到 1/2。

5. 饵料

"D"形幼虫后开始投喂湛江叉鞭金藻和扁藻，换水后投喂，日投饵量从 0.5×10^4 个/毫升逐渐增加至 4×10^4 个/毫升，饵料投喂量需根据天气、水温和饵料密度等调整。

其他每天测定水温 2 次，盐度 1 次、溶解氧 1 次、pH 1 次，同时每天测量幼虫的大小及检查幼虫摄食和生长情况。

6. 稚贝培育

在 23℃～30℃条件下，"D"形幼虫经过 8～15 天的培育，发育至眼点出现(眼点幼虫量约占幼虫总量 30%)，投放处理洗刷好的聚乙烯网片和方形彩色塑料板，每片边长 30 cm 附着基。眼点期幼虫投放附着基后 10 d 附着完毕，幼虫面盘完全消失，足萎缩成细柱状，但仅可伸出壳外探索，壳耳形成，鳃丝形成，变态为幼贝，此时应加大换水和投喂，促进变态和生长，附着后进入稚贝培育阶段。

第四节　埋栖型贝类的人工育苗

埋栖型贝类占双壳类的大多数，是我国人工养殖的主要类型，它们一般具有发达的足和水管，依靠足的挖掘将身体的全部或前端埋在泥砂中，依靠身体后端水管的伸缩，纳进及排出海水，进行摄食、呼吸和排泄作用。

目前埋栖型贝类的苗种生产主要是人工育苗、采捕自然苗和土池半人工育苗，下面分别叙述几种埋栖型贝类的人工育苗：

一、缢蛏

缢蛏[*Sinonvacula constricta* (Lamarck)]即蛏子(图 5-44),贝壳脆而薄呈长扁方型,自壳顶到腹缘,有一道斜行的凹沟,故名缢蛏。适宜生长于海水盐度低的河口附近和内湾软泥海涂中。养殖蛏子要选择风平浪静、潮流畅通,常有淡水注入的港湾或平坦的滩涂,底质以泥质或泥略带沙为宜,我国南北沿海均有分布。

图 5-44　缢蛏

现育苗方法有循环水育苗、静水育苗两种,前者系近年新创的育苗法,效果良好,具有规模大、成活率高、成本低、操作简单等优点。下面主要介绍循环水育苗法。

1. 育苗设备

主要设备有循环水育苗池、静水育苗池、饵料室及相应的供水系统(水塔、过滤池、蓄水池、供水管道等)。其他常见设备与一般贝类育苗的相同。循环水育苗池由两个两端相通、长条形的水泥池并列构成,池宽 1.5~2 m,池长 20~30 m,池高 0.5~0.8 m,水体为 20~30 m^3。在两个池子一般交界处安装一个螺旋桨,用以搅拌和提升水位,使两个育苗池水位失去平衡,形成水位差,形成 8 cm/s 的流速,从而使池水流动和增加水中的溶解氧,保持水质新鲜,提高育苗效果。

2. 亲贝的选择和处理

用于采卵的亲贝,必须挑选体长 5 cm 以上,体质健壮、生长正常、性腺发育好的一、二龄大蛏。由于缢蛏在室内暂养困难,应从海区取回亲贝的当天就催产。

3. 育苗前的准备工作

(1)饵料的培养:目前培养缢蛏幼虫、幼贝的较好饵料有扁藻、等鞭金藻、牟氏角毛藻、叉鞭金藻等单胞藻。在育苗前提早一个月就要培育饲料,以保证育苗期间的饲料供应。

(2)检查亲蛏性腺成熟度:缢蛏在自然海区排卵具有一定的规律性,9 月下旬至 11 月上旬(即秋分至立冬)进行分批产卵,具体日期大多在大潮汛末(即阴历的初三、十八)两三天内。因此可根据这一规律,结合性腺成熟度的观察,便可确定催产日期。

4. 催产

对缢蛏有效的催产方法是阴干与流水相结合,先将亲贝阴干 6～8 小时,然后再将亲贝移入循环池底或吊挂于池中进行 2～3 小时的循环水刺激,一般在凌晨 3～6 时即自行产卵,这种催产的有效率为 50%～90%。如果在早上 6 时以后不见产卵,若产卵量低或排放量少,第二天用上述方法再催产一次。其产卵率可提高到 95%以上,催产时的适宜水温为 19℃～23℃,海水盐度为 11～27,流速为 12 cm/s。500 g 性腺饱满的亲蛏,催产一次可获 3 000 万～7 000 万个"D"形幼虫。1 m^3 水体以放置 1～1.5 kg 亲蛏较为合适。

5. 幼虫培育

幼虫阶段的培育可用静水和循环水两种方法,以循环水法育苗效果为好。入池时密度以 5～8 个/毫升为宜,每天换水一次,换水量为总水量的 1/3～1/2;饵料以金藻为主兼投角毛藻或扁藻,"D"形幼虫至壳顶初期幼虫阶段每天投扁藻 500～800 个/毫升,金藻(1～2)×10^4 个/毫升,牟氏角毛藻 5 000～8 000 个/毫升;壳顶后期扁藻增加到 800～1 500 个/毫升,牟氏角毛藻 10 000 个/毫升,金藻(2～3)×10^4 个/毫升,为了防止水质污染,幼虫下池后 3～4 天要彻底清池一次或移池一次。

浮游幼虫对主要物化因子的适应范围是:水温 17℃～25℃,海水盐度8.4～32.4,pH 7.8～8.6,溶解氧 4～6 mL/L,光照 200 lx 以下。

缢蛏浮游幼虫在水质新鲜、水温适宜、饵料充足的条件下生长很快,从"D"形幼虫至变态附着仅需 5～8 天,日平均增长值为 12～20 μm。其生长几乎是直线上升的,只在壳顶初期和变态期其生长速度稍为缓慢,前者比后者较为明显。如果"D"形幼虫超过 4 天壳顶不隆起,说明发育不正常,要查明原因并采取必要的措施。

6. 附着稚贝的培育

当幼虫进入匍匐期时,必须及时投放底质,底质不但能为附着后的稚贝提供必要的生活条件,还起着促进幼虫变态附着的作用。底质采用经 25 号筛绢过滤的软泥,为了防止污染要用(30～40)×10^{-6}的高锰酸钾溶液浸泡消毒 2～3 小时,并将浸泡过的高锰酸钾溶液冲洗干净后使用。体长 500 μm 以下的稚贝饲养密度以(40～50)×10^4/m^2 为宜,随着稚贝的长大逐渐稀疏,中后期以(5～10)×10^4/m^2 为宜。用静水法育苗,当稚贝长到 500 μm 左右即出现大量死亡,原因是稚贝粪便和残饵的数量在培育系统中不断增加,引起底质败坏,产生硫化氢。因此,中后期幼贝培育必须采用循环水法,10～15 天移池 1 次,有利于防止底质败坏。用循环水法育苗可适当增加投饵量,当幼贝体长在 0.1～1 cm时,扁藻日投饵量要增至1 500～3 000 个/毫升,幼贝体长达 1 cm 以上时再增至 5 000 个/毫升,并兼喂少量的底栖硅藻,同时池水由过去的 50 cm 深减到 25 cm,光照调节到 100 lx 以下,这样在水浅、暗光的条件下迫使扁藻下沉,有利于幼贝的摄饵。此外,每天晚上要开动螺旋桨打水循环 3～4 小时,以增加水中溶氧量,如饲养密度大,在水温偏高、气压降低时,白天需增加 1～2 小时的水循环,以防缺氧。每天循环流水结束后,需将漂浮在循环池出口附近的污垢清除干净,以保持水质新鲜,每隔一星期追加底质一次,以满足幼贝钻土生活的需要。在上述培育条件下,从附着稚贝开始,经 110 天左右,则可育成平均体长 1.2～1.5 cm 供养成用的商品蛏苗。

7.蛏苗的鉴别与运输

(1)蛏苗的鉴别:蛏苗质量的好坏,直接影响到成活率及产量,其鉴别标准见表 5-7。

表 5-7 蛏苗质量的鉴别标准

	好苗	坏苗
体色	壳前端黄色,壳缘略呈绿色,水管带淡红,壳厚透明	壳前端白色,壳面呈淡白色或褐色,壳薄且不透明
体质	苗体肥硕,结实,两壳合抱自然	苗体瘦弱,两壳松弛
探声	以手击蛏篮,两壳即紧闭,发出嗦嗦声音,响声整齐,再击之无反应	以手击蛏篮,两壳不能紧闭,声音弱,再击又有微弱声响
行动	放在海水或滩涂中,很快伸出足来,行动活泼,迅速钻土	放在海水或滩涂中,迟迟不能伸足,行动迟钝,久久不能钻土

(2)运输:蛏苗离开水后,温度在 20℃以下,可维持 48 小时,20℃以上能维持 36 小时左右。要尽可能缩短运输时间,以减少蛏苗死亡。

运苗时要把苗洗净,不论车运、船运、肩挑等都要加蓬加盖,以免日晒雨淋,造成损失。运输途中要注意通风,防止蛏苗窒息而死,要避免激烈运动和叠压。运输时间超过一天的,每隔 12 小时左右要浸水一次,浸水前要把苗篮震动几下,让蛏苗水管收缩,不至于服水过多,影响成活率。特别是在淡水中浸泡时应注意这一点。

二、长竹蛏

长竹蛏(图 5-45)是海产珍品之一。因壳薄、味美、肉嫩,入药有滋补、通乳功效,营养丰富成为竹蛏中的极品,深受广大消费者欢迎,为我国重要的海产经济贝类之一。

图 5-45　长竹蛏亲贝

1. 亲蛏选择及培育

(1)亲蛏选择:在繁殖季节到来之前,挑选天然海区或土池养殖的亲蛏,个体健壮、生长旺盛、无损伤、无病虫害、性腺发育较为丰满、个体长达 8 cm 以上的亲蛏。

(2)亲蛏培育:在培育之前,室内水泥池需要铺上一层 15 cm 以上的细沙,每平方米养亲蛏 100～200 个,每天换水量 100%,上、下午各换水一次。以单胞藻为饵料,每日清除粪便等排泄物,定期更换和添沙,以保持底质的干净。经半个月左右的培育,亲蛏性腺即达成熟排放。

2. 诱导产卵

目前在生产上应用的主要方法有:①阴干后,流水、充气刺激法;②阴干后,变温、充气刺激法。

在一般的情况下,雄性先排精,在精液的诱导下,雌蛏也很快开始排卵。排出的精液呈白色烟雾状,精子很快在池中扩散,使水混浊。排出的卵子多呈颗粒状,在水中很快地分散而慢慢下沉,呈浅橘黄色。

3. 人工孵化

(1)洗卵:在原池内洗卵,在原池内停止充气,使卵下沉底部,虹吸上面多余的精液至池水一半后,再加满水。视水质情况,决定洗卵次数,一般 2～3 次。

洗卵动作要快,一般要在卵胚转动之前结束。洗卵的目的是淘汰多余的精子、受精卵的代谢废物以及由精卵液带入的污物,从而使水质更新,保证胚胎的正常发育。

(2)幼虫选优:待发育到“D”形幼虫,幼虫上浮表中层较多。此时,用虹吸法收集上浮幼虫,或用捞网捞取上层幼虫,移到其他池中进行培养。

4. 幼虫的人工培育

(1)放养密度:“D”形幼虫培育密度为 10～15 个/毫升,壳顶幼虫培养密度逐渐减少,由壳顶初期的 7～8 个/毫升,到壳顶后期的 3～5 个/毫升。

(2)饵料:饵料是幼虫生长发育的物质基础,从"D"形幼虫开始投喂饵料。饵料的种类为金藻、角毛藻、三角褐指藻、扁藻、塔胞藻、新月菱形藻等。投喂量在$(2\sim10)\times10^4$个/毫升·天。

(3)水质管理:浮游幼虫的培养,初期采用加水,当池水水位提高到一定水位后,采用换水。每天换水3~4次,每次换水量为1/3~1/2。充气是保证水体溶解氧的一项重要措施。以2 m^2有1个气石,气量控制在气泡微微上冒。此外,每天测定水温、相对密度、pH,让幼虫在其适宜的生态环境中生活。

(4)病害防治:保持水质新鲜,可减免病害发生。但水体中病原菌总是或多或少地存留着,当倒池时幼虫发生损伤或体弱下沉池底时,病原菌会乘虚而入,造成幼虫发病死亡。因此,在幼虫培养过程中,2~3 d要施抗生素1次。

5. 稚贝的培育

当幼虫长到240 μm左右,眼点出现,足发育到能自由伸缩,进入附着变态时,即可收集放到铺以细沙为附着基的池中培育。

(1)附着基:用细沙附着基,附苗效果较好。消毒处理好的细沙,均匀地铺在底池上附苗,其厚度以0.5~1 cm为宜。

(2)遮光培育:幼虫发育到附着变态时,要进行遮光培育,用黑布盖在育苗池上进行遮光,会取得较好的附苗效果,1~2 d便能附着(表5-8)。如无遮光附苗,会延迟3~5 d附苗,且成活率低。

表5-8 长竹蛏稚贝培育中遮光与不遮光对幼虫附着影响的比较

附着密度(万个/平方米)	附着个体大小(μm)	方法	结果
100	240~260	遮光	1~2 d幼虫能钻砂附着
100	240~260	不遮光	3~5 d幼虫才钻砂附着

(3)稚贝培育密度:稚贝是附着在池底附着基表面,长大后潜栖在砂中,都只是平面利用池底。因此,培育密度不宜太大,倒池后以60万~100万个/平方米为宜。

(4)饵料:稚贝的生长,需要摄取更多的营养。这时,应投喂大型的单胞藻,如角毛藻、扁藻、底栖硅藻等,而小型浮游单胞藻,如三角褐指藻等,只作为辅助饵料。

(5)水质管理:匍匐期幼虫,用足爬行,在面盘尚未脱落时,也用纤毛游动。这时采用换水培育,日换水量在150%以上;后期面盘萎缩,纤毛脱落,只能用足爬行时,用循环流水培育。

(6)稚贝出池:当稚贝在室内长至0.3～0.5 cm,由于室内培育密度过大,场地拥挤,饵料供应较为困难,个体往往会出现差异,所以就要准备出苗,进行室外土池中间培育。由于长竹蛏的苗壳脆薄,因此要小心操作。目前有两种出苗方法:

①不带砂出苗:苗种用筛子带水过筛后,蛏苗在上,砂子筛掉。然后把蛏苗集中在容器内,带水充气运输或保湿充气运输。

②带砂出苗:苗连砂一并出池,砂层厚度不能太厚,以免车子震荡把苗压死或使苗受伤。长途运输,一般不宜采用。运输的方法有:车装、船载等,根据不同情况和不同条件,决定采用不同的运输方法。

6.苗种的池塘培育

(1)做好生物饵料的培育工作。在蛏苗放养前一周,要注意室外土池的基础饵料单胞藻的放养工作,待有些水色后把蛏苗放入。

(2)蛏苗放入池前,要平整翻松底质,稚贝容易附着、潜穴。

(3)定期取样,检查苗种附着密度、数量的变动情况。

三、大竹蛏

大竹蛏(图5-46),贝壳呈细长的竹筒状,前后端开口,一般壳长为壳高的4～5倍,壳顶位于最前端,壳质较薄,足部发达,水管较短。生活于潮下带水深20 m左右的浅海沙质或泥砂质海底,利用发达的足挖沙潜入洞穴中营埋栖生活。我国的渤海、黄海、东海、南海均有分布。大竹蛏个体大,且出肉率高,其肉味鲜美,营养丰富,具有较高的食用价值,是我国重要的经济贝类,在各地沿海被视为名贵水产品,具有良好的开发潜力。

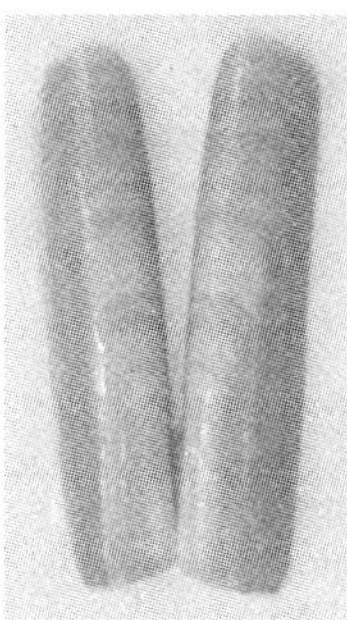

图5-46　大竹蛏

1.亲贝暂养

育苗所用的亲贝在每年的繁殖期从自然海区采捕,暂养亲贝的池子池底2/3面积铺中细沙(粒径0.2～0.5 mm),沙层厚度为30～40 cm,所用的沙提前洗净用20×10^{-6}浓度的高锰酸钾消毒后使用。亲贝入池后,每天换水两次,上午换水50%,下午或晚上换水50%～80%,同时检出死亡和不健康的亲蛏,并清理出池底污物。换水后混合投喂扁藻、小球藻或金藻等。投喂密度为扁藻 $(1\sim2)\times10^4$ cell/mL，金藻 $(10\sim15)\times10^4$ cell/mL 或小球藻 $(15\sim20)\times10^4$ cell/mL。

2. 亲贝产卵及孵化

亲贝在暂养池中自然产卵，不采用人工催产措施。当受精卵达到一定密度后收集到贝类育苗车间的孵化池中，孵化密度为 15～20 个/毫升，充气，孵化池水中施 EDTA-2Na $(5\sim15)\times10^{-6}$，通过洗卵可以提高孵化率和孵化密度。

3. 浮游期幼虫培育

孵化池中受精卵发育到"D"形幼虫时，用 300 目筛绢网进行选优，移入培育池中继续培育，幼虫培育密度 3～6 个/毫升。光照强度控制在 100～500 lx，日换水 2 次，每次换水 1/4～1/2，随着幼虫发育逐渐加大换水量，换水后投喂单胞藻，以金藻为主，2～3 d 后搭配少量小球藻，"D"形幼虫投喂金藻 $(1\sim3)\times10^4$ cell/mL，壳顶幼虫前期混合投喂金藻 $(2\sim3)\times10^4$ cell/mL 和小球藻 $(1\sim2)\times10^4$ cell/mL，壳顶幼虫中后期投喂金藻 $(3\sim5)\times10^4$ cell/mL 和小球藻 $(2\sim3)\times10^4$ cell/mL。培育池中施土霉素或氟苯尼考 $(0.5\sim1)\times10^{-6}$。

4. 稚贝培育

(1)附着底质的处理：选用干净不含泥质的细沙作为稚贝附着的底质。用 100 目和 80 目两种网目的筛子分别对海沙进行了处理，筛去了细沙中的石粒及粗颗粒，然后用淡水洗净，30×10^{-6} 浓度的高锰酸钾消毒后铺在稚贝培育池中，沙层厚度为 3～4 cm，池底用 80 目筛子处理过的细沙(粒径 0.05～0.2 mm)下铺有一层 120 目的筛绢网，经过 40 目过筛的细沙(粒径 0.05～0.4 mm)下则铺了一层 80 目的筛绢网。

(2)幼虫分池附着：当大多数幼体已附底，显微镜下幼虫伸出足爬行，这时可将匍匐幼虫移入已处理好底质的稚贝培育池中。

(3)日常管理：稚贝培育阶段光照强度控制在 200～1 000 lx，培育用水为沙滤海水。稚贝培育期间采用换水的方式调节水质，换水量逐渐增大，稚贝长到 7～10 mm 时，日换水量为 100%。培育池水中施 0.5×10^{-6} 氟苯尼考或 1×10^{-6} 土霉素防止病害发生。采用 60 或 80 目的气石充气，气石吊在池中，离开沙层 2～3 cm 的距离。投喂时一般每次只选用一种单胞藻，下次投喂再改换饵料种类。稚贝直到长到 10 mm 以上出池，整个培育过程要不定期倒池或分池稀疏培养。

四、泥蚶

泥蚶[*Arca* (*Anadara*) *granosa* Linnaeus](图 5-47)属软体动物门，双壳

纲，列齿目，蚶科，蚶属，地方名：粒蚶、血蚶、血螺、瓦垄蛤。中国传统的四大养殖贝类之一，中国沿海各地均有分布。

图 5-47　泥蚶

1. 亲贝的选择与培育

应选择 2～3 龄，个体大小整齐、生殖腺发育好的个体作亲贝，抓捕后要洗干净，移至室内水泥池中精养，密度为 3 kg/m^2 以下。每天换水 1～2 次，水深 50 cm 左右，每立方米水体每天投喂(40～50)×10^4 个/毫升的扁藻、牟氏角毛藻、金藻等，并辅以淀粉。经 7～15 天的培育，性腺就能充分发育成熟，即可催产产卵。

2. 催产

(1)催产法：主要有如下 8 种方法。

①自然排放法：亲贝经过一段时间的育肥培育，性腺充分发育成熟，就可采用移池等让其自然排放，这样排出的卵子、精子质量好，受精率及孵化率都很高。

②氨海水注射法：亲蚶用海水洗刷干净，依次铺放在盛有新鲜过滤海水的白搪瓷盘中，待双壳自然张开，插入玻璃棒，用 0.2～0.5 mL 的 2‰氨海水，徐徐注入卵巢，注射完毕，将亲蚶放入盛有新鲜海水的玻璃缸中，约经 20 分钟，就产生不同程度的产卵反应。

③氨海水注射结合降温刺激法：将注射完毕的亲蚶立即放入 13℃～11℃海水中给予降温刺激，时间为 90 分钟，然后取出置于常温(28℃)海水中，十几分钟后便可见到不同程度的产卵反应。

④氨海水浸泡结合降温刺激法：选择性腺饱满的亲蚶洗刷后，置 1‰的氨海水中降温刺激 90 分钟，然后放常温海水中，经 20 分钟左右便可见产卵反应。

⑤氨海水注射结合降温流水刺激法：即亲蚶经氨海水注射和 12℃～7℃冰箱中干刺激后，移入常温海水中流水诱导产卵。

⑥氨海水浸泡结合降温流水刺激法：即亲蚶在氨海水中浸泡，12℃～7℃干

刺激后移入常温海水中流水诱导产卵。

⑦降温刺激法结合流水诱导产卵法：此法降温采用突然降温干刺激法，将亲蚶置于突然降温到10℃的冰箱中，刺激2小时，移入常温海水，不久就见少数亲蚶开始产卵。在这一实验基础上又将成熟的亲蚶在12℃～7℃条件下刺激8小时，继而结合流水诱导产卵，则获得良好的效果，在12℃～7℃低温刺激下，降温刺激有效时间，从6小时至20小时，在流水环境中都有不同程度的产卵反应，其中以20小时最好，产卵个体达100%。刺激时间在6～20小时范围内，其催产率是随着刺激时间的增长而提高。

上述几种催产方法效果的比较，以自然排放法效果最好；其次为降温刺激结合流水诱导效果较好，它没有氢氧化铵的毒害作用，催产率高，方法简便，适于大规模生产；再次为用氨海水注射法，排卵反应快，效果显著，比较稳定，但操作复杂，技术性高，不易掌握，要费较多的人力。氨海水浸泡法虽有产卵反应快、过程短的优点，但不稳定，有时产卵反应差。

(2)催产的效应：催产刺激后的亲蚶，置于过滤的常温海水中排放精、卵，从开始诱导到排放反应需一定的时间，这段时间称潜伏期。雌蚶的产卵前潜伏期为10分钟至4小时，多数在2小时。雄蚶排精前的潜伏期比雌性长，需要1.5～5小时，一般较常见的是3～4小时。潜伏期的长短是随着性腺的成熟度，刺激方法及强度等条件而有不同。使用2‰的氨海水注射，结合降温、流水刺激，雌蚶潜伏期10分钟～1小时；雄蚶1～2小时。整个产卵过程所需的时间仅为4小时。

(3)排精、产卵的现象：泥蚶的排精、产卵方式属于缓流式。亲蚶此时不做任何的剧烈运动，只是微微开启双壳，把精、卵徐徐射出体外。若雌、雄亲蚶同放一起诱导，往往是雌体先行产卵，卵属于沉性卵，卵子分散在水体中。正常者是分散、互不黏附的，不正常的卵呈块状或条状，这种卵不能受精。过1～2小时后，雄蚶开始大量排精，精液乳白色，烟雾状，随着水流慢慢地扩散于水体。排精很集中，在短时间内即形成排精的高峰。由此，雄蚶大量排精可作为产卵高峰到来的前兆。

3.人工授精

泥蚶人工授精的操作，必须是自然排放或催产的手段获得成熟的卵子。施加适量的精液，搅拌均匀，约半小时后，去除上层液，清理剩余的精子和未成熟卵等杂质。而后，受精卵重复多次洗涤，经几个小时的孵化培育，即可获得正常的"D"形幼虫供育苗用。授精时，水温27℃～29℃，海水盐度20～27，水体中受精卵的密度30～50个/毫升。

4. 幼虫培育

幼虫培育池多为正方形水泥池，大小各地不一，一般为 2～5 m^3，大的有 20 m^3 多。幼虫培育密度 8～10 个/毫升，培养用水为砂滤海水，每天搅动 4～5 次，每次 10～15 分钟，幼虫入池的第一天加水至水体的 2/3，第二天开始换水，换水量为 1/3，以后每天换水 3 次，每次换水量 1/3～1/2，直至附着。

(1)投饵："D"形幼虫时期先投喂金藻为开口饵料，开始日投喂量 1×10^4 个/毫升，以后每日增加 1×10^4 个/毫升。壳长达到 120 μm 以上时，加投扁藻，壳顶后期以金藻、扁藻、牟氏角毛藻混合投喂。为了使水质稳定，日投喂次数为 4～6 次。

(2)理化条件：光照 100～500 lx，盐度为 20～27，水温 28℃～30℃(不低于 25℃和高于 32℃)，pH 为 7.0～8.2(不得高于 8.6)。

5. 稚贝培育

稚贝培育池有静水池和循环水池两种，循环水池采用机械搅拌，溶解氧处于饱和状态，故培育效果比静水池好。当幼虫附着变态时，向池中泼经筛绢处理的细泥浆，待沉淀后，移稚贝培育，每次换水量 1/2～2/3，每天 3～4 次。饵料以扁藻为主，配合金藻、牟氏角毛藻、底栖硅藻。投饵量是扁藻 3 000～5 000 个/毫升，角毛藻 2.5×10^4 个/毫升，金藻 3×10^4 个/毫升，分 8 次投喂。底质 7 天更换一次。光照 200 lx 以下。在静水中培育至体长 400 μm 时，生长速度明显减慢，在循环池中依然正常生长。循环池每天搅动 3～4 小时。稚贝生长至 500 μm 时，可移入土池过渡培养，亦可在循环池中继续培育至蚶砂。培育至平均体长达 1 mm 以上时，就可移到海区暂养。

6. 蚶砂的海上过渡

在暂养前，应选择适合泥蚶生长的海区，经整池、除害后，趁干潮时按 500 g/m^2 的密度播养于已选好位于低潮区池子过渡、越冬，翌年 4 月份可长到壳长 2～4 mm，移于滩涂养殖。

五、魁蚶

魁蚶[*Arca* (*Anadara*) *inflata* Reeve]俗称赤贝、大毛蛤，是一种大型、深水经济贝类。它的软体部加工品就是"赤贝肉"，深受国内外市场的欢迎。

魁蚶是冷水性贝类，在我国主要分布于黄海北部，多栖息在 3～50 m 水深的软泥或泥砂质海底。它无水管，埋栖较浅，以底栖硅藻等为食料。其适温范围是 5℃～25℃，适盐范围是 26～32，当水温低于 8℃停止生长，超过 25℃时易大量死亡。自然生长的 1 龄贝壳长 4～5 cm，2 龄贝壳长 7 cm 左右，3 龄贝壳可达 8～9 cm，魁蚶的寿命可达 10～15 年。

1. 魁蚶的繁殖生物学

魁蚶雌雄异体，生殖腺分布在内脏团四周，充分成熟时，生殖腺厚度可达 4～6 mm，雌性生殖腺呈桃红色，雄性生殖腺呈乳白色或淡黄色，繁殖季节在 7～8 月(水温 13℃～25℃)，繁殖盛期为 7 月中、下旬至 8 月上旬(水温 20℃～24℃)。壳长 7～8 cm 的个体产卵量为 1 000 万粒左右，卵径 56～62 μm。魁蚶的生活史分为三个阶段，自受精卵孵化到眼点幼虫(230～270 μm)为浮游生活阶段，需 20～25 天；自稚贝(壳长 300 μm 左右)到幼贝(壳长 2～3 cm)是用足丝附着生活阶段，约需 3 个月；自幼贝至成贝，埋栖在海底软泥或泥砂底质中生活。

2. 魁蚶人工育苗设施

魁蚶人工育苗设施与扇贝育苗基本相似，由于魁蚶育苗正值高温季节，所以需要增加遮光、通风以及降温的设施，饵料则要培育牟氏角毛藻、小球藻、等鞭金藻、叉鞭金藻等高温藻类。

3. 魁蚶人工育苗的方法

(1)亲贝：采捕亲贝的时间自 6 月下旬到 7 月中旬，水温 18℃～20℃，亲贝的壳长 6～10 cm，外形完整、身体健壮的个体。洗刷后放入方形浮动式网箱(图 5-48)，暂养密度 50 个/立方米左右。暂养期间每 2～4 小时投饵一次，每次 $(2～4)\times10^4$ cell/mL，饵料以金藻、角毛藻为主，扁藻、小球藻的效果较差。早晚换水一次，早晨换水 1/2 水体，晚上则倒池一次。通常暂养 7～15 天生殖腺就能成熟。整个暂养期间亲贝的死亡率为 1%左右。

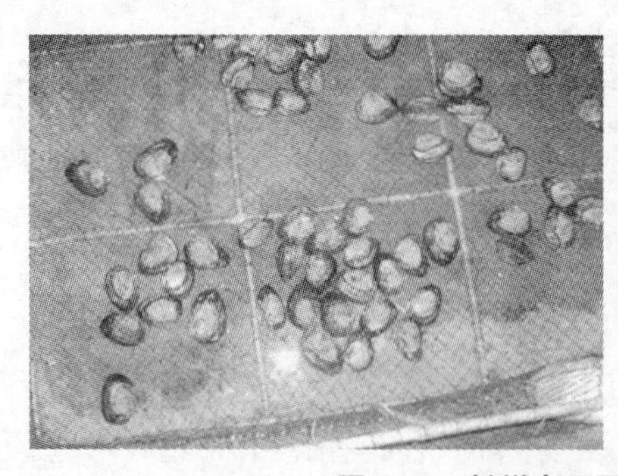
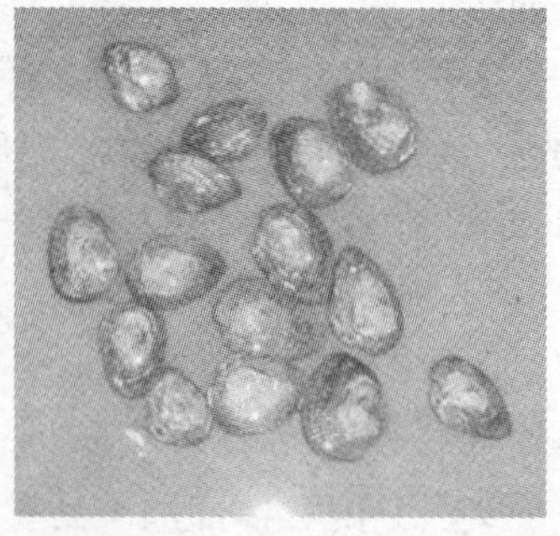

图 5-48　魁蚶亲贝及网箱蓄养

(2)获卵：采用自然排放法获卵，亲贝暂养 7～15 天后，晚上 7～10 点常有自然排放现象，有时在中午以后，日水温最高时也能自然排放，发现亲贝排放后立即倒池，便能大量产卵。亲蚶排放时双壳微开，雄贝排出白色烟雾状的精液，雌贝排出粉红色的卵子。为了减少精子的数量，发现雄贝排精，要立即捞出弃去。此外，采用变温刺激法也能获卵，该法将亲贝流水1～2小时后，升温3℃～5℃，自然降温后再第二次升温，第二次升温应高于第一次升温2℃～3℃，亲贝在自然降温后的第二次降温时，大量排放。亲贝排放后，暂养5～7天又能第二次排放。

(3)受精卵的处理：魁蚶的卵属沉性卵。受精率一般为90%，由于精液多，故卵的周围往往精子过多，所以洗卵在生产中是必要的，通常静置1小时后，吸去上层1/3～1/2的精海水，加上新鲜的过滤海水，如此反复洗卵2～3次，孵化率可达60%～70%，未经洗卵的孵化率一般只有30%～40%，但每洗卵一次，卵的损失量在5%～10%。

(4)孵化与选幼：在水温20℃条件下，受精卵孵化到"D"形幼虫需要30～32小时，在22℃条件下，需要22～24小时，孵化密度以40～50粒/毫升为宜，孵化期间可微量充气或每0.5小时搅池一次，并加青霉素2×10^{-6}。刚孵出的"D"形幼虫壳长在80 μm左右；所以选幼可采用300目(JP120)筛绢拖选和网箱浓缩。

(5)幼虫培育："D"形幼虫的培育密度8～15个/毫升为宜。饵料以金藻、角毛藻和小球藻混投效果较好，"D"形幼虫时期(80～120 μm)投饵量为$(3\sim4)\times10^4$ cell/mL，眼点幼虫(230～270 μm)则应增投到6×10^4 cell/mL左右。每天换水2～3次，每次1/3水体。每6～8天倒池一次。幼虫培育期间适宜的环境因子如下：水温20℃～25℃，盐度26～34，光照强度50～200 lx，DO≥5 mL/L，COD≤1.2 mg/L，pH8.0～8.3，NH_3—N≤200×10^{-12}。在上述条件下，"D"形幼虫平均日生长速度8～10 μm，幼虫壳长达到120 μm以后的壳顶期，平均日生长速度为10 μm左右，生长非常快。在水温20℃～23℃条件下，自"D"形幼虫到眼点幼虫需要培育20～22天。

(6)投放附着基：当幼虫20%左右出现黑色眼点，壳长220～270 μm(水温20℃～23℃)可以投放附着基。附着基的种类有棕帘、聚乙烯网片等，其处理过程、投放数量和投放方法与扇贝相似，由于眼点幼虫足丝腺能分泌足丝，在水中或附着基上出现丝状物，幼虫常黏聚成团，这是魁蚶眼点幼虫附着时的正常现象。不久便自行消失，通常投放附着基5～8天就可附着完毕，变态率一般为50%～60%。

(7)稚贝的培育：投放附着基后每天施青霉素(80万G)3×10^{-6}，连续施3～4天，日投饵量逐渐增加到$(8\sim10)\times10^4$ cell/mL，前期每天换水三次，每次1/3水体，附着完毕后改为流水培育，每天流水3～4次，每次1～2小时。日流水量为1.5～2个培育水体。在上述条件下，稚贝的日生长速度为40～60 μm。

经过 10～15 天的培育，稚贝壳长达 500 μm 左右就可出池下海中间育成。通常每立方米水体稚贝附着基为 200 万～500 万粒。在出池前稚贝要进行流水刺激，流速 20～40 cm/s，流水时间 24～56 小时，经过流水刺激的稚贝，下海后脱落率为 20%左右，而未经流水刺激的为 80%左右。

(8)魁蚶贝苗中间培育：贝苗中间培育的设施与方法与扇贝相似，将棕帘或网片剪开，装入 30 目的聚乙烯网袋(30 cm×25 cm)，外罩 40 目大网袋(40 cm×30 cm)，每 10 袋扎为一串，垂挂在架子下，架子采用活漂，沉入水中 1 m 左右，采苗袋设挂的水层约为 2 m，串距 80 cm。

稚贝下海后生长速度较快，日增长 70～100 μm。下海 10 天内一般不动网袋，以后每隔一周左右刷袋一次；下海一个月左右，壳长 2 mm 时脱去 40 目网袋，疏散在 30 目的网袋中，每袋 2 000 粒左右；下海 2 个月左右(10 月下旬)，当壳长达到 1 cm 左右时，分到小苗暂养笼(与扇贝相同)，每层 200 粒。10 月下旬后，因水温较低，魁蚶苗的生长速度缓慢。当年入冬前蚶苗平均生长能达到 1 cm 左右，但个体生长的差异较大。一般每立方米育苗水体，可出商品苗 50 万～100 万粒。

六、毛蚶

毛蚶(图 5-49)俗称瓦楞子或毛蚶，贝壳中等大小。分布于我国、日本和朝鲜。我国沿海都有分布，但以北方几省较多，主要集中在辽河、海河及黄河口一带的海区，如辽宁的锦州、河北的北塘、山东的羊角沟等均是毛蚶盛产地。

图 5-49　毛蚶

(1)亲贝的选择与蓄养：一般在 7 月份，选择壳长 5～6 cm，性腺饱满，贝壳完整、无破损的亲贝，进行亲贝蓄养，蓄养密度为 60～100 粒/立方米。亲贝蓄养中，投喂各种单胞藻饵料，日投喂量 29 万～30 万 cell/mL，水温控制在 23℃～30℃，盐度为 22～25。每日早晚各彻底换水一次。

(2)获卵与受精:亲贝蓄养10余天后,可采用阴干—流水诱导法,阴干6 h,流水3 h,充分成熟的亲贝一般可达90%排放率。亲贝排放时双壳微开,雄贝排出白色烟雾状的精液,雌贝产出红色卵子。为减少精子的数量,发现雄贝排精时立即捞出。产卵结束后,迅速将产卵亲贝捞出,及时将受精卵稀释和反复洗卵。

(3)孵化与选优:孵化密度一般约为50粒/毫升。孵化期间微量充气,幼体上浮之前,坚持每0.5 h搅拌池水一次。一般24~26 h发育为“D”形幼虫,进行选优。

(4)幼虫培育:培育密度一般为8~10个/毫升,采用常规培育方法进行投饵、充气、换水、选优和倒池。日投饵量为3万~8万cell/mL。

(5)投放附着基:将壳长260~300 μm的幼虫选入有聚乙烯网片和棕绳附着基的池子使其附着变态,此时幼虫已有50%左右出现眼点。棕绳附着基的处理和投放方式与扇贝相似。也可以采用无底质采苗,让稚贝附着于池壁和池底,培育到1 mm以后,可装网袋挂海上和池塘培育至5~6 mm商品苗规格出售和增养殖。

(6)稚贝培养:附着日投饵量增加到10万~12万cell/mL,换水方式可改为循环流水,日流量可保持2个流量以上。

(7)稚贝的中间育成:利用对虾池进行中间育成。利用60目筛网制成40 cm×30 cm的网袋,每袋装入一帘附着基,并根据稚贝的生长,适时刷袋,换袋或疏苗。

七、文蛤

文蛤[*Meretrix meretrix* (Linnaeus)]又名花蛤(图5-50),属软体动物门、双壳纲、真瓣鳃目、帘蛤科、文蛤属。其贝壳略呈三角形,腹缘呈圆形,壳质坚厚,两壳大小相等,喜生活在有淡水注入的内湾及河口附近的细沙质海滩。文蛤肉嫩味鲜,是贝类海鲜中的上品。目前,我国文蛤的苗种生产主要是土池育苗和采捕自然苗,人工育苗是补充,在此简要叙述一下:

1. 亲贝的选择

一般选择5 cm以上的个体。对不同来源的5 cm以上的文蛤注意抽样,进行性细胞成熟度的检查,当细胞部分呈圆球形,精子比较活泼地游动时,即可作亲贝,反之不能。一般性成熟好的亲贝经刺激催产后,大量排放精和卵;性成熟不良的亲贝,不论采取何种人工诱导措施,均不能达到排放高峰,而且精、卵的质量差,孵化时畸形、怪胎多。

图 5-50 文蛤

2. 刺激催产

可用下列方法催产：①亲贝阴干刺激后，用海水进行流水冲击，放入 0.15‰～0.25‰氨海水中浸泡；②将亲贝阴干刺激后，再经流水冲击，然后放入盛有升温水的产卵池中，升温至 28℃，比原来高 5℃～6℃；③在阴干刺激后放入已升温（水温不低于 27℃，温差大于 3℃）的 0.15‰～0.25‰氨海水中，这些方法都有一定的催产效果。放在暂养池中的亲贝，不经人工催产也能自然排放，排放的时间一般在半夜或凌晨。亲贝排放时，雄的在出水管喷出浅黄色精液，呈云雾状扩散；雌贝则排出乳白色卵粒或卵块，沉降于水底。排放是持续进行的，有时可达数小时。

3. 受精

为了保证获得纯净的精和卵，雌雄亲贝应分别在不同的容器内排放，然后用筛绢过滤，除去杂质和精液，进行受精。文蛤是单精受精，因此，受精时精液不宜过多，一般有几个精子围绕在一个卵子周围即可，避免精子过多而产生畸形胚胎。受精后必须进行多次洗卵，除去沉降缓慢的不成熟的卵和多余的精子，使胚体在良好水质条件下进行孵化。

4. 幼虫培育

当发育到"D"形幼虫时，用虹吸法择优集中培养，培育密度 8～10 个/毫升为宜，不应过密。

5. 换水

随着幼虫发育阶段的不同，换水量要相应递增。培养用水的适宜盐度范围是 13～33，最适范围是 20～33。

6. 饵料的投喂

发育到"D"形幼虫后必须及时投喂适口饵料。文蛤幼虫的个体比较大，"D"形幼虫壳长一般都在 119 μm 以上，对饵料颗粒大小的要求并非十分严格，由于育苗工作在高温期间进行，投喂的饵料必须特别注意防止引起水质的腐败。以采用人工培养的耐高温的单胞藻类作为饵料较为有利。当浮游藻类达到生长停滞期或下降期时，用它来投喂文蛤幼虫，则幼虫生长迟缓，严重时会引起文蛤的死亡。扁藻、牟氏角毛藻、叉鞭金藻以及一些底栖硅藻都可作为饵料，一般来说投喂混合饵料比投喂单一饵料为好，投喂量不宜过多。

7. 底质的投放

当幼虫转入底栖生活时，适时投放底质十分重要。投放的时间主要是根据幼虫生活习性，进入变态期的幼虫行动极为活跃，匍匐爬行，棒状足伸缩频繁并不断作掘土状的动作，显示出埋栖的要求，此时要及时投放底质。底质可采用自然苗分布区域的沙泥，亦可以其他沙子替代，沙子不超过 150 μm 的细、粉沙为宜，但都需进行严格的消毒。底质的厚度可掌握在 0.5 cm，不要超过 1 cm。

8. 及时清洗底质

转入底栖的幼苗会分泌大量黏液，往往将自身缠住，影响幼苗正常生活，导致死亡。为避免黏液缠住幼苗，除了加强换水及搅动水体外，当出现黏液缠住幼苗贝壳时，用 118 目的分样筛彻底清洗底质，经筛洗后能清除贝壳上的黏液，幼苗也不致损伤。

八、紫石房蛤

紫石房蛤[*Saxidomus purpuralus* (Sowerby)]俗称天鹅蛋(图 5-51)，是一种大型的经济贝类。它分布在辽宁省的大连沿海，山东省的烟台、威海沿海，尤其在芝罘岛、崆峒岛、养马岛、刘公岛、长山八岛周围分布较多，它是狭盐种类，适盐范围为 26～34，它属于冷水性贝类，在 0℃～2℃海水中能存活，最适水温是 14℃～24℃，栖息在 4～20 m 水深的海底，底质多由泥砂、砾石和石块组成。

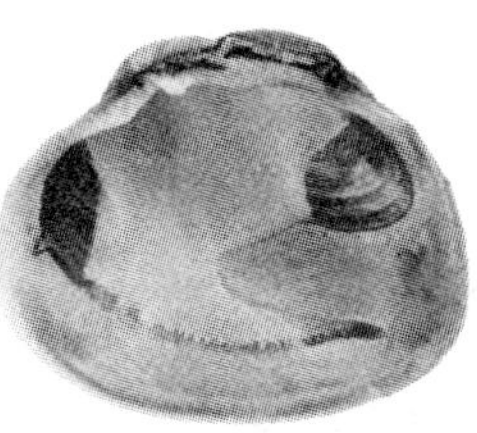

图 5-51　紫石房蛤及亲贝

紫石房蛤雌、雄异体，生殖腺分布在消化盲囊的四周，都呈乳白色，雄贝排精时，精液呈乳白色烟雾状从出水管冒出，雌贝排卵时呈乳白色颗粒状，散落在池底，壳长 8～9 cm 的个体，产卵量为 200 万～400 万粒，卵径为 71～78 μm。

紫石房蛤的繁殖季节为6～8月，盛期在6月中旬～7月中旬，此时水温为16℃～20℃，在水温为21℃～23℃，海水相对密度1.020～1.022的条件下，受精卵经过24小时左右，发育到“D”形幼虫（107 μm×90 μm），4～5天发育到壳顶初期（137 μm×118 μm），7～8天为壳顶中期（156 μm×137 μm），10～12天发育到壳顶后期（172 μm×146 μm），以后逐渐下潜营匍匐生活，经过20天左右发育到单管期稚贝（壳长280～340 μm），40～50天为双管期稚贝（680～870 μm），2个月左右稚贝壳长达到1～2 mm，此时稚贝壳面有褐色斑纹，它既能用足丝附着生活，又能营埋栖生活。当年入冬前稚贝平均壳长为3～5 mm，1龄个体为1.5～2 cm，2龄达3～4 cm，3龄为6 cm左右，4龄壳长达7～8 cm，寿命9～10龄，此时壳长为11～12 cm，个体鲜贝重达400 g左右。

1.紫石房蛤育苗设施

紫石房蛤人工育苗设施与一般贝类育苗设施相似。育苗水质要求清澈、透明，DO≥4 mL/L，NH_4^+—N≤100×10^{-12}，pH 8.0～8.3，COD≤1.2 mg/L，水温≤27℃，盐度为26～32，室内光照50～200 lx（遮光），并具有良好的通风设施。

2.亲贝的选择和蓄养

采捕亲贝的时间以6月中旬，水温16℃～18℃为宜，亲贝壳长7～9 cm，外形完整，健壮活泼的个体。亲贝洗刷后平铺在池底暂养，暂养密度为30～50个/立方米，暂养期间日投饵6次，每次（4～5）×10^4 cell/mL，饵料种类有等鞭金藻、角毛藻、异胶藻等混合投喂。早、晚放干池水，冲刷池底，然后加上新鲜过滤海水。通常暂养5～7天，发现雄贝有排精现象，可以催产。

3.采卵与孵化

多年来的试验证明，采用氨海水浸泡法具有良好的催产效果，该法的生产过程如下：先阴干1小时后，再在100×10^{-6}浓度的氨海水中浸泡1小时，最后进行流水1小时，不久便排放精、卵。

发现雄贝排精（白色烟雾状）立即捞出弃去，雌贝排卵时间可连续1～2小时，雌贝排放高峰过后要立即将它移到他池，以免它们滤食受精卵。

紫石房蛤的受精率为90%左右，由于及时捞出雄贝，所以不必洗卵。

受精卵孵化密度40～60粒/毫升，孵化期间连续微量充气，孵化水温20℃左右。受精卵经过24～28小时就可发育到“D”形幼虫，孵化率为60%～70%。

4.幼虫培育

幼虫培育方法与其他贝类相似，培育密度8～10个/毫升，开口饵料以金藻为好，2～3天后混投异胶藻与扁藻，日投放量如表5-9所示。

表 5-9　紫石房蛤幼虫的投饵量

发育阶段	“D”形幼虫 L=100～130 μm	壳顶期幼虫 L=130～170 μm	单管期稚贝 L=180～400 μm	双管期稚贝 L=600～800 μm
日投饵量 （10^4 cell/mL）	1～3	4～5	6～8	10～12

每天换水 2～3 次，每次 1/3～1/2 水体。幼虫发育到壳顶初期（壳长 130～140 μm）倒池一次，投放附着基前倒池一次。幼虫日生长速度较快，平均为 8 μm/d 左右。

5. 投放附着基

紫石房蛤壳顶后期幼虫没有眼点，以平衡囊、鳃原基的出现，足呈棒状能频繁地伸出壳外，作为投放附着基的标准，此时受精后 10～12 天，壳长 170～180 μm。通常紫石房蛤的附着基有以下几种：

（1）细沙：用 60 目筛网筛下的细沙，用淡水反复淘洗干净后，投入池底厚约 5 mm，然后倒入幼虫。密度以 2～3 个/毫升为宜，防止因密度过大，影响稚贝的生长速度。

壳顶后期幼虫下潜后营匍匐生活，不久即可钻入沙中，每隔 15～20 天倒出，淘洗细沙一次，仍用 60 目筛目过滤，细沙漏出，稚贝留在网上，重新铺沙培养。漏出的细沙中，仍有一定数量的稚贝，可继续放在池中培育。采用此法培育的稚贝，生长速度为 30～40 μm，变态率为 30％～40％，每平方米的附苗数量可达 100 万～200 万粒。

（2）网箱附着基：用 150 目的尼龙筛绢制成长 2 m、宽 1 m、深 0.8 m 左右的网箱，网箱四周系塑料漂球浮起，然后将壳顶后期幼虫移入，幼虫的密度为 5～6 个/毫升，稚贝用足丝附着在网箱的四周及底部，每个网箱的附苗量可达 800 万～11 000万粒，变态率一般为 70％～80％，稚贝的日生长速度为 30 μm 左右。通常每隔 20 天倒网箱一次。第二次使用的网箱可用 100 目筛网制成。

（3）棕帘：用扇贝附着基的棕帘进行紫石房蛤采苗试验，取得了成功。将附着基垂挂在池中，每厘米棕帘的附苗量可达 10～20 粒稚贝，日生长速度很快，一般为 40～60 μm/d，变态率也很高，为 60％～70％。附着效果非常好。但稚贝壳长 2 mm 以上时，易发生脱落现象。

（4）不投附着基：幼虫倒池后，不投附着基，浮游幼虫就逐渐下沉池底匍匐变态，由于池底水质较差，变态率低，约 20％，生长速度 20 μm/d 左右。

采用池底播细沙，池中间漂浮网箱，池顶投棕帘，立体附着采苗的方法，改变了过去只铺沙的平面采苗，使埋栖型的附苗量显著增加。

九、四角蛤蜊

四角蛤蜊[*Mactra veneriformis* (Reeve)](图 5-52)是我国沿海习见的底栖经济贝类，肉鲜嫩、味鲜美，是颇有养殖前途的贝类之一。雌雄异体，成熟的性腺包围在内脏团周围并延伸至足的基部，雌性呈淡橘红色，雄性呈乳白色。

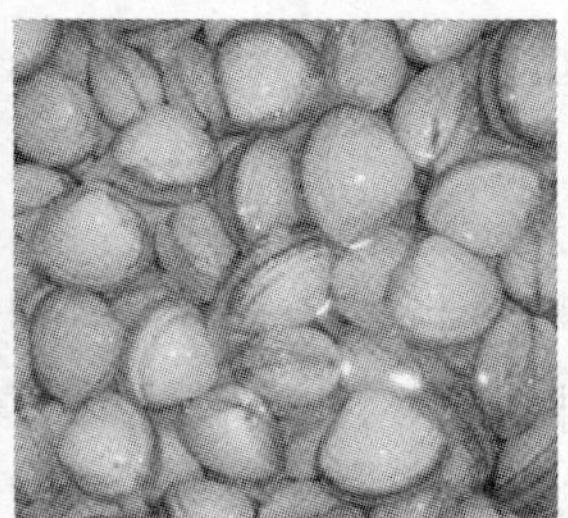

图 5-52　四角蛤蜊

1. 亲贝的挑选和蓄养

在繁殖盛期挑选个体大小为 4～5 cm 的二龄贝，经挑选和洗刷后进行蓄养以便产卵。

2. 采卵方法

采卵方法有以下几种：

(1)阴干、流水刺激法：阴干 2～6 小时，流水 2 小时后不久便排精、产卵。

(2)阴干、流水、加氨海水：阴干 2～6 小时，流水 2～6 小时后放入 0.25‰的氨海水中产卵、排精。

(3)阴干、静水、加氨海水：阴干 4 小时左右，静水中 2 小时，然后放入 0.25‰的氨海水中不久便排放。

(4)阴干、加氨海水诱导法：阴干 2～4 小时后再放 0.2‰～0.3‰的氨海水中。

其中(2)、(3)、(4)三种待亲贝排放后马上把亲贝移入新水池中进行排放，这样产出的卵子、精子不受氨海水的影响。

以上四种方法都能诱导亲贝排放精、卵，其中将成熟亲贝阴干、流水后置氨海水中催产效果较好。

亲贝在繁殖盛期经过一段时间的培养后，进行诱导产卵的效果更佳，其诱导率可达 60%～80%。

3. 洗卵与孵化

洗卵：由于亲贝排放时，很易造成精子过多，影响胚胎孵化和育苗水质恶化，一般需洗卵 2～3 次，以提高其孵化率。

孵化：胚胎发育所需时间随温度的升高而缩短，在 15℃～30℃时，其孵化时间为 60～10 小时，但孵化率随水温升高而降低，一般选在 20℃左右为佳，达到“D”形幼虫后立即进行选育。

4. 幼虫培育

(1)幼虫培育的适宜条件为：海水盐度为 13～33；水温为 18℃～23℃生长较快，发育较好。

(2)换水：选育过来的幼虫，在第一天只加水，并不断搅动或充气，而后每天换水 2～3 次，每次 1/3～1/2。

(3)饵料：以等鞭金藻、三角褐指藻和牟氏角毛藻，日投喂量为$(1～6)\times10^4$ cell/mL。分 4～6 次投喂，随幼体发育而增加。

(4)投附着基：当壳长达 180～185 μm，幼虫进入壳顶后期至变态时，采用无底质采苗。当变态稚贝达到 250～270 μm 时面盘已消失，幼虫用足运动，出水管已形成，开始投放细黄砂作底质，细黄砂预先经过充分清洗、消毒。

(5)幼苗培育：换水时要吸出底质表面的污物，防止底质污染；每天换水后投喂扁藻和金藻的混合液，达到 1. 2 mm，进水管形成，其长度约为出水管的一半，达到 0. 5 cm 可出池进行中间培育。

十、西施舌

西施舌[*Mactra antiquata* (spengler)](图 5-53)俗称贵妃蚌，是一种个体较大的食用双壳类软体动物，栖息在低潮线附近至浅海的细沙或软质泥砂中。在我国沿海均有分布，尤以福建闽江口长乐局部地区盛产。由于其生长速度快，体大壳薄，含肉率高，而且肉质鲜美、营养丰富，是很有发展前途的养殖贝类。

图 5-53　西施舌及亲贝

(一)亲贝培育

1. 亲贝选择

人工繁殖用的亲贝,应选择壳薄、壳表面为米黄色、生长在潮下带 4～5 m 水深、3～4 龄的野生西施舌,平均壳长 10～12 cm,平均体重 200～250 g。

2. 亲贝培育

在室内培育亲贝,池底铺上厚度 15 cm,粒级直径为 0.1～0.5 mm 的纯砂。培育密度为 8～10 个/平方米。水深 50～120 cm,盐度 16～31。投喂三角褐指藻或角毛藻 5 万～20 万 cell/mL · d,饵料不足时可投喂可溶性淀粉(2～10)× 10^{-6}。pH 为 7.8～8.6,溶解氧在 4 mg/L 以上。换水采用长流水法,流量为 2～3 m^3/h。亲贝经 20～25 d 的培育,当水温升到 26℃～27℃,生殖腺已成熟,可用于诱导产卵。

(二)诱导产卵

西施舌可用解剖取得的精、卵,即可进行人工授精。一般用下列方法可诱导生殖腺成熟的西施舌排放精、卵,以获得大量受精卵。

1. 阴干加流水刺激

阴干 3～5 h,流水刺激 2～3 h,间隔 1 h 后,再行流水刺激。多次反复,可促使西施舌排放精、卵,以获得大量受精卵。

2. 阴干加升温刺激

阴干 3 h,在适温范围内,1 h 升温 3℃～4℃,然后更换常温海水,间隔 1 h 后再升温。反复刺激,可促使西施舌排放精、卵。

3. 氨海水诱导

使用 0.007 5～0.03 mol/L 浓度的氨海水,浸泡 15～22 min,可促使雄性西施舌排精。更新海水后,让雄性继续排精诱导雌性西施舌产卵。经 27～50 min,雌、雄全部排放结束。雄性西施舌潜伏期短,反应快,排放速率曲线呈偏峰状态;雌性西施舌潜伏期较雄性长些,产卵速率为正态曲线。

(三)受精孵化

1. 受精及受精卵的处理

用解剖取卵法,进行人工授精时,雌、雄亲贝的用量比例为(4～5):1。采用诱导方法采卵时,当看到雄性排精时,把它先移出来。因为自行排放的精子相当活泼,1 个卵子周围有 3～5 个精子即可,多余的精子会产生卵膜溶胞素,反而给胚胎发育造成不良影响。

当多数受精卵出现第一极体时,采用沉淀法排出上、中层海水,除去多余精子及亲贝排放的体腔液。经 4～5 次洗涤,并使受精卵保持悬浮状态,孵化率可达95%以上。

2.受精卵的孵化

水温为22℃～28℃时，受精卵经6～8 h，就发育成担轮幼虫，它具有明显的趋光性，成群成束地趋向光亮的表层四周。用胶皮管将担轮幼虫虹吸到另一池内，加入过滤海水，使担轮幼虫密度为40～50个/毫升，遮光静置12～18 h，即发育成直线铰合幼虫即“D”形幼虫。

(四)幼虫培育

1.幼虫培育密度

在生产性大水体育苗中，幼虫培育密度多采取前期8～10个/毫升，后期为3～5个/毫升。

2.投饵

体长82～93 μm的幼虫，就开始摄食微小型的单细胞藻类。叉鞭金藻和微小球藻是西施舌幼虫的开口饵料，金藻、扁藻是培育西施舌幼虫的良好饵料。投喂时，饵料一定要新鲜、无污染。

3.水质监测和管理

(1)水质监测：每天观测育苗池内的水温、盐度、pH、含氧量等。西施舌受精卵发育的较适宜水温为23℃～27℃，较适宜盐度为18～26、pH为8.1～8.6，溶解氧要超过4 mg/L，光照强度为200～500 lx。

西施舌的人工繁殖，首先要考虑水的处理、监测和管理。海水从沉淀池经过滤和灭菌处理后，输入育苗池，为了调节水温，西施舌人工育苗应配备海水冷却降温设备。

(2)加水与换水：每天早晚各换水2次，每次换水量1/4～1/2。换水时，温差不超过±1℃，盐度差不超过4。

(3)充气增氧：适应微波充气；壳顶幼虫后，逐渐加大充气量。气泡石不宜随便移动。

(4)清除沉淀物：幼虫培育时间，每隔2～3 d用吸污器清除沉积物1次。吸污时，暂停充气，注意清除池角的沉淀物。为了彻底清除沉淀物，改善育苗环境，在壳顶初期和壳顶后期，各倒池1次。

(五)稚贝的附着及培育

稚贝附着池，经洗刷后用0.025 g/L高锰酸钾浸泡3～4 h后，用过滤海水冲洗2次，铺上经多次淘洗的粒级直径0.1～0.5 mm细沙。沙层厚度1 cm左右，注入过滤海水至30 cm水位，然后将第2次倒池的壳顶后期幼虫和初期稚贝，经不同型号筛绢筛选除去杂质，移入附着池中进行附着。初期附着变态的稚贝个体大小为 208 μm×189 μm～225 μm×209 μm，贝壳无色透明，出水管呈薄膜状，足棒状，能分泌足丝，附着在细沙上。

初期稚贝培育，投入湛江叉鞭金藻（8～10）×10^4 cell/mL＋扁藻（0.3～0.4）×10^4 cell/mL。初期稚贝经 20～30 d 培育，大多数体长达到 1 mm，入水管形成，开始进入较稳定的穴居生活。再经过 20～30 d 培育，稚贝体长达 3～5 mm，快的可超过 1 cm。

（六）稚贝培育及稚贝出池时的注意事项

1. 稚贝培育时的注意事项

（1）稚贝培育时，应根据稚贝的生长情况，逐渐增加其潜居的细沙。这种细沙，在使用之前，应经多次筛选、淘洗，并经浓度 0.02 g/m^3 漂白粉消毒。

（2）要注意观察稚贝的摄食状态，根据稚贝的生长情况，逐渐增大投饵量，并严防从饵料中带进原生动物。

（3）要及时清除稚贝排泄物和沉积物，有条件时，每隔 3～5 d 清洗一次沙子或每隔 15～30 d 更新一次底质。

（4）稚贝培育期间，水温应保持在 28℃以下。

2. 稚贝出池时的注意事项

（1）稚贝出池之前，应加大换水量，对其进行锻炼，以提高稚贝出池成活率。

（2）西施舌稚贝，贝壳较薄，容易破损。因而筛选时要格外小心，防止机械损伤后造成大量死亡。

（3）稚贝出池，最好选择在阴天或北风天气进行。

十一、鸟蛤

鸟蛤（主要是滑顶薄壳鸟蛤，图 5-54）［*Fulvia mulica*（Reeve）］主要分布于日本和中国的黄、渤海区，其壳薄肉厚、质嫩味美，具有很高的经济价值，是极有潜力的增养殖品种。

图 5-54 滑顶薄壳鸟蛤

滑顶薄壳鸟蛤的苗种生产分为五个阶段:①采卵;②浮游幼虫的饲育;③附着初期稚贝的饲育;④稚贝饲育;⑤中间培育。鸟蛤每年有春、秋两个产卵盛期(分别为5~6月和10~11月),春季产卵盛期的稚贝生长快、成活率高,因此主要进行春季苗种生产。

1.采卵

诱发双壳贝类产卵的方法有:阴干刺激法、温度刺激法、紫外线照射海水法及用以上几种方法综合刺激等。其中紫外线照射海水法对鸟蛤最有效,诱发放卵率达40%,放精率达16%,受精卵的孵化率也较高。最好让亲贝性腺达到成熟后,让其自然排放,这样卵质好,孵化率高。

鸟蛤为雌雄同体,催产时通常先排精,几分钟乃至几十分钟后开始排卵。而且,某一个体排卵后,因海水中悬浮卵的刺激,其他个体便一齐开始排精。因此,此采卵法自体受精的可能性很小。

采卵步骤如下:

(1)在采卵前1个月前,采捕1~2龄的天然亲贝,放入铺沙的育苗池中,用天然海水流水培育。也可用人工生产苗种养成的亲贝。

(2)采卵前日取出亲贝,洗净壳表面,按60~80个/立方米密度放入采卵池中,用过滤海水流水(15 L/min)培育。从采卵到附着初期稚贝的饲育全用过滤海水。

(3)采卵日早晨清除亲贝表面和池底的粪便及沙等,再用过滤海水流水1小时。

(4)停止过滤海水,通入紫外线照射的过滤海水,开始催产。流水量为每小时1个全量。紫外线照射是采用市售紫外线流水杀菌装置(90 W紫外线灯管),两台联用,紫外线照射量为$28\times10^4\ \mu W/(s \cdot cm^2)$。一般,通入紫外线照射海水10~30 min后即开始排精,20~70 min后开始排卵。产卵量因亲贝大小而异,壳长6 cm的亲贝产卵60万~80万粒,壳长9~10 cm的亲贝产卵100~800万粒。

(5)将排放的卵连同海水移入孵化池。此时要用200 μm的网过滤,以除去粪便等。

(6)为迅速除去多余的精子,在孵化池中浮放一个20 μm的网,用虹吸法由网内吸出含有大量精子的海水,再加入新过滤海水,如此洗卵4次。

(7)洗卵后用容积法计数,孵化密度放卵20~60粒/毫升,孵化水温保持20℃~23℃,静置于遮光处。

(8)在水温22℃的情况下,受精后约6小时即孵化,约一天后变为“D”形幼虫(壳长约 100 μm)。采卵翌日用虹吸法选优,将健康的“D”形幼虫移入培育池中。此时注意不要吸入沉底的死卵等。

(9)用与洗卵相同的方法将幼虫清洗两次。

用以上方法可由受精卵获得 40%的幼虫。

2. 浮游幼虫的饲育

浮游幼虫饲育指从“D”形幼虫培育到附着前的变态期幼虫(壳长 220～260 μm),约需 15 天的时间。

(1)“D”形幼虫培育密度为 3～6 个/毫升。

(2)饲育池培育水温保持 23℃～25℃适温。用内径 4 mm 的玻璃管充气兼搅动水体,充气量约 10 mL/min。注意充气过大会造成幼虫畸形,导致大量死亡。

(3)为维持良好水质,在幼虫饲育开始后每天进行一定量的换水。换水很重要,关系到幼虫饲育的成败,要慎重操作。换水步骤如下:①用滤鼓虹吸法换水,滤鼓外包上网目为幼虫壳长 1/3 以下的网,水换至 1/3～1/2 为止;②将幼虫连水移入另一池中,用与洗卵相同的方法清洗幼虫两次;注意网目要在幼虫壳长的 1/3 以下;③清洗幼虫的过程中,要仔细冲洗饲育水池内壁,并注满新鲜过滤海水;④洗净幼虫后,计数,再移入饲育池中;幼虫在壳长 200～250 μm 的变态期会随着原生动物的发生出现大量死亡。可采取加大换水量或使用抗生素等方法控制原生动物的发生。

(4)饲育饵料为角毛藻和小球藻,二者混合投喂。测定残饵后,再每天投饵一次。投饵量以投饵后饲育水中的饵料浓度为准,从开始饲育时的 1×10^4 个细胞/毫升逐渐增至 6×10^4 个细胞/毫升。

(5)为防止饲育水中饵料的增殖等,饲育槽的水面照度要保持在数勒克斯以下。

采取以上的定期全换水法,浮游幼虫饲育阶段的成活率达 50%以上。

3. 附着初期稚贝的饲育

附着初期稚贝的饲育指从变态期幼虫饲育到壳长 0.8～1.0 mm 的稚贝,其间约需 15 天。

(1)变态期幼虫继续在浮游幼虫饲育池培育时,在附着或长到壳长 1 mm 前后会频发大量死亡。为此,变态期幼虫以后的饲育采用由饲育池和饵料池构成的双槽循式饲育装置。

(2)变态期幼虫的饲育密度 25 万～30 万个/平方米。

(3)饲育池注水量以阀门调节,开始饲育时为 0.2 L/min,从幼虫完全附着开始逐渐增大注水量，以不冲跑稚贝为准。约 7 天后增至 2 L/min 的最大注水量。

(4)每天换水一次，采取将过滤海水以流量为 5 L/min，注水约 1 小时，从而形成溢流换水。

(5)饲育饵料同前，每天投饵 2～4 次，换水后先测残饵后投饵。投饵量以换水后饲育水中的饵料浓度为准，开始饲育时为 4×10^{4} 个细胞/毫升，此后逐渐增加，最终增至 10×10^{4} 个细胞/毫升。投喂角毛藻和小球藻时，稚贝长到 2.3～3.4 mm 即停止生长，多投饵也生长不好，其后的成活率也差。对此大小的稚贝，饵料的质比量更重要。

采用以上方法，成活率可达 40%以上，每平方米可出 10 万个稚贝(大小 2～3 mm)。

4. 稚贝饲育

为使在室内培育池培育至壳长 0.8～1.0 mm 的稚贝可在天然海水中饲育，采取以天然海水(未经过滤的海水)用沙床饲育的方法，在海边饲育到壳长 10 mm。

(1)沙床饲育装置很简单，在 80 cm×50 cm×20 cm 的箱中铺一层 5 cm 厚的细沙，用潜水泵由 3 m 深的水层提取天然海水，以 25 L/min 以上的流量注水。不投饵，让稚贝摄食天然浮游植物。

(2)饲育密度为 4 万个/平方米。

(3)饲育约 1 个月后，壳长达 6 mm 以上时，沙面上可见到部分个体，此时即全部取出进行选别。选别后的饲育密度为 1 万个/平方米。与分池同时，清洗槽底的细沙。

用以上方法，将春季培育的稚贝培育到壳长 10 mm 的苗种，成活率约 50%。饲育天数因海区的浮游植物含量而异，一般为 40～50 天。另外，水温长时间在 10℃以下或 30℃以上的海域、受淡水影响大的海域及饵料生物少的外海水域均不适于饲育稚贝，应尽量避免。

5. 中间培育

中间培育指由 1 cm 大小的稚贝培育到 3 cm 以上的放流规格。现正进行各种培育方法试验。以在天然海域的网围培育法效果良好。放养密度为 400 个/平方米，约两个月后即可长到 3 cm，成活率 50%。进而进行中间培育后的标志放流试验，以探讨放流后的成活情况。

鸟蛤在 5 月采卵，经 1 个月的室内饲育达到壳长 1 mm，再用天然海水进行稚贝室外饲育，到 7 月中旬达到壳长 1 cm，9 月下旬达壳长 3 cm。放流后到第二年 7 月(孵化后 1 年零两个月后)即达到壳长 8 cm 左右。其生长速度之快，为其他贝类所无法比拟。因此，作为滩涂贝类养殖的对象种很有前途。

十二、青蛤

青蛤[*Cyclina sinensis* (Gmelin.)](图 5-55)，俗称蛤蜊、赤嘴仔、赤嘴蛤、哈皮、圆蛤，是我国南北习见的经济贝类，肉质细嫩、鲜美，营养丰富，体内含多种人体所需的微量元素，特别是铁的含量高达 194.25 mg/kg，是沿海群众喜爱的海鲜品。

1. 亲贝的选择

选择壳长 3～4 cm 的 2 龄青蛤作亲贝。亲贝无创伤、无病害、性腺成熟。

2. 促熟培育

为使青蛤性腺提早成熟，提早育苗，亲贝可在 3～4 月份入池，培养密度 80 个/平方米左右，投饵密度为(7～10)×10^4 个/毫升。每天升温 0.5℃～1℃，水温升至 26℃时进行恒温培养。此时，亲贝不宜过分刺激，充气要小，换水要慢，以防流产，促使亲贝性腺全部成熟。

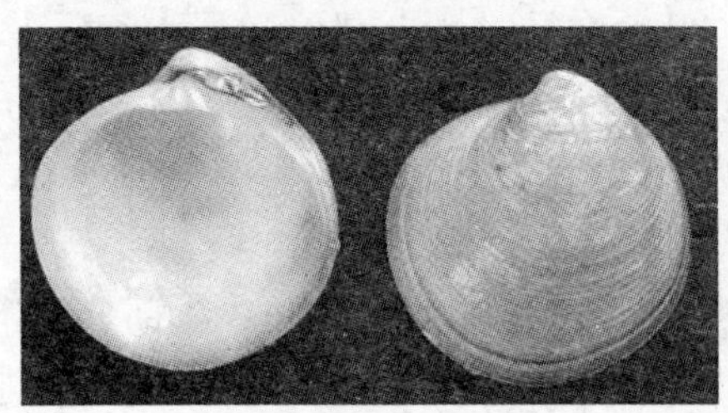

图 5-55　青蛤

3. 诱导催产

亲贝放入网箱内，阴干 5～7 h，再置于水池中，充气 3～5 h，亲贝便集中大量排放。

4. 选优

经过人工催产，亲贝大量排放精、卵。产卵后尽快将亲贝移出，再捞取池水表层的泡沫，不断充气，孵化密度控制在 40～60 个/毫升，在 26℃～29℃条件下，经过 19～24 h 发育至“D”形幼虫。用 300 目筛绢拖取上层发育快、大小整齐、游动活泼的幼虫，分池培育。

5. 幼虫培育

幼虫培育密度 8～15 个/毫升，水温控制在 26℃～29℃，海水相对密度

1.107～1.023，pH 为 8.1～8.5。单胞藻投喂密度：金藻 30 000～50 000 个/毫升，或小硅藻 10 000～20 000 个/毫升。坚持充气、换水、清底、倒池等常规人工育苗操作技术。幼虫经 5～6 天培育，便可附着变态。

6. 附着变态

幼虫将附着变态时，抓紧刷池、消毒，进水 50 cm 左右，用 200 目筛绢在池内带水过滤泥砂，过滤出的泥砂颗粒大小一般为 125～63 μm 极细沙(VFS)和粉沙(T)等组成，待沉淀后，将浮泥放掉，底质的极细沙及粉沙的厚度约 2 mm，进 1～1.2 m 海水。池水完全沉淀后，用 200 目筛绢过滤即将附着变态幼虫，均匀泼洒在池内。早晚换水 1/2，池水饵料密度一般在$(5\sim10)\times10^4$ 个/毫升。经过 3～5 d 培育便可倒池一次。用 200 目筛绢收集稚贝，移入铺有底质的育苗池内，分池培养。发育至双水管初期，培育密度在 300 万粒/平方米左右，后期进行适当疏散。

为了提高单位水体附苗量，也可采用立体多层附苗技术进行立体采苗。这种采苗方法，除了底层投放极细沙和粉沙外，还可采用波纹板(黑色与白色)、塑料薄膜、扇贝笼隔盘、筛绢和网片等垂挂于水层中，进行立体附苗，因其有效附着面积大于只有平面结构的细沙附着面积，从而提高了单位水体附苗量。

7. 出苗计数

附着变态一个月左右，根据养殖生产的需要，可用 80 目筛绢网箱收集池内大小不等的稚贝，洗涤、分离、滤干、装袋称重。

8. 稚贝向自然海区过渡

青蛤幼虫在水温 25℃～28℃的条件下，约经 20 天发育到壳长 196～220 μm 时，便形成了次生壳，进入稚贝阶段，待形成水管，能进行潜伏生活后，即可移到室外养殖。放到在高潮区中部人工建造的蓄水池中养殖，建池地点在避风、向阳处，大潮汛期可被潮水浸没 4～5 天，小潮汛则不能进水的位置，底质为松软、稳定、不漏水的泥砂质。

出池在退潮后，把贝苗带水均匀撒在池内，来潮时贝苗便钻入泥中，以后安排专人管理，定期取样测量大小和密度等。

十三、栉江珧

栉江珧[*Pinna* (Atrina) *pectinata* Linnaeus]是一种大型的海产双壳经济贝类，素有“名贵海珍品”之称，广泛分布于我国沿海一带。栉江珧养殖业的发展还处于初级阶段，人工育苗的研究报道不多，在此将近几年有关栉江珧人工育苗的资料总结一下。

1. 亲贝选择

亲贝性腺是否成熟，是人工育苗能否成功的首要条件。只有获得充分成熟的卵子和精子，才能保证人工育苗的顺利进行。一般选用壳长 18 cm 以上、体质健壮、贝壳无创伤、无寄生虫和病害、性腺发育较好、大小在 20～26 cm 之间的 2～4 龄成贝作为亲贝。可用肉眼观察性腺色泽是否鲜艳，如成熟的雌性应呈橘红色，而雄性为乳白色（图 5-56），性腺成熟度达Ⅳ～Ⅴ期，或借助显微镜检查生殖细胞，成熟的卵子应呈圆球形，成熟的精子活力好，运动较活泼。

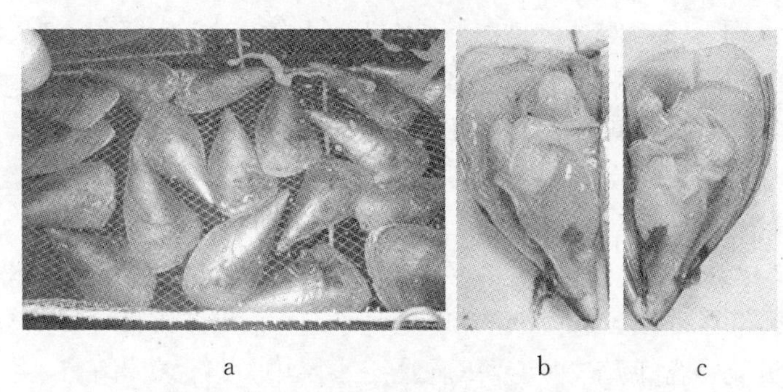

a　　b　　c

图 5-56　栉江珧亲贝(a)、雌贝(b)、雄贝(c)

2. 亲贝培育

亲贝性腺是否成熟，是人工育苗能否成功的首要条件。只有获得充分成熟的卵子和精子，才能保证人工育苗的顺利进行。

亲贝蓄养期间管理技术措施：

(1)水温：入池后稳定 5 d，入池时水温为 15℃，以后以 1℃/d 升温速度升至 22℃，恒温待产。

(2)饵料：饵料种类以小新月菱形藻、青岛大扁藻为主，淀粉、螺旋藻代用饵料为辅，每天投喂 8～12 次，日投喂量由 20×10^{4} cell/d，逐渐增至 40×10^{4} cell/d。

(3)换水：换水 3～4 次/天，每次 1/3 的培育水体，每 3 d 移池 1 次。

(4)管理：及时挑出死贝，定期加入 $(1\sim2)\times10^{-6}$ 的抗生素抑菌。

亲贝经过 30～45 d 促熟培育，解剖后可用肉眼观察性腺色泽是否鲜艳，如成熟的雌性应呈橘红色，而雄性为乳白色，性腺包围整个内脏团且饱满；或借助显微镜检查生殖细胞，成熟的卵子呈圆球形，成熟的精子活力好，运动较活泼。至此说明种贝已经成熟可以准备产卵。

3. 诱导排放精、卵

人工诱导栉江珧产卵、排精的方法，一般采用物理的、化学的和生物的诱导方法，比较简易可行的方法首推物理方法，它具有方法简单、操作方便、对以后胚胎发育影响较小等优点。常用的诱导方法有：

(1)自然排放法：性腺发育好的亲贝在换水和移池后，引起种贝的自然排放，此法排放的精、卵质量最好。

(2)阴干、流水、升温刺激法：把经促熟性腺发育好的亲贝，先经 5～6 h 的阴干，再经 0.5～1 h 流水刺激后，直接放入事先准备好的升温海水中，高出恒温培育时的 3℃～4℃，经 1～2 h 的适应期后，亲贝能自行排放精、卵，亲贝排放率为 80%。

(3)漂白液处理水刺激法：选择性腺成熟度好的亲贝，阴干 5～6 h 后，置于 100×10^{-6} 漂白液处理过的海水中，处理过的海水需曝气 1～2 h 后使用，2～3 h 后，能使成熟亲贝排放精、卵，亲贝排放率为 80%。

4. 人工授精及洗卵

(1)受精：栉江珧采取人工诱导方法排放精、卵，排放时一般雄的先排放，排放时呈白色烟雾状，雌的排放较雄的晚 0.5 h，呈粉红颗粒状。在充气或搅动条件下，水中精、卵自行受精。

(2)洗卵：如果排放过程中精子过多，需进行洗卵。洗卵方法：是受精后静置 30～40 min，使卵下沉，将中上层海水用 300 目滤鼓虹吸轻轻排出，去除多余的精液和劣质的卵，然后再加入新鲜的海水。受精卵经上述方法洗卵 2～3 次，进行孵化发育。

5. 选幼

在水温 24℃、盐度 30 的海水中，当幼虫发育到“D”形面盘幼虫时，立即选优。选优采用 300 目拖网法和虹吸法，将“D”形幼虫收集置于育苗池中进行培育。能否提高受精卵的孵化率，选出更多正常而健壮的幼虫，是生产性育苗成败的关键之一。

6. 幼虫培育

(1)幼虫培育密度：培育水温在 23℃～25℃，由于栉江珧幼虫个体较大，加上培养时间长，需要 1 个月，因此栉江珧“D”形幼虫放养密度不宜过大，前期应控制在 4～5 个/毫升，若放养密度过大时，幼虫的生长发育会受到影响，250 μm 后为 2～3 个/毫升。

(2)换水及移池：和扇贝培育的方法一样，幼虫刚入池时，保持水深 100 cm，第 1 d 采用加水至加满池。以后可改为换水。换水方法为：用滤鼓换水，所用筛绢规格视幼虫大小而定。换水时，先检查筛绢网目规格是否符合要求，严防幼虫流失；检查筛绢网片是否破损，若有破损及时处理；用过的筛绢要及时冲洗干净并晾干；换水时控制好流速以免损伤幼虫；换水时经常晃动换水器，以分散滤鼓筛绢外面的大量幼虫。

换水量为每天换水 3～4 次，每次更换 1/4～1/3 倍水体。每 4～5 d 移池 1 次，移池可更好地改善幼虫的水环境，淘汰死亡和不健康的幼虫，除去幼虫的粪便和黏液。

在培育池中微量充气，不仅能增加海水溶氧量，满足幼虫的耗氧需要，而且能使培育的水处于流动状态，使幼虫和饵料分布较均匀，防止幼虫间相互粘连。

(3)饵料：栉江珧幼虫发育到“D”形幼虫时，就开始摄食。饵料是幼虫生长发育的物质基础，是幼虫培育成败的关键之一。作为栉江珧幼虫饵料，在幼虫培育前期，投喂等鞭金藻(*Isochrysis galbana*)、叉鞭金藻(*Dicrateria zhanjiangensis*)为主，扁藻(*Platymonas subcordiformis*)为辅；在幼虫培育后期主要投喂扁藻和角毛藻(*Chaetoceros calcitrans*)，金藻为辅。日投喂量在培育幼虫前期，投饵量可少点，投饵量应控制在(0.5～4)×10^4 个细胞/毫升；在培育后期，适当添加扁藻，一般投饵量为(4～6)×10^4 个细胞/毫升。投饵量应根据从池中取出幼虫在显微镜下检查胃肠饱满度后再确定。

(4)幼虫管理：每天检查测量幼虫的生长和发育情况，定期测量池水的水温、盐度、溶解氧、酸碱度、氨氮，并做好记录，发现问题及时处理。

7. 采苗

当幼虫达到 400～450 μm 时，出现眼点，即开始准备投放附着基，进行采苗。栉江珧幼虫发育到稚贝时，它既不像文蛤等那样，营典型的埋栖生活；也不像扇贝那样，单纯依靠足丝附着于其他物体上营附着生活，而是两者兼之。江珧稚贝先用足在附着基、池壁或池底爬行，在适宜的时候，足丝腺分泌足丝附着于砂粒上，随后以壳顶插入底质，营半附着、半埋栖生活。根据栉江珧稚贝的这种附着特性，栉江珧稚贝采苗器应盛有砂粒。用何种采苗器效果较好，有人用 4 种方法进行了采苗研究。

(1)附着基种类选择及处理：

1)种类：主要选择细沙(用 80 目筛绢筛出的细沙)、扇贝用的聚乙烯网片、80 目网片、50 目网袋。

2)处理方法：细沙用 80 目筛绢筛出细沙，颗粒大小在 300 μm 以下，用过滤海水洗刷干净，再用 10×10^{-6} 高锰酸钾消毒 15 min 后，洗刷干净备用。

扇贝用的聚乙烯网片、80 目网片、50 目网袋：经 0.5‰火碱浸泡 24 h，洗刷干净备用。

(2)采苗密度：采苗时眼点幼虫布苗密度为 0.5～1 个/毫升。

(3)采苗方法：

1)无底质采苗:池中和池底部不放任何附着基,好处是水质好、眼点幼虫变态率高,附着变态 5～6 d,需转入铺沙浮动网箱内和网袋装扇贝附着基和细沙,稚贝生长快和成活率高。否则,稚贝生长慢,成活率低。

2)池底铺沙采苗:池底铺有 5 mm 厚的细沙。

3)网袋装扇贝附着基和细沙吊在池中采苗法:在 50 目扇贝保苗网袋内装上细沙和扇贝用的聚乙烯网片吊在池中。

4)铺沙浮动网箱采苗:在蓄养扇贝种的浮动网箱中,在网箱底部铺上 80 目的筛绢网,铺上 5 mm 的细沙。

(4)采苗后的管理:在投上附着基幼虫未附着前,除了加大换水外,其他培育管理跟后期浮游幼虫管理一样。幼虫全附着后到出池前,管理技术措施如下:

1)换水:采用长流水培育,每天流 1～1.5 倍水体的量程,分 4 次。

2)移池:池底铺沙采苗的 4～5 d,移池 1 次,无底质采苗在用筛绢网收集起,转入铺沙浮动网箱后,就按铺沙浮动网箱采苗法管理一样。移池方法主要是根据苗的大小,用大于细沙颗粒,小于苗大小的筛网,将苗收集起来,重新撒到铺沙的池中。

3)饵料:附着变态后的饵料主要以扁藻和塔胞藻为主,角毛藻和金藻为辅;投喂量为每天 15 万～20 万个/毫升,分 12 次投喂。

(5)采苗结果:

研究结果表明:无底质采苗眼点幼虫的变态率最高,30%以上,但无底质采苗在 600 μm 以后,必须转入铺沙的浮动网箱或池底中,否则影响幼虫生长和成活率,个体小于其他采苗法;其次为网袋装扇贝附着基和细沙吊在池中采苗法,变态率为 30%左右,效果较好,但成本较高;再次是铺沙浮动网箱采苗,仅次于网袋装扇贝附着基和细沙吊在池中采苗法,幼虫生长速度最快,适合于稚贝后期培育,成活率也较高;最差为池底铺沙采苗,变态率只在 20%左右。栉江珧最好的附着采苗方法为:网袋装扇贝附着基和细沙吊在池中采苗法和铺沙浮动网箱采苗法。

当稚贝附着后,生长速度明显加快,附着 7 d 后,日平均增长速度在 100 μm 以上,比附着前日平均增长 20～30 μm。采苗后的管理工作至关重要,除要保证有足够的饵料外,如何保持水质干净,及时清除粪便和黏液非常重要。采用网袋装扇贝附着基和细沙吊在池中采苗法和铺沙浮动网箱采苗法,再加上大换水,勤移池可以保持池水流动、清洁,使稚贝处在一个良好水环境中生长发育。栉江珧胚胎发育过程见表 5-10。

表 5-10 栉江珧胚胎发育时间

胚胎发育时期	时间
受精卵	
释放第一极体	10～15 min
释放第二极体	30～35 min
2 细胞期	1 h 10 min
4 细胞期	1 h 30 min
8 细胞期	1 h 40 min
桑葚期	3 h 10 min
囊胚期	5 h
原肠胚期	6 h 10 min
担轮幼虫	8 h 30 min
“D”形幼虫	22 h 30 min
早期壳顶幼虫	6 d
中期壳顶幼虫	16 d
后期壳顶幼虫	27 d
匍匐幼虫	31 d
稚贝	57 d

8. 中间培育

目前多采用壳长 7～10 mm 的小贝作为苗种。而人工育苗培育出的幼贝，一般壳长在 1 cm 左右，或在某些海区采集到壳长 2 cm 左右的幼贝，都要经过一段时间的中间培育，才能提高苗种的成活率。

中间培育可在室内、外水池中进行。幼贝期，以叉鞭金藻和扁藻作为饵料较好，角毛藻次之；若以叉鞭金藻和角毛藻混合投喂，比单一饵料效果更好。最佳饵料密度为 5 万～10 万个细胞/毫升。以泥质砂为底质，生长较快；其次为泥、砂底质；最差为粉沙底质。较适宜盐度为 25～35，适宜水温为 15℃～30℃。

十四、菲律宾蛤仔

菲律宾蛤仔（图 5-57）是我国传统四大养殖贝类之一，俗称砂蚬子、蚬子、花蛤等。它的营养丰富、味道鲜美，是一种人民喜食的大宗海产贝类。蛤仔广泛分布于我国南北沿海，资源蕴藏量大，栖息密度高，由于它生长迅速，移动性差，生产周期短，养殖方法简便，并且有投资少、收益大等特点，是一种很有发展前景的滩涂养殖贝类。

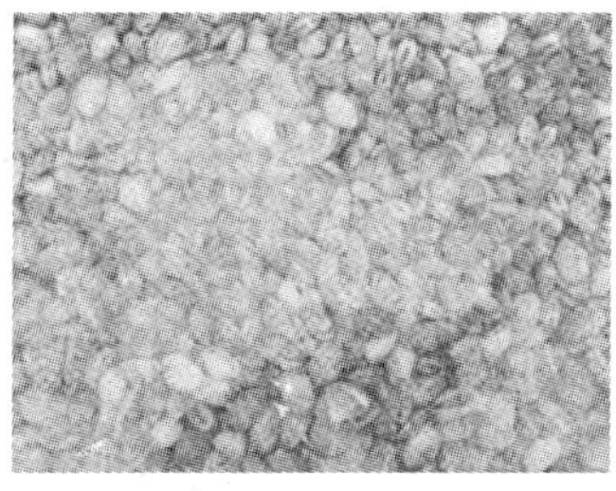

图 5-57 菲律宾蛤仔

1. 采捕亲贝

亲贝采捕海区自然繁殖的菲律宾蛤仔。定期从海区取样，肉眼观察亲贝性腺发育的成熟度。亲贝进入临产期，生殖腺丰满，完全覆盖内脏团，厚 2 mm 左右。划开性腺，精液或卵子可自行流出。菲律宾蛤仔雌雄异体，雌性呈浅黄色或黄白色、表面显粗糙、输卵管清晰，雄性呈乳白色，较细腻。

2. 催产与孵化

(1) 催产方法：① 阴干 2～6 小时(图 5-58)。②阴干 2～6 小时，淡水或半咸水浸浴 1～3 小时。③阴干 2～6 小时，降温 1～3 小时(用冰块降温至 10℃左右)，然后流水 1 小时，加解剖的精液诱导。

图 5-58 蛤仔亲贝阴干

(2)孵化：亲贝排放结束后及时移走，充气捞除精液及产卵代谢产物。受精卵孵化密度控制在 20～30 粒/毫升，孵化期间保持定时搅池和连续微量充气。孵化与水温有关，菲律宾蛤仔卵子直径 68～70 μm。在 27.0℃的条件下，13.5 小时发育到“D”形幼虫，平均孵化率 86.67%，“D”形幼虫个体壳长×壳高为(92～96 μm)×(72～76 μm)。在 24.0℃的条件下，17 小时发育到“D”形幼虫，平均孵化率 80.00%。在 23.0℃的条件下，19 小时发育到“D”形幼虫，平均孵化率 72.73%。“D”形幼虫个体壳长×壳高为(100～104 μm)×(78～82 μm)。

(3)幼虫培养:用 260 目的筛绢网箱虹吸选优。

①培养密度:前期 8～10 个/毫升,后期 5～6 个/毫升。

②水温:20.0℃～28.0℃。

③饵料:投喂叉鞭金藻,前期日投饵 2 次,每次投喂 3 000～10 000 细胞/毫升;中后期日投饵 4 次,每次投喂 6 000～8 000 细胞/毫升。

④换水与倒池:每天换水 2～4 次,换水量为 60%～160%,3～5 天倒水池一次。

⑤附着变态壳顶后期,幼虫投放密度 1～2 个/毫升,以培育池底为附着基进行附着。菲律宾蛤仔壳顶后期幼虫观察不到眼点,根据吸取培育池底的匍匐幼虫的数量来确定投放附着基的时间。当幼虫壳长达到 190～220 μm,足伸缩频繁,培育池底有用足爬行的匍匐幼虫;水中取样,超过 40%的幼虫形成足原基,壳缘有加厚的迹象;收集幼虫,定量倒入附着池。

3. 稚贝管理

(1)水温:16℃～30℃。

(2)饵料:前 4 天以金藻和扁藻混合投喂,日投饵 4 次,每次投喂 6 000～8 000细胞/毫升;附着后加大扁藻的投喂量,中后期完全投喂扁藻,日投饵 3～4 次,每次投喂 10 000～25 000 细胞/毫升。

(3)换水:前 3 天以 100 cm 水位培养,日换水 4 次,每次换水 50 cm;第 4 天开始降低水位,5 天以后恒定 50 cm 水位培养,日换水 3～4 次。换水时,将池水放干,重新缓慢注入沙滤水。放水口用接苗网兜收集随水流流出的稚贝,拣除杂质,倒回原池继续培养。

(4)倒池:7～10 天倒池一次。倒池时放干池水,用小水泵将池底冲净,用适宜的网具将稚贝和杂质分离,稚贝泼入新的培育池培养。

蛤仔室内人工育苗生产与其他底栖双壳类相似。但因成本较高,产量有限,故较多的是采用室内水泥池和室外土池相结合的方法育苗。即在室内获得受精卵后,培育至附着变态后移至室外土池进行稚贝的培育。这种做法,具有许多优点:①浮游幼虫在室内培育时,成活率大大提高,可达 50%以上,而在土池培育时,一般仅为 10%左右;②可缩短室内培育周期,多批生产,从受精开始培育至400 μm 的稚贝,只需要 20 d 左右;这样,在长达 2 个多月的繁殖季节里,可在室内培育稚贝 3 批以上;③可提高单产,在室内培育的条件下,壳长 400 μm 左右的稚贝,培育密度可达 30 万粒/平方米以上;④可降低生产成本,稚贝培育至 400 μm 左右,即可移到室外土池继续培育。这不仅缓和了饵料供应的紧张问题,而且也降低了生产成本,还可促进稚贝的生长。

另外，采用高密度培育器（图5-59）结合上升流系统可以进行高密度幼虫培育，培育密度可达150～200个/毫升，并安装了水质实时监控系统。另外，该培育系统还可以进行无附着基诱导高密度幼虫变态，大大减少了因投放附着基和从附着基中筛选稚贝而造成的人力、物力投入，降低成本，提高育苗效率和效益。

图5-59 高密度培育器

十五、大獭蛤

大獭蛤（*Lutraria maxima* Jonas）（图5-60）在分类学上属异齿亚纲、蛤蜊科贝类，广西俗称象鼻螺、牛螺，广东称包螺。大獭蛤肉质细嫩、口味鲜美、营养丰富，深受人们喜爱，经济价值较高，是一种名贵的海珍品。大獭蛤生长迅速，一年即可达商品规格，大獭蛤具有生长快、个体大、适应性强、价格高等特性。作为一种新型的养殖品种，其优良性状特别突出，是自然界中为数不多的无需改良的天然优良养殖品种之一，适宜大面积推广养殖。

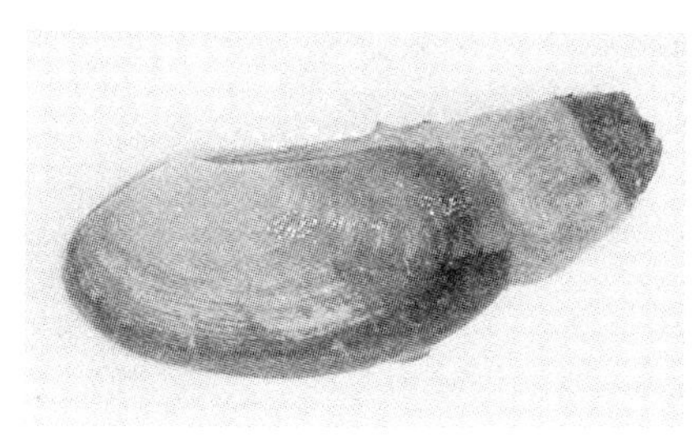

图5-60 大獭蛤亲贝

大獭蛤的苗种生产与养殖和四角蛤蜊的育苗与养殖相似，其具体管理措施如下：根据其繁殖生态学原理，按一定的性腺比例挑选亲贝；通过一系列强化培育措施促使亲贝性腺发育成熟，并诱导亲贝批量产卵；通过洗卵手段提高孵化率。筛选上浮快、活力好的幼虫、按适宜密度培育；根据贝苗各阶段生长发育的需要，采取调光、控温、充气、换水、适时适量投喂饵料、适时投放附着基、水质调控等技术措施，创造最佳生态环境，提高幼虫培育的成活率，实现室内育苗工厂化，采取池塘底质改造、投苗密度控制、水色水质监控等技术措施，将室内小规格稚贝进行池塘中间培育。

十六、尖紫蛤

尖紫蛤(图5-61)(*Sanguinolariaacuta* Cai et Zhuang)俗称“砂螺”或“西施舌”,分布于我国福建和广东沿海,生活在河口咸、淡水交汇处。

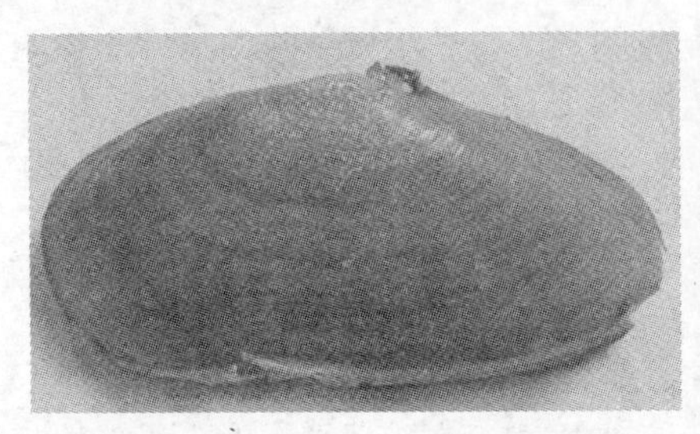

图5-61　尖紫蛤及亲贝

1.亲贝培育

亲贝壳长7～9 cm,壳高3～4 cm,重20～25 g,约4龄贝。经清洗消毒后,置于有细沙的塑料筐(45 cm×45 cm×10 cm)中,让它自行钻进砂里,悬吊在亲贝培育池内,池水深度为50～60 cm,进行遮光充气培育。培育期间每天换水1次,投饵2次,每周清洗底砂1次。饵料用湛江叉鞭金藻(*Dicrateria zhanjiangensis*)和亚心形扁藻(*Platymonas subcordiformis*)等。

2.产卵、受精和胚胎发育

蓄养的亲贝经5～7 d的培育,开始排放精、卵,进行受精。受精卵经5 h发育,进入原肠期,开始上浮,在水中上层形成烟雾状。原肠胚经1 h发育,达担轮幼虫,此时胚体呈梨形,具纤毛环和鞭毛束,进行旋转运动。受精卵经18 h发育到“D”形面盘幼虫期,幼虫依靠面盘上纤毛的摆动在水中浮游,并开始摄食。“D”形面盘幼虫经7～8 d发育,进入壳顶面盘幼虫期。眼点出现在受精后17 d,此时幼虫双壳增厚,壳色也随之加深。再经2～3 d,胚体在面盘的后方伸出足,并由浮游生活转营匍匐生活。当匍匐幼虫移池培育,并钻入砂中营埋栖生活时,壳的边缘向外扩张,并出现生长纹,即为稚贝。

3.浮游幼虫的培育

胚体发育至担轮幼虫期,移入幼虫培育池。水深加至120 cm,至“D”形面盘幼虫期进行换水。保持每天换水两次,换水量由开始的1/3,逐渐加至1/2。从进入“D”形面盘幼虫的第二天,开始投饵,饵料为酵母、湛江叉鞭金藻和亚心形扁藻等(表5-11)。每天上、下午各投饵一次,若单投一种饵料应加量,藻类缺少时,可用酵母补充。整个培育过程都要充气,投饵后1 h进行镜检,观察幼虫的摄食和生长情况。每晚光检一次，观测幼虫的活动及密度变化。

表 5-11　面盘幼虫的饵料种类及投喂量

发育阶段	干酵母粉/(g·m³)	湛江叉鞭金藻(个/毫升)	亚心形扁藻(个/毫升)
"D"形面盘幼虫期	0.2	200～400	100～200
壳顶面盘幼虫初期		300～500	200～300
壳顶面盘幼虫后期		500～800	300～400

4. 稚贝的培育

当幼虫出现眼点，面盘开始萎缩而足逐渐发达，并由浮游生活转营匍匐生活，即将它移入铺有细沙的幼苗培育池中培育，池内蓄水深度为 30～40 cm，底部细沙铺设厚度为 2 cm。每天早上换水一次，换水方法改为对流式，换水量为 100%。此时饵料投喂量要加大。幼苗壳长在 1 mm 以内，日投喂量为湛江叉鞭金藻 1 000～2 000 个/毫升，亚心形扁藻 500～800 个/毫升；幼苗壳长在 1 mm，日投喂量为湛江叉鞭金藻 2 000～4 000 个/毫升，亚心形扁藻 1 000～1 500个/毫升。在此阶段，每 2 d 取样镜检，观察稚贝的摄食和生长情况。

5. 育苗时需要注意的问题

(1)尖紫蛤在河口沙滩营埋栖生活，从低潮区到水深 3 m 左右都有它的分布。在亲贝培育中，必须满足它对底质、盐度、光照的要求。一般在细沙底、低盐度和弱光的条件下，亲贝人工强化催熟容易成功。若将亲贝盛于笼内吊养在强光处，一周后，体质变弱，水管伸长，活力降低，双壳闭合无力，10 d 左右便大量死亡。

(2)在尖紫蛤浮游幼虫培育阶段，以单胞藻饵料为佳，避免使用蛋黄等人工饵料，以防污染水质。尖紫蛤为底栖性贝类，当面盘幼虫从浮游期过渡到匍匐期，必须在池底铺设细沙让它潜穴，满足它对底质的需求，否则会造成大批幼虫死亡。

(3)幼贝培育时，池水宜浅，换水次数应少，以保证幼贝能摄食到充足的饵料。目前，投喂的是湛江叉鞭金藻和亚心形扁藻，若能选用活动力弱的底栖硅藻，预计育苗效果会更佳。

十七、象拔蚌

象拔蚌又称为象鼻蚌(图 5-62)，因其体态硕大、肉质鲜美、营养丰富、经济价值高等优点，近年来风靡我国的海鲜市场。高档餐馆、酒楼常见其真容，深受广大消费者和养殖户青睐。两片颇大的贝壳容不下它那粗壮的身躯，无论它如何紧闭双壳，那条如同象鼻的粗脖子（进出水管）因过于粗大而缩不进壳内，只得暴露于壳外。

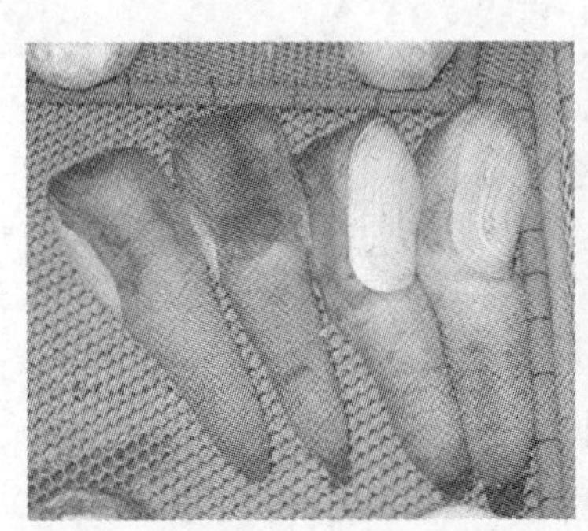
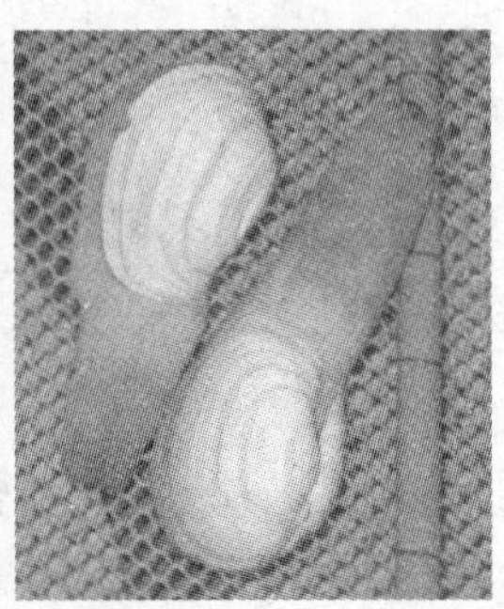

图 5-62　象拔蚌亲贝

1. 亲贝的蓄养与促熟

从美国和加拿大原产地采捕野生象拔蚌，用低温麻醉法运输，历时 4～5 d，成活率在 80%左右；也可用于我国人工育苗养成的 3～4 龄的贝，采用常规方法在水温 6℃～14℃下恒温促熟 9～2 d，生殖腺指数达到 20%以上时能成熟产卵、排精，比美国原地提前 40～50 d；培育密度为 4～5 个/立方米。

2. 产卵

有两种方法即采用阴干、升温刺激法和藻液诱导法。藻液诱导法是向池中加入 0.5%～1%藻液，能诱导产卵。精子呈白色烟雾状，卵呈白色块状或颗粒状，雌性个体产卵的时间为 1～1.5 h。

3. 幼虫培育

受精卵的孵化密度为 30～50 个/毫升，在水温 14℃～15℃下受精卵发育到“D”形幼虫的时间需 60～62 h，幼虫培育密度为 5～6 个/毫升，采用常规的方法培育幼虫。

4. 采苗及稚贝培育

经过 20～22 d，幼虫壳长达 350～380 μm 时下移匍匐，此时可以投放底质采苗，采用经聚乙烯网过滤的细沙为附着基，厚度为 1 cm。5～6 d 后可看到大量单管期稚贝，15～18 d 后发育到双管期稚贝（壳长 1.2～1.4 mm），以后稚贝生长加快，壳长明显拉长，在水温 18℃～20℃下，40 d 稚贝壳长 2 mm 左右，60 d 能达到 5 mm 以上，70～80 d 贝苗壳长 8～10 mm 时可底播养殖。

十八、彩虹明樱蛤

彩虹明樱蛤(图5-63),俗称海瓜子、梅蛤、扁蛤、黄蛤,原为沿海居民自然采捕的一种重要的小型滩涂经济贝类。其营养丰富、肉质细嫩、味道鲜美,是一种广为人们所喜爱的海味食品。

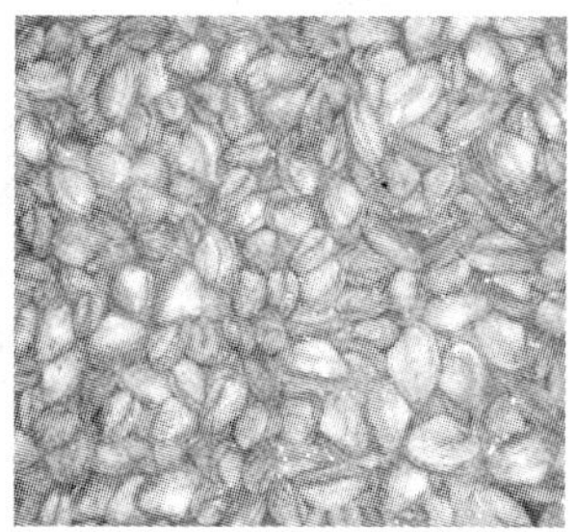

图5-63　彩虹明樱蛤

1.亲蛤的选择与培育

(1)亲蛤的选择:在6～8月的繁殖季节,从自然海区采集壳长1.5～2.5 cm的2龄成蛤,从中挑选出无病害、外壳无损伤、性腺肥满的个体作为亲蛤。

(2)亲蛤的培育:培育池底铺上细沙,厚度2～3 cm。放养密度为1 250～2 000个/平方米,微充气,每天换水量100%,投饵4次,以扁藻、金藻、硅藻等单胞藻作为饵料,视水色决定投喂量,若发现死亡个体,应及时取出,并清理底质。

2.催产

催产成功与否,与亲蛤性腺发育程度有密切的关系。在催产之前,应取样解剖亲蛤,取性腺作滴片,镜检观察,若雄蛤精子游动活泼、雌蛤卵子游离分散程度高,卵径达60 μm时,催产效果较好。

亲蛤经一周左右的育肥,即可进行催产刺激产卵。催产方法,常用的有阴干、流水、升温、氨海水浸泡、过氧化氢海水浸泡等。据报道,对彩虹明樱蛤,用氨海水浸泡刺激,催产效果最好,且操作方便。氨海水浓度以0.5‰为宜。浸泡时,亲蛤的水管与足部呈极度延伸状态,表现出明显的不适应。如果发现水管极度弯曲且断裂,说明浸泡刺激已达到强度,可取出亲蛤,放入正常的海水中让其排放。浸泡时间一般在5～20 min,并视性腺成熟程度,调节浸泡时间,以避免浸泡时间过长,影响胚胎发育。

3.幼虫人工培育

(1)培育密度:前期,以15个/毫升左右为宜;当幼虫发育至壳顶期,应降低培育密度，可控制在10个/毫升以下。

(2)饵料：金藻、扁藻和塔胞藻，较适合作为幼虫饵料。金藻个体较小，作为幼虫培育前期饵料。壳顶期后，投喂扁藻或塔胞藻。投饵量以幼虫的胃饱满度来决定。在投喂过程中，以混合投喂效果更好。

(3)盐度、pH、温度：适宜盐度为22～40，幼虫最佳生长盐度为30左右；适宜pH为7.8～8.5；水温一般控制在24℃～28℃。

(4)附着变态：浮游期的长短，与水温、饵料、适宜的附着基等有关。在一般情况下，浮游期为12～17 d。幼虫培育到壳顶幼虫后期，出现明显眼点后，移入铺有软泥底质水池中培育。幼虫附着变态后，埋栖于底质中，进入稚贝阶段。

(5)日常管理：勤观察幼虫活力，统计幼虫密度；每天早晨镜检幼虫的生长情况及肠胃饱满度，依此调节饵料投喂量及种类；日换水2次，清晨、傍晚各1次，每次换水量从幼虫前期1/3到后期的1/2；光照强度控制在500 lx以下。

十九、波纹巴非蛤

波纹巴非蛤[*Paphiaundulata* (Bom)](图5-64)是一种经济价值较高的双壳类软体动物，也是深受国内外客户所喜爱的海鲜品。福建省云霄县东山湾是波纹巴非蛤主产区，分布在礁美至列屿一带海域，它栖息在低潮线0.5 m以下水深的泥砂底质或软泥底质中。

图5-64 波纹巴非蛤

1.亲蛤暂养促熟

从海区采捕亲蛤，除去杂质和破损、死亡个体、挑选贝体较重的波纹巴非蛤，壳长3.5～5.6 cm，平均粒重78粒/千克。壳面光滑、完整、健康饱满的2～3龄亲贝。冲洗外壳后装入网兜，置于泡沫箱内，四周填充碎冰，密封，控制适宜的温度，运输4 h后到达育苗场，存活率93%以上。亲蛤入池前用10 mg/L的高锰酸钾溶液消毒8 min，亲蛤密度1～2 kg/m²，暂养池底铺10 cm厚的海泥，池面上盖多层遮阳网，亲蛤暂养水温19℃～29.6℃，盐度28～34，pH 7.8～8.4，光照度控制在500 lx以下。

日常管理：饵料：投小球藻为主，搭配角毛藻或新月菱形藻等单胞藻，保持池水有藻色为准，单胞藻密度不低于10×10^4个/毫升，饵料不足时，用人工配合饵料（螺旋藻，日投饵量按亲蛤总重量的4%，饵料用250目筛绢水洗过滤，早晚二次）。换水：全换水或流水，每天清除死贝和不能闭合的蛤仔。每日下午记录水温一次，定期观察亲蛤性腺发育状况。

2. 人工催产和孵化

（1）人工催产：①阴干后氨海水浸泡加流水刺激。亲蛤先阴干4～8 h后，用氨海水（氢氧化铵＋天然海水配制）溶液浸泡2～4 h，浓度分别为0.002%～0.01%，最后移入催产池进行流水刺激1～2 h。②采用阴干＋流水刺激法。阴干时间4～8小时，阴干后取亲贝进行流水刺激或强充气模拟流水状刺激。性腺成熟度较好的亲贝，刺激半小时后，即可发生排卵、排精现象，一般可维持2～4小时。

（2）孵化：亲蛤排放精、卵后，进行洗卵。用虹吸法把产卵池的受精卵移入孵化池，按孵化密度分池，然后用400目的网箱连续换水两次，换水量每次2/3，即可达到洗卵目的，进、排水要注意保持流速缓慢，以免损伤受精卵。孵化期间保持连续微波充气，孵化密度20～40个/毫升。

3. 幼苗培育

（1）幼体培育：浮游幼虫培育，从受精卵培育至"D"形幼虫时间为12～20小时，可用300目筛绢网进行选优，收集上层大部分水体，废弃沉底的死卵和杂质，计数并移入已准备好的培育池培育。培育密度8～10个/毫升，经10～12天培育，幼虫开始附着，变态附着时3.0～6.0个/毫升，育苗池水面光照控制在1 500 lx以内。底栖稚贝培育，附苗基质为海泥。在幼虫发生变态附着前，把事先准备好的海土溶化、消毒，用200目的筛绢筛滤，把泥浆均匀地泼洒于附苗池内，静置待海泥沉淀后，排掉海泥上的池水，加入清新海水，然后把幼虫收集到附苗池里培育。

（2）幼苗日常管理：幼虫附着前每天早晨吸污一次，清除池底尸体、残饵和排泄物；充气气量呈微波状。换水：1～2次/日，换水量50%～60%/次，换水后加入$(2\sim4)\times10^{-6}$的EDTA二钠。饵料：育苗池水中金藻或角毛藻$(1.0\sim1.5)\times10^4$个/毫升，小球藻$(3.5\sim5.0)\times10^4$个/毫升，2次/日。附苗后要加大充气量，全量换水，2次/日；饵料，水中金藻或角毛藻$(3.0\sim4.0)\times10^4$个/毫升，小球藻$(5.0\sim8.0)\times10^4$个/毫升，2次/日。随着稚贝的生长，结合移池操作，可逐步降低稚贝的培育密度。倒池:根据日常观察情况,用筛绢网把幼苗筛洗出来(每次依幼苗大小,更换筛绢网目规格),放入铺有新海泥的育苗池内培育。生长情况:根据不同发育阶段定期取样,测量它们不同发育期的壳长与壳高,每次测量 20 个幼虫。

4. 稚贝土池培育

经过 1 个月左右的室内培育,当稚贝规格达到壳长为 1 mm 左右即可移至室外土池培育。室外土池的准备工作应提前半个月。波纹巴非蛤为浅海底栖贝类,其生活史为营上、下垂直移动习性,穴居于软泥中,很少作水平运动,穴居深度为 30～40 cm,夏天较浅,冬天较深。在浅海的沙质底层没有发现波纹巴非蛤栖息。因此,土池首先要具备受陆源污染少,盐度稳定,底质为 10 cm 以上的软泥底,放养前经暴晒、消毒、整理、整平,施肥培养基础饵料。

该阶段的管理措施有:通过施肥培育浮游藻类、换水、搬池等手段保持良好的水质、底质环境和充足的饵料,定期检查水质、底泥,发现败坏及时搬池。敌害清除:主要敌害生物如蟹类(锯缘青蟹等)、螺类(玉螺类)、鱼类(如中华须鳗、尖吻蛇鳗)等。采用的办法就是环境清洁,进水闸门滤网严格把关,经常巡池,发现问题及时人工清除。

二十、中国蛤蜊

中国蛤蜊(*Mactra chinensis*)俗称黄蛤(图 5-65),分布于日本,朝鲜半岛,中国黄海、渤海、东海及澎湖列岛。中国蛤蜊腹足发达,肉味甘美,生长快,适应性广,繁殖力强。体长 10 mm 的幼苗,养殖一年半,壳长可达 4 cm 以上,是一种可以人工养殖的双壳类软体动物。

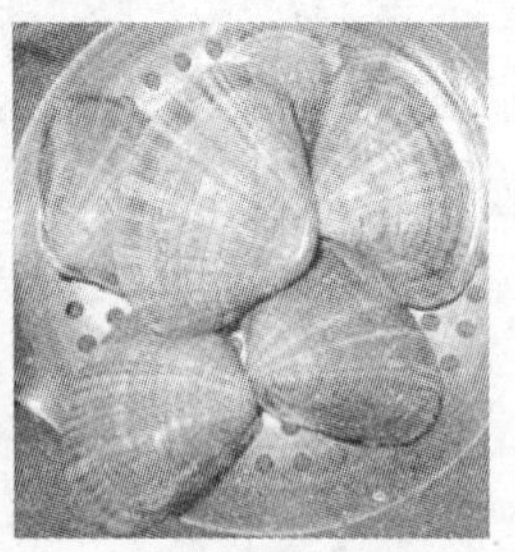

图 5-65　中国蛤蜊

1. 亲贝的选择、精养与受精卵的获得

从自然海区采捕的中国蛤蜊群体中,选择壳长 3 cm 以上,形态正常的个体为亲贝，放在底质粒径 800～1 200 μm、砂层厚度 8～10 cm 的育苗池中培养，日投扁藻 0.6×10^4 个/毫升，新月菱形藻 1.2×10^5 个/毫升。精养期间水温在 21.5℃～26.8℃，海水盐度 25～32。

以人工催产方法获得受精卵，用于人工育苗。人工催产采取：①阴干＋变温刺激；②阴干＋氨海水；③阴干＋精液后移至水温为 26℃～27℃的砂滤海水中充气增氧 1～2 h，如此反复多次，刺激其排精、放卵。

2. 幼虫的选优培育

受精卵发育至"D"形幼虫时，用 400 目筛绢收集浮游于上层水体的活泼健壮的幼虫，投放在育苗池里进行培育。当多数幼虫的壳长达到 130 μm 时，用 250 目筛绢收集壳顶幼虫倒池进行培育，弃除发育较慢的幼虫。以小球藻、扁藻、绿色巴夫藻、球等鞭金藻为饵料，选优后移入育苗池。当匍匐幼虫比例达到 50%时，投入经筛选、清洗、暴晒过的细沙作为幼虫的附着基质，将细沙铺入池底进行采苗，砂层厚度为 0.5～1.0 cm。

3. 稚贝中间培育

稚贝附着基质：经 80 目筛网筛选的细沙，用淡水反复冲洗，晒 10 d。稚贝培育期间水温 27.2℃～28.4℃，海水盐度 25.0～32.0，pH 8.1～8.4，日换水率 75%。球等鞭金藻的日投喂量为 6×10^4 个/毫升～1×10^5 个/毫升，扁藻的日投喂量为 0.6×10^4 个/毫升～1×10^4 个/毫升，新月菱形藻的日投喂量为 1×10^4 个/毫升～2×10^4 个/毫升。

第五节　游泳性贝类的人工育苗

一、金乌贼的人工育苗

金乌贼[*Sepia esculenta* (Hoyle)](图 5-66)，广泛分布于俄罗斯远东海域，日本本州、四国、九州海域，朝鲜西海岸、南海岸海域，中国渤海、黄海、东海、南海以及菲律宾群岛海域，是我国北方海域中经济价值最大的乌贼，曾经是我国海洋捕捞业"四大"品种之一。金乌贼生长快、体型较大，500 g 至 800 g 的群体居多，最大体重可达 1 200 g，肉厚而鲜美，鲜肉中的蛋白质含量约为 40%，营养丰富；其干制品为有名的海味，俗称"墨鱼干"或"北鲞"；其内壳海螵蛸具有抑酸、止血、收敛的功能，是中药的重要原料。

图 5-66 金乌贼

金乌贼雌雄异体，体内受精，分批产卵，个体间产卵量差异较大，体重 1.5 kg 左右的雌体怀卵量一般在 1 000～1 500 粒，产卵期为 4 月中旬～6 月上旬。金乌贼卵为黏性卵，常附着于海藻或其他附着物上。产卵时刻一般在午后至黄昏时段，卵逐个产出，卵床通常选择在珊瑚礁或树枝上，形成串状结构，产卵后便离开产卵床，然后再回到产卵床产卵，可连续多次产卵，一般日最大产卵量为 150 粒。卵全部产出后，亲体大部分死亡。产卵水温 15℃～20℃，盐度 31～33。

二、室内人工采卵

1. 亲体的选择和促熟

(1)亲体采集：4 月中下旬～5 月，从近海挂网捕捞的乌贼中，选择性腺成熟好、有明显怀卵、个体较大、活力强、无损伤的个体作为亲体，雌雄比例 1∶1。

(2)暂养促熟：选择直径或边长为 3～5 m 的圆形或方形的水泥育苗池作为暂养池，水深在 80～120 cm 为宜，每个暂养池内放入 6～10 只成体金乌贼，保证个体的生存空间，防止发生争斗行为。金乌贼对温度和盐度的要求较高，控制水温在 19℃～22℃，盐度 30～33。保持全天候充气状态，每天换水至少一次，1～2 个全量，投喂成体的饵料为 5～10 cm 的幼鱼和小虾(图 5-67)。

图 5-67 金乌贼亲体的培育

(3)室内投放附卵基：金乌贼喜选择隐蔽而富有固着力的物体作为附卵基，室内通常采用网绳或柽柳作为附卵基，效果较好，绳子长度可以根据池水深度而定，一般长 1～2 m。

网绳产卵基：用网衣将石块包扎作为沉子，并将网衣上引出 4 根直径 3～5

mm的乳白色尼龙绳，尼龙绳长约1 m，尼龙绳的另一端系于白色泡沫薄板上。

柽柳产卵基：柽柳俗称阴阳柳，落叶乔木，枝条密生，下垂，主要分布在海滨砂地及盐碱草滩、路旁，用其侧枝枝梢作附卵基。

(4)交配产卵：乌贼亲体经过短期强化培育，就会表现出烦躁不安、活动剧烈，并有择偶交配等特点。

交配前，雄性求偶活动频繁，并排游泳，伴随着体色的展示，雄性用卷曲的交接腕抚摸雌性的外套腔腕基部以及前额(两眼间的地点)，此时两者都表现出“隐晦”体色。若雌性无过激反应，表现很温和，甚至张开自身的腕，这样雄性就可以与该雌性进行交配。

交配时，雌、雄个体头部相对，前3对腕相互交叉，雄性第4对腕活动，雌性第4对腕下垂；雄乌贼从漏斗喷出精荚，经左侧第4腕传到雌乌贼的口膜附近，精团迸出，整个交配过程通常5～15 min，见图5-68。

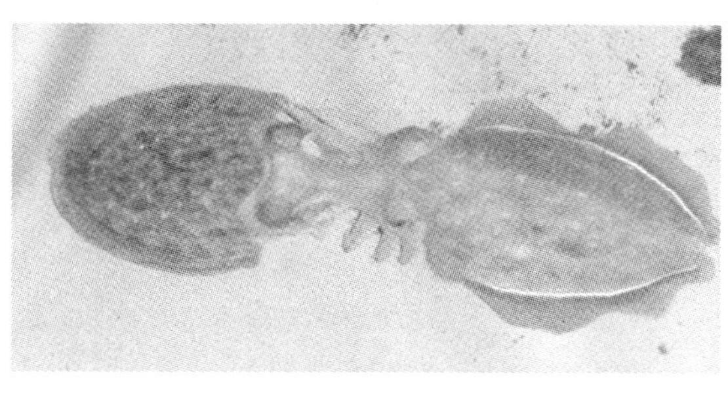

图5-68　金乌贼的交配

交配后几分钟即产卵，产卵前，雌乌贼连续用漏斗对准产卵基喷水(“吹沙”)，胴部不断缩胀，卵子从漏斗产出，用第2、第3对腕抱持，游近附着基，各腕一起将分叉的卵柄扎挂于附着基上，挂卵结束，雌乌贼会再次对产卵基吹沙。在雌乌贼产卵过程中，配偶(雄乌贼)不离其左右，有时会看到交配现象，待产卵完毕后，双双离开附着基，然后另外一对再来此继续产卵。

三、室内人工孵化

1.孵化过程

金乌贼的受精卵绝大多数呈球形，个别呈椭球形，卵粒较小(直径为6～8 mm)，卵膜外尚有初级卵膜，其外还有较厚的三级卵膜，表层粘有泥和细沙，呈半透明状态。在水温16℃～23℃条件下，经20 d左右的培育，卵粒体积逐渐膨胀，第一层隔膜开始产生裂缝，并逐渐被胀破而脱落，此时呈透明体状态，膜内的乌贼幼体清晰可见，卵粒直径为0.8～1.1 cm。再经7～10 d的培育，卵粒仍在不断膨胀，第二层隔膜被胀破而脱落，乌贼幼体孵出。刚孵出的乌贼幼体呈浅褐色，并随时间的延长，逐渐由浅变深，其形态与成体相近，胴体长5～7 mm，平均孵化率达80%左右(图5-69)。

在水温为20℃～25℃时，金乌贼胚胎发育情况如表5-12所示（陈四清，2010）。

表5-12 金乌贼胚胎发育时间表

发育阶段	所需时间
受精卵	0
2细胞	14 h 30 min
4细胞	15 h 30 min
16细胞	17 h 30 min
32细胞	19 h 20 min
多细胞期	24 h 20 min
囊胚期	3 d
原肠期	5 d
原基出现期	7 d 15 h
外部器官形成期	8 d
肌肉效应器	11 d 7 h
红珠期	13 d
黑珠期	15 d
心跳期	16 d
出膜期	26 d

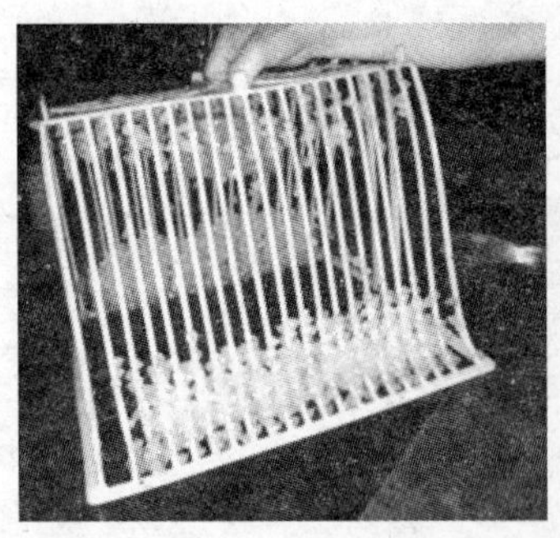

图5-69 金乌贼卵袋及孵化过程

2.孵化管理

在孵化过程中，主要是保证水交换和水温控制，不需投饵。孵化前期日换水量在2/3～1个全量即可，每天吸底排污染物，并随时撤掉腐烂的树枝和网衣，孵化后期逐渐加大换水量，每天换水2个全量左右，若采取长流水更好。水温应尽可能与自然海域获卵区水温相适应，随着自然气温的升高，水温也可缓慢上升，但回升速度不宜太快，一般两天内水温回升不能超过1℃，若回升速度太快，可通过地下海水调节和控制，当水温回升至20℃以上时实行恒温培育。平均水温控制在20℃～21℃，最低不低于19.5℃。保持充气状态，溶氧量不低于5 mg/L，NH_4^+—N含量不高于90 mg/m^3，盐度稳定在30左右。孵化过程应避免阳光直射，光照强度为500～1 000 lx，防止硅藻或绿藻大量繁殖附着于卵表面。在孵化期间每隔两天必须要剔出当中未受精的无效卵，以免无效卵腐败影响水质。各项操作要轻，尤其在换水和收集乌贼幼体时，要减少刺激，避免喷墨，损伤体质。

四、室内幼体培育

1. 孵化设施

乌贼幼体孵化后可以采用网箱培育或圆形水泥池。网箱规格1.0 m×1.0 m×1.2 m，网目按乌贼幼体的不同时期选择120目、100目、80目、60目4个型号。

2. 饵料

刚孵化出的乌贼幼体口中常含有卵黄，可以维持1～2天，大多数幼体破膜后不久即可捕食。白天底栖，晚上游泳摄食。

选择适宜的开口饵料是影响苗种成活率和生长的关键因素。金乌贼幼体喜欢摄食动物性活体饵料，卤虫无节幼体作为开口饵料效果比桡足类好，用强化的卤虫无节幼体更好，乌贼不仅成活率高，而且生长较快。另外，个体大小适中、营养较全面的枝角类和虾蟹幼体也是很好的选择。

随着乌贼幼体的生长发育，应逐渐提高卤虫和糠虾规格，并增加投喂量；培育半个月后，饵料可改投人工培育仔虾苗或自然海水中浮游及桡足类小生物；当乌贼个体达到纽扣大小时，对饵料种类的选择性有所降低，池塘小虾与桡足类及制盐区天然卤虫也比较可口，但只喜欢摄食小型动物性活体饵料，而对新鲜脱脂鱼糜及小杂鱼虾肉破碎颗粒则产生明显的厌食行为。投喂盐场自然卤虫时，可在培育池一角，安放60～80目网箱盛放卤虫，既保持卤虫鲜活，又方便投喂。一般乌贼幼体经40～45天集中培育，体长可达2.5～3.0 cm，此时即可投放养成。

每天投饵2次，傍晚19:00～20:00和凌晨2:00～3:00各投喂1次，日投饵量控制为乌贼体重2%～3%。

3. 水温

金乌贼幼体培育水温一般控制在22℃～25℃，盐度为30～33。一般乌贼幼体室内培育30～40天，即可进行室内养成或移到池塘进行养成。

4. 盐度

海水盐度也是制约乌贼苗种生长的重要因素，特别是对于狭盐性的金乌贼幼体，其适宜盐度下限为30，经驯化，可降低至28左右，再低则出现明显不适状态。尤其在汛期应控制和调节好盐度，根据气象预报，做好海水储备，并相应减少换水量；当无蓄水条件时，应暂时停止水交换，尽可能避开低盐期；若汛期较长，又无蓄水条件时，可适当少量换水，并在换水前先将新水放在另外池中，采取泼洒粗盐饱和溶液的方法，将其调节到与培育池中相同的盐度，然后再进行水交换。

5. 光线

乌贼幼体喜阴暗，应采用遮光措施、避免光线直射，刚孵化幼体要避免在强光下饲喂。孵化十天后，可以适当去掉遮光设施。

6. 换水

水源要求无污染、无油污，水质清新。每旬定期进行水质监测，确保各项指标控制在允许范围内，符合国家海水养殖用水水质标准，溶解氧>5 mg/L，pH为7.8～8.6，总氨氮<0.6 mg/L。乌贼幼体培育期间，一般每天换水2～3个全量，若采取长流水能更好地确保水质清新，水深控制在1.5 m左右。

7. 杀菌防病

每半个月定期施用$(1\sim2)\times10^{-6}$抗生素抑菌，及时杀灭细菌、病毒等致病微生物。

五、曼氏无针乌贼

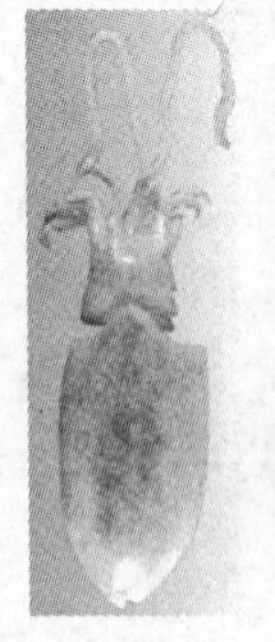
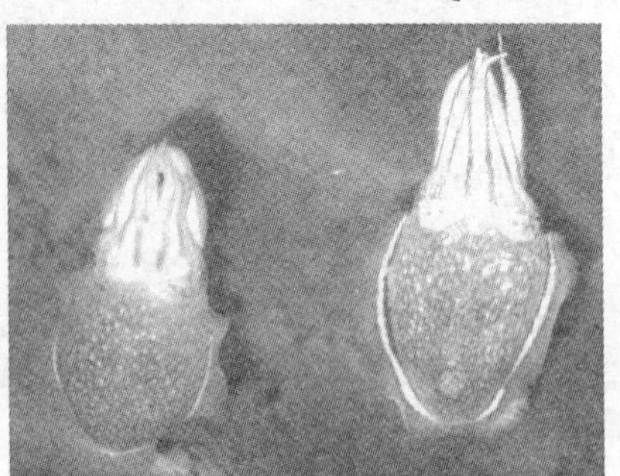

图5-70　曼氏无针乌贼

曼氏无针乌贼（图5-70）又称日本无针乌贼，分布于苏联远东海区、日本沿海、中国沿海及东南亚海区，其中以中国东海群体数量最大，是浙、闽、台东南诸省的主要海洋捕捞对象之一，最高年产量7万多吨（1959年），与大黄鱼、小黄鱼和带鱼并称为“东海四大渔业”（Sepiella japonica Sasaki，1929）。营养丰富，富含蛋白质、维生素和微量元素，可食部分约占总体的92%，是传统的美食佳肴，深受消费者喜爱，除鲜食外，还可加工制成罐头食品或干制品。

近年来，由于捕捞过度等，我国曼氏无针乌贼资源量衰退相当严重。开展养殖、增殖放流，进行资源保护迫在眉睫。同时，曼氏无针乌贼生活周期短（通常1年）、生长快，营养价值高，将在生产中作为养殖新品种。

1. 曼氏无针乌贼的繁殖生物学

亲体在沿海岛屿、岩礁旁，主要行口膜交配方式，交配后不久即产卵。卵长圆形，卵柄扁而分叉，卵膜为褐黑色，并缠绕在附着物上。新鲜成熟的卵子长径为3～3.5 mm，短径为2～2.5 mm，刚产出的卵子长径为13～15 mm，短径为7～9 mm，十余天后，体积缩小，形体也逐渐变得较圆，长径为6～7 mm，短径为4～5 mm，以后又渐渐膨大，孵化前的卵子长径为9～10 mm，短径为7～8 mm，卵膜变得很薄。乌贼可先把一只卵在附着物上缠牢，然后再把卵缠到固着好的卵柄上，依次下去，可成为1～200粒一串，形似葡萄，渔民称曼氏无针乌贼的卵群为海葡萄，与乌贼属中的种类迥然不同。卵子分批成熟，单个产出，在自然海区多扎于鼠尾藻、柳珊瑚或细枝、细绳上。据浙江省水产试验场（1935）对本种乌贼的附卵比较试验，以细竹条编成的墨鱼笼上附卵量最多，树枝附卵量次之，竹枝附卵量再次，稻草上未附卵，表明雌乌贼在扎结卵子时，对扎卵物有一定的选择性，以细平、容易扎结卵柄的物体为佳。本种乌贼的个体产卵量为1千至2千个。繁殖后，雄、雌亲体相继死去，寿命约为1年。

在水温20℃～26℃的条件下，孵化期为28～30天，孵化率可达80%左右。刚孵出的稚仔，形态接近成体，已具有喷水推进的能力，前进后退，均甚灵活。小乌贼生长很快，1960年，笔者根据浙江舟山鲁家峙曼氏无针乌贼饲养池中不同月份标本测定的结果：6月份刚孵出的稚仔，胴长为2.8 mm，体重为0.022 g；7月上旬胴长为12 mm，体重为0.55 g；7月下旬胴长为17 mm，体重为1.55 g；8月中旬胴长为26 mm，体重为3.99 g；8月下旬至9月初胴长为33 mm，体重为6.2 g；到11月末，胴长为95 mm，体重为186 g，已达到翌年性成熟个体的胴长和体重。刚孵出的稚仔，外形与成体相近，能游动和捕食，白天沉静，夜间活跃。

2. 亲体暂养与促熟

（1）养殖海区的选址：一般选择水交换好、污染少、水质较清、水流平缓、风浪较弱、盐度适宜、大雨过后盐度变化较小，低潮水深5 m以上，透明度大于0.3 m，常年水温在7℃～30℃，溶氧大于4 mg/L，pH在6.8～8.5之间，周围环境安静、噪声少的海湾或海域。

（2）亲体暂养与促熟：首先挑选健康、体表无任何损伤的成熟个体为亲体。

根据繁殖群体中，雌性平均体重明显高于雄性，4 对腕短于对应的雄性腕长的特征，选择雌雄个体。雌雄比例为 1∶1。亲体培育池可采用贝类育苗池。亲体培育盐度 18～28，海水温度 20℃～26℃，逐步升温，2～3 d 就可，换水量为 1～2 个全量/天。饵料以新鲜贝类、鱼虾类为主，如鲹科鱼类或沙丁鱼，投喂蛏子也较好。通过强化饵料进行促熟培养。经过 10～20 d 暂养，乌贼亲体逐步表现出烦躁不安并伴随着游动剧烈、争斗等行为，表明亲体已经成熟。

争斗取胜一方将有权与雌体进行交配。交配时，雌雄乌贼头部相对，腕交叉、紧抱，整个交配通常 5～15 min，触腕始终没有伸出。这种交配方式在金乌贼中也观察到。

3. 交配

乌贼亲体经过短期强化培育，就会表现出烦躁不安、活动剧烈，并有择偶交配等特点。雄体只接近一个雌体，在雄多于雌的情况下，会发生雄性间争夺行为。

4. 产卵

受精部位位于雌体口膜腹面的纳精囊处，具储存精子功能。建立合适的产卵场是获得受精卵的重要环节。事先将附着基，如细绳等杆状物、网片等，表面打磨使其粗糙，投放到培育池内，经过 3～5 d 使其表面生长一层菌膜，有利于乌贼产卵。卵子分批成熟，分批产卵，单个产出。在产卵过程中，雄体会在周围不断游动、保护，并与产卵雌体交配。如果其他雄体前来，还会发生雄体间争斗。交配后的雌体在没有雄体的情况下也能产卵。产卵时间会持续数日至十几天。乌贼对有卵群的附着基更感兴趣，往往会有多只雌体一同产卵。将带有卵群的附着基进行集中摆放，有利于乌贼不断产卵，从而获得大量卵群。产卵后亲体不护卵，相继死亡。福建一带产卵 1 年有 2 季：春季 4～5 月，秋季 9～10 月。

5. 胚胎发育

常温孵化受精卵，定期取样进行观察。日本无针乌贼刚产的卵柔软、黑色、葡萄状，卵径平均为 11.0 mm×7.6 mm，平均卵重 0.31 g。盘状卵裂。经过十几天培育，受精卵膨大，隐约看到里面的幼体小卵。孵化天数主要取决于水温。水温高则孵化时间短，反之则长。水温 20℃～22℃条件下，20 d 胚胎腕和外套膜腹侧缘具淡黄色色素颗粒，墨囊形成；24 d 左右发育良好的幼体破膜而出，刚孵化出的幼体含有卵黄，胴背长约为 4 mm，胴背宽约为 3.2 mm，可在水中游动，形态与成体接近。1～2 d 后卵黄消耗完，开始主动摄食，见图 5-71。

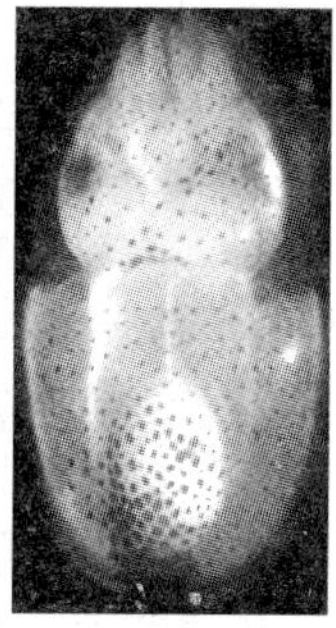

图 5-71　曼氏无针乌贼的卵群(左)和刚孵化幼体(右)

6. 苗种培育

(1)培育池选择：培育池为圆形，池壁光滑，能形成旋转式水流，避免幼苗与池壁发生碰撞而造成死亡。另外，通过阀门控制水流的大小以及通过池外旋转接头调节池内水位，使得幼苗分布均匀，有效利用培育水体并提高培育密度，对浮游期幼体生长、摄食情况以及饵料情况易观察，对生产过程中出现的各种问题可以早发现、早解决，早隔离，可有效避免相互影响。破膜而出的幼苗浮游在水体上层和表面，采用浮游型桡足类、海洋枝角类和丰年虫为饵料，成活率高，生长快。

(2)曼氏无针乌贼的育苗：批选体重 150～200 g、健康无外伤，胴体丰满的曼氏无针乌贼亲体进行室内暂养，暂养密度 20～30 只/立方米，水温 18℃～20℃，遮光，充气，换水 1 次/天，换水量 1/3；亲体升温促熟，逐步升温，2～4 d 升高 1℃，投喂饵料是以鲹科鱼类为主的鲜活小杂鱼，少投勤投；将乌贼亲体移至产卵池中，该产卵池水体 4～8 m^3，遮光，流水，微充气，水温为 20℃～26℃，海水盐度 25.0～32.0；在所述的亲贝产卵池，投放尼龙绳、棕绳为采卵器，下端固定在有沉石的网箱上，上系浮漂。并将采卵器集中呈簇，形成人工采卵场；将所述的亲体雌、雄同池放养，放养密度为 1～2 只/立方米，投喂饵料是以鲹科鱼类为主的鲜活小杂鱼；雌、雄乌贼亲体交配后将雌体产的受精卵收集，放入培育池中流水充气培育，水温 20℃～26℃，盐度 25.0～32.0；受精卵经 17～26 d 发育至破膜而出，幼苗在培育池中流水培育，采用浮游型桡足类、海洋枝角类和丰年虫为饵料；苗种培育水温为 24℃～28℃，盐度 25～35，遮光；幼苗培育密度为 1 000～3 000 个/立方米，随着生长，培育密度相应降低；当幼苗胴体长度达 8～10 mm 时，逐步进入伏底栖息阶段，苗种培育完成。

(3)苗种放养规格和时机：乌贼苗种放养规格为胴体长 15～20 mm，无损伤、无病态或畸形、活力强的个体。生长水温为13℃～33℃，最适生长水温为(27±2)℃，生长盐度范围为19～35。春、秋之间水温高于13℃的海区均可放养，冬季水温高于13℃的南方地区，全年可养。

六、长蛸人工育苗技术

1. 长蛸生物学特性

长蛸(图5-72)生活场所多为泥底，以长而有力的腕部挖穴栖居，岩礁间也有采获，在砂砾泥底较少发现。冬季在潮下带或沿岸深潜，春季向低潮线以上移动，夏秋之交，可上达潮间带中区；晚秋，随着水温降低，新的世代移往潮下带或沿岸潜居。长蛸的繁殖期一般为3～6月份，在江苏沿岸的繁殖盛期为4～5月份。长蛸怀卵量较少，卵子呈茄子型，自然环境下数十粒至数百粒组成葡萄状一串，产于洞穴、海藻或空贝壳等阴暗场所，孵化期为1～2个月。

图5-72　长蛸

2. 亲蛸选择、营养强化与孵化

(1)亲蛸选择：依据长蛸的繁殖生物学特性，本研究选购的是阳历5月初的亲蛸。在长蛸产卵的高峰期(也是长蛸捕捞旺季)直接从渔民船上采购性腺饱满的雌蛸为亲蛸。水产市场上的长蛸一般都注过淡水，易带病菌且活力差。

(2)营养强化：长蛸强化培养是通过投喂营养丰富的活体饵料，辅以营养添加剂来进行的。本研究通过投喂经过维生素等营养物质强化过的绒毛近方蟹、宽身大眼蟹、毛蚶等活体饵料，促进长蛸性腺成熟。

(3)产卵孵化：将经过营养强化的亲蛸以2～4只/平方米的密度，在育苗池中进行强化培养，促熟产卵。池中设置亲蛸栖息、产卵场所。在环境条件适宜的情况下，性腺成熟的亲蛸就会陆续自然产卵，并呈穗状黏附在附着物(产卵附着基)上(图5-73)。长蛸喜暗、喜静，通常会躲藏起来。在自然条件下，长蛸以海藻、贝壳、礁石等作为产卵的附着基。沉于海底的废弃渔网也是较好的产卵附着物，渔民在渔汛期用于捕捉乌贼和章鱼的竹篾编制笼具，也发现有大量的卵块附着。人工环境下，长蛸栖息场所同时又是其产卵附着基。可用石块、陶瓷、塑料、橡胶等制品替代。

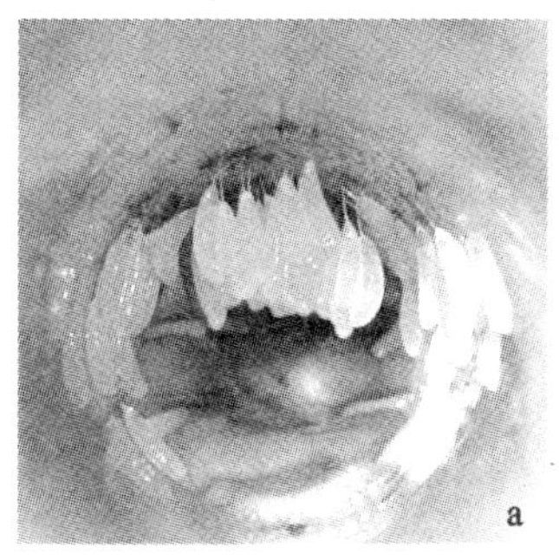

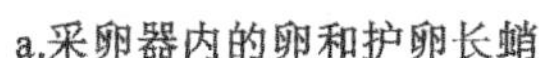
a.采卵器内的卵和护卵长蛸　　b.产在水泥板上的卵

图 5-73　长蛸在人工条件下产的卵

通过对比试验表明以陶瓷制品，如小型陶制花盆等使用效果较为理想。长蛸（体长 54～56 cm）怀卵量为 140～160 粒，亲蛸产卵后，将带卵附着基移至孵化池进行孵化，也可以将亲蛸所产卵成串取下，吊挂在容器或池子里进行孵化。孵化池所用海水需经消毒杀菌，孵化前，长蛸卵需进行消毒。按 800～1 200 粒/平方米卵的密度进行孵化。孵化理化环境条件要求：①要求孵化室暗、静；②海水盐度 28～31，微波充气增氧使 DO≥5 mg/L；③每日至少全池换水一次，水排干后将饵料残留物及粪便等污物清理冲洗干净；有条件的应采取流水孵化；④水温与孵化时间相关，在 21℃～23℃水温下，经 40～50 d，幼蛸陆续孵出，孵化率为 70%～80%。幼蛸孵出后即能进退游动，此时尚不摄食。10～12 h 后，卵黄囊脱落，游动更趋灵活，能附底、附壁。有条件的可采用流水培养。所换海水盐度控制在 28～31、水温 21℃～23℃、DO≥5 mg/L、NH_4^+—N<0.3 mg/L、pH 6.5～7.5。

3. 长蛸幼体人工培育技术

（1）投饵管理：长蛸为直接发生，不存在变态，刚孵出的幼体已能游泳。幼体依残存的卵黄生活，经过 10～12 h，当卵黄消耗完后，幼体开始摄食，适宜的开口饵料是提高幼体成活率的关键。刚孵出的长蛸幼体，体质量为 0.03～0.05 g，体长为 1.2～1.8 cm。①1～5 日龄：投放已培养了底栖硅藻的附着物，供幼体附着摄食，同时按 5～10 个/毫升的密度投入经过强化培养的轮虫和 3～5 个/毫升的密度投入经过强化培养的卤虫无节幼体为开口饵料。②6～12 日龄：轮虫、卤虫投喂量逐步减少，轮虫 2～3 个/毫升，卤虫无节幼体 1～2 个/毫升，而桡足类等大型浮游动物量逐步增加至 0.5～1.0 个/毫升。③13～20 日龄：卤虫无节幼体，逐步减至 0.5～1.0 个/毫升，桡足类增至 1～2 个/毫升。④21～30 日龄：保持 20 日龄饵料密度，添加小杂蟹及毛蚶等小型活饵。⑤31～45 日龄:以小型蟹、贝类为主,进行投喂,日投饵 2~3 次。幼蛸的摄食为主动捕食。轮虫、卤虫幼体、桡足类等小型浮游生物均为其捕食对象,在这些对象中幼蛸更趋向进攻较大的个体。据研究,幼蛸的进攻行为并不都是为了捕食,由于其天性中的独栖性和领域性,水体中的相似悬浮物都会成为它进攻的目标。试验表明,在饵料充足的状况下,幼蛸对与自身个体大小相似的活动悬浮物进攻频度最高。

(2)水质管理:每日换水时吸污一次,除去池中残饵及粪便等污物,注入经消毒过的育苗用水,保持水质清新。水质指标:水深约 0.8 m、光照度<500 lx、水温 21℃~23℃、盐度 28~31、DO≥5 mg/L。每日早晚对水质指标各进行 1 次测量。经过 30~40 d 幼体培养,一般幼体体长达 3~5 cm、体质量 10~15 g 时即可出苗暂养。

4. 长蛸苗种室内水泥池暂养

为提高长蛸养殖成活率,出海养成前需对幼蛸进行暂养、强化。

(1)放养密度:长蛸暂养时的最适 pH 为 6.5~7.5,其窒息点为 0.43 mg/L,所以耐低氧能力较强。放养密度与池中是否设置栖息物有关(表 5-13)。因为长蛸的生活习性是喜躲藏穴居阴暗环境中,所以,应适当设置栖息物以避免苗种扎堆栖息,否则,易造成自相残食,引发致病菌侵染导致长蛸大量死亡的严重后果。栖息物可以用瓦片、小石块、塑料管等。所有人工栖息物都必须经过一定时间海水浸泡和消毒后才能使用。设置栖息物的养殖方式,优点是提高了养殖密度,缺点是增加了清污难度。

表 5-13 长蛸苗种投放密度参考表(尾·立方米$^{-1}$)

长蛸体质量/g	<10	10~20	20~30	30~40	40~50	>50
设置栖息物	500~600	400~500	300~400	200~300	100~200	<100
无栖息物	300~400	240~300	180~240	120~180	60~120	<60

注:栖息物为塑料管。

(2)投饵管理:长蛸为肉食性种类,食性凶猛,食物种类较广,2~3 cm 的蛸苗已具有较强的主动摄食能力,喜食活体小型蟹类、贝类、鱼类等,经过对比试验表明,诱食性大小顺序是:蟹类>贝类>小杂鱼。一般饵料日投喂量为长蛸总质量的 8%~10%,日投饵时间及比例一般 7:00~8:00 为 20%,13:00~14:00为 20%,17:00~18:00 为 30%,22:00~23:00 为 30%。几日不投饵或饵料不足,长蛸会出现自食现象,通常以自食腕尖为主,偶有自食整条腕,甚至自食内脏。科学的投喂方法，必须依据定时观察长蛸摄食情况来调整。一般在投饵 1 h 后进行观察，如果饵料剩余较多，应酌减投饵量，如果已食完，应酌增投饵量。

(3)水质管理：①池水深 0.8～1.0 m，池子遮阴、光照度 500～1 000 lx，增大充气增氧，水面呈沸水状，DO≥5 mg/L，最适水温 21℃～23℃，最适海水盐度 28～31；②日换水 2 次，时间为第 1 次和第 4 次投饵前；排水后，先除去较大块饵料残留物，然后再用水管进行冲洗，将栖息物内小的饵料残留物及粪便冲洗干净；排水及冲洗过程需防苗种逃逸；每经 15～20 d 培养，要进行一次大小筛选分养，既减少自相残食，又便于管理；③每日勤于观察池中长蛸活动状况、摄食情况，定时测定水质指标，发现问题及时分析查找原因，采取适当措施进行处理；④每隔 3～5 d 进行消毒杀菌 1 次，预防疾病发生。可交替使用浓度为(1.0～2.0)$\times10^{-6}$的土霉素和浓度为(0.2～0.3)$\times10^{-6}$的聚维酮碘进行全池遍洒。夏季养殖，自然水温偏高，病害较多，成活率较低，为 70%～80%。秋季养殖水温适宜，成活率较高，可达 80%～90%。经过 2～3 个月暂养，长蛸体质量达 80～100 g 时即可出海养成。

5. 长蛸病害防治

长蛸人工养殖的整个过程，包括亲蛸的强化培养、长蛸卵的孵化、幼体培育等各环节均必须做好病害防治工作。尤其是在长蛸卵孵化和幼体培育阶段发病率较高，是孵化率和幼体成活率下降的主要原因。

(1)长蛸卵孵化阶段病害防治：长蛸卵孵化时间长，需 40～50 d，并且是在阴暗的环境下进行。在这个过程中，长蛸卵容易受病害侵染，主要表征是卵体逐步变紫红色，而有的卵体受丝状菌侵染，被侵染的卵胚体停止发育并死亡。由于长蛸卵是成串紧靠着吊挂孵化，因此，一旦被侵染，感染率就相当高。所以，在长蛸卵孵化过程中一定要做好消毒杀菌的预防工作，主要措施有：①孵化用海水需经沉淀、砂滤、消毒杀菌后使用。②长蛸卵孵化前需进行消毒，可用 50$\times10^{-6}$聚维酮碘浸泡 30～60 s。③每隔 5～7 d，用浓度为(0.2～0.3)$\times10^{-6}$聚维酮碘或浓度为(1.0～2.0)$\times10^{-6}$制霉菌素全池遍洒，消毒杀菌一次。④发现病卵应及时剔除，并将该串卵隔离孵化，防止传播感染。对隔离孵化的卵需加大预防药物剂量，每 3～5 d 杀菌一次。

(2)幼苗培养阶段病害防治：由于长蛸幼苗在密度较大且栖息物不足的养殖池中常常拥挤在一起，容易造成自相残食，引发细菌感染，发生皮肤溃烂，导致大量死亡。所以在该阶段，要特别做好消毒杀菌的预防工作，预防措施主要有：①鲜活饵料必须用浓度为(50～100)$\times10^{-6}$的聚维酮碘浸泡 10 min 消毒杀菌后投喂。②每 3～5 d 用浓度为(0.2～0.3)$\times 10^{-6}$的聚维酮碘或浓度为(1.0～2.0)$\times 10^{-6}$制霉菌素全池遍洒一次。③对发病或体弱幼苗要及时隔离。治疗方法:用浓度为 2.0$\times 10^{-6}$的土霉素或浓度为 6.0$\times 10^{-6}$的新诺明药浴 3 h/d,连续 3～5 d 为一疗程,病情严重时,再进行一疗程。④用药 10～12 h 后 100%换水 1 次。长蛸幼苗培养阶段应加强管理,一旦染病死亡率极高,所以管理中应防重于治。

七、短蛸的人工育苗

短蛸(图 5-74)生活史短(一般为 12～24 月),生长速度快(增长率为 13%体重/天),食物转化率高(15%～43%),对人工运输和饲养等环境具有很强的耐受力和适应力,对饲养容器要求不高,玻璃缸、圆柱状容器、长方形浮动网箱皆可,均能保持较好的摄食能力,完成性成熟并进行繁殖,这些优势为人工养殖提供了成功的依据。

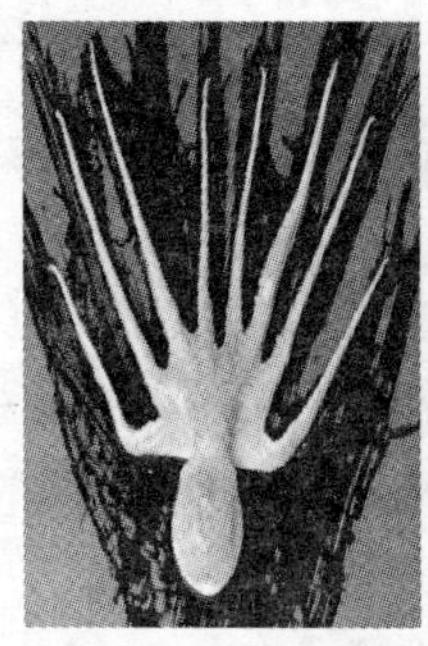
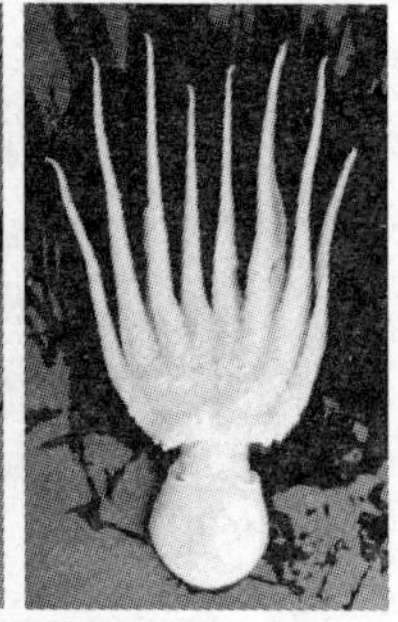

图 5-74　短蛸

(一)亲蛸采集和暂养

1. 亲体采集

亲蛸可以采用网笼在海区捕获,或从活鲜水产品市场采购。

2. 亲体运输

在所获的亲体中挑选体形完整、无伤害、胴体圆鼓(性腺肥满度高)的个体放到干净的海水 0.5～1 h,靠亲蛸自身的生理活动达到去掉泥砂、黏液及吸盘中脏物的目的。换上清洁的海水再次净化,加水时不宜直冲短蛸,在整个过程中尽可能不用手及其他工具触碰短蛸。用海水冰给海水降温至 4℃左右,使其处于休眠状态,然后将其放入塑料袋中,加入 20%干净海水,充氧,扎口密封,放入保温箱密封运输。

3. 亲体暂养促熟

选用 20～30 m^2 育苗池,圆形池为好。采用红砖、塑料管、土瓦盆、瓦罐(图 5-75)、石块等在池底建人工蛸穴。人工蓄养密度 2～4 只/平方米为宜,避免相互残杀。亲蛸入池后,一般每天要排换水 1～2 次,水排干后将饵料残留物及粪便等污物清理冲洗干净,也可采用流水培养。逐步升温,充气增氧,溶解氧含量在 5 mg/L 以上。遮阴培养。鲜活小杂蟹是亲蛸优选的捕食对象,投喂量以每日稍有残饵为度。

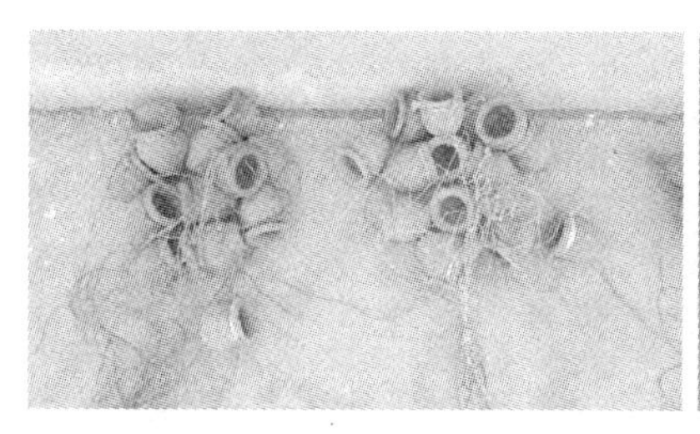
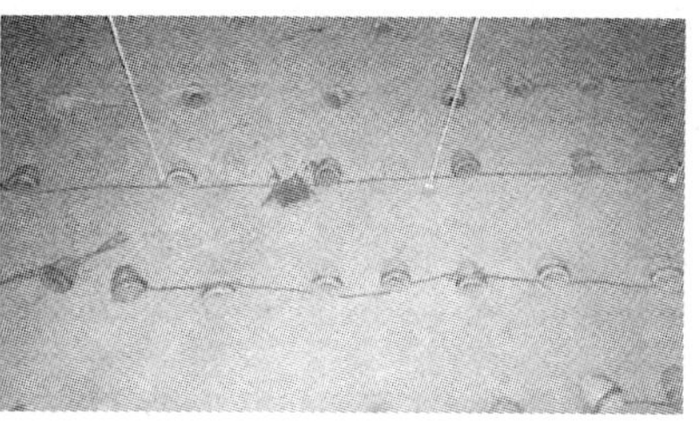

图 5-75 短蛸瓦罐巢穴

（二）亲体交配和产卵

短蛸繁殖行为发生在春季的3～5月，但性腺发育在上年的11～12月即已开始。在3月份即可收购到卵巢和精巢发育成熟的亲蛸。短蛸雌、雄交配行为在自然界发生得较为平静，一般是1对1地进行，偶尔能见多雄交配现象。3月份采集的亲蛸中部分已经交配，若要让其交配完全，可在水温16℃～20℃的条件下按雌雄1∶1或2∶1的比例将亲蛸并池交配，2～3 d后移出雄蛸，以减少亲蛸拼斗残杀的行为。室内人工条件下，产卵适温为15℃～22℃，交配不久（数小时至1～2 d内）可见产卵行为发生，也存在交配数日，甚至半月后方才产卵的现象。性成熟短蛸怀卵量一般在500～900粒，卵子分批成熟，分批产出。雌蛸在人工蛸穴中产卵，卵成串地附着在塑料管内壁、瓦罐内壁、网绢等处。若找寻不到附着物，雌蛸就把卵粒散乱地粘在池壁上。产卵后，雌蛸护卵，不时从漏斗喷出水流推动卵群飘动，去除脏物和坏卵，不时用腕抚弄卵群。遇到惊扰，雌蛸用身体反裹卵群，加以保护。

（三）幼体孵化和培育

1. 孵化

温度是影响胚胎发育和孵化的基本因素之一。短蛸孵化温度为18℃时，卵子发育至红眼期的时间为18～20 d；21℃时，为15～16 d；23℃时，为14～15 d；25℃时，为13～14 d。孵化适宜温度为22℃～24℃。刚破膜而出的幼体长约0.5～0.8 mm，大多口中含有卵黄，能游动，也能附壁/附底爬行。

2. 幼体培育和生长

幼体孵化后立刻将其转移到培育水槽中投饵培育。饵料投喂晚了，会严重影响存活率，饵料是影响短蛸类幼体发育和生长的关键因素，应该重点考虑饵料个体大小、浮游性、密度以及营养价值等。短蛸幼体具有较长的浮游阶段，从浮游期开始投喂天然甲壳类以及蟹幼体，至底栖阶段存活率仅8.0%或8.9%。开口饵料投喂1.1～1.7 mm的卤虫，随着幼苗的成长，慢慢改投较大的卤虫。

饵料密度与培育密度有关，适宜密度为 1～2 个/毫升。饵料密度低，幼体的存活率也低。投喂饵料时应进行强化，特别应增加二十碳五烯酸和二十碳六烯酸等高度不饱和脂肪酸的含量。

除卤虫幼体，桡足类、枝角类、端足类、虾蟹幼体都是可选饵料，饵料规格为幼体胴体的 1/3～2 倍。一般蛸类幼体投饵率约为其体重的 20%，到成体降到 5%，饵料需求量极大，天然饵料会供不应求。所以新的冷冻饵料或配合饵料的开发很有必要。另外，为了使幼体摄食“不动饵”，人工构建水槽形成水流是非常必要的。

水温对苗种生长、成活率有直接影响；摄食饵料的适宜温度在 23℃～25℃，27℃以上不适宜培育。低盐度和盐度的急剧下降都会使苗种活性降低。适宜的光照强度是水面 600～1 000 lx。如果夜间照明将降低苗种摄饵行为，对生长、成活率有影响，应熄灯为好。在培育水体中添加微绿球藻 100 万细胞/毫升，有助于卤虫的营养，对苗种成长有利。还可以缓和光照，减缓幼体的紧张压力。培育幼体的适宜密度 2 000～4 000/m³，密度太大，饵料供给不足，会出现相互争食、残食现象，影响培育。

短蛸从孵化培育至外套长达 30 mm 时，需 40 d 左右，在此期间投活饵会显著提高幼体成活率，当胴体长超过 30 mm 时，白天全躲在遮掩物下，只晚上出来捕食。继而可以进行放流和养成工作。

八、真蛸的人工育苗

真蛸（图 5-76）(*Octopus vulgaris* Cuvier)属软体动物门，头足纲，八腕目，蛸科，蛸属，俗称“章鱼”、“八爪鱼”、“八脚鱼”等，为暖水性种，广泛分布于日本以南太平洋西部、印度洋、大西洋和地中海海域，是我国南方近海的重要经济蛸类。真蛸肉嫩味美、蛋白质丰富、含脂量高，有补血益气、收敛生肌的功用，在闽、粤、港、澳、台地区一直被列为海味佳品和滋补品，在日本、韩国也有很大的市场，是重要的出口水产品。

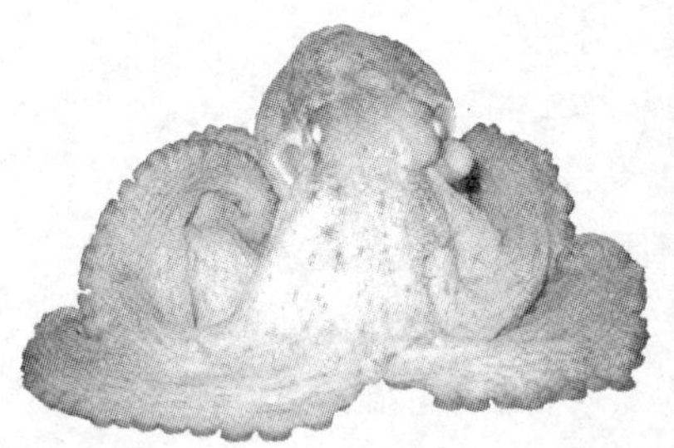

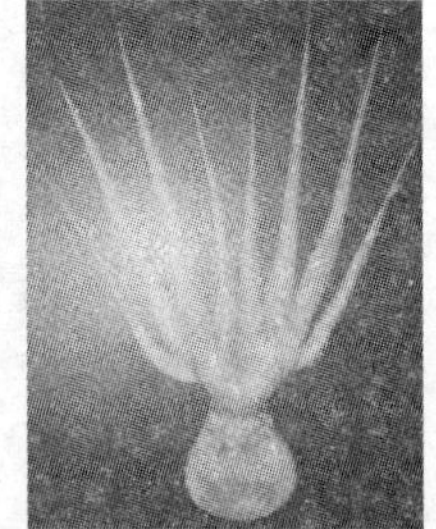

图 5-76　真蛸

1. 亲蛸

(1)亲蛸来源：亲蛸来源分两种：一种为选购海区野生苗种在网箱养成的成

熟个体;另一种则是野生半成品真蛸经室内水泥池饲养至性成熟。网箱养成的成熟雌体已完成受精过程,无需配备雄性真蛸。挑选雌性真蛸时要求体表无伤,胴体圆鼓,活力正常,选取身体健壮、个体较大、胴体结实饱满、明显有怀卵的雌性亲体,雄性亲体宜选择体型较大者,体重最好不小于 1 kg。半成品真蛸未达性成熟,需选购雌雄真蛸,♀∶♂=1∶1。

(2)亲蛸运输:根据真蛸喜打斗及残杀的行为特性;采用两种方法进行亲蛸运输:氧气袋运输及活水车运输。氧气袋为空运氧气袋,每袋仅装一头;活水车运输时先将亲蛸装进网框,每框一头,再将网框集中放于桶内水体中。

(3)亲蛸培育:①培育条件:亲蛸放养前,建造人工洞穴,投放瓮、水缸、花盆等躲避物件。人工洞穴在池底靠池壁堆两排砖头墙,上盖 40 cm×40 cm 水泥板;瓮、水缸侧放于池底;花盆边缘切开一个 10 cm×10 cm 口子,倒扣于池底,开口用于亲蛸进出,花盆底部小圆孔便于盆内外水体及气体交换。洞穴及躲避物件数量应多于亲蛸数量,以保证每头亲蛸有处可栖。培育用水为砂滤水,水深 0.5~0.8 m,微充气。冬春季水温较低时使用烧煤无压锅炉进行升温,保证池水温度 15℃以上。

②放养密度:真蛸具喜独居、占地盘、相互残杀特性,放养密度以 0.5~1 头/平方米为宜。

③日常管理:投喂活小杂蟹或冰鲜杂鱼,日投喂量为亲蛸总重量的 6%~8%。每天排干池水,清除蟹壳及残饵,检查亲蛸有否产卵,加新水至指定水位。每天记录海水水温、盐度,观察亲蛸摄食、活动情况。

2. 附卵器选择

在池内或网箱中吊挂圆形鲍鱼皮桶、方形鲍鱼箱和扇贝养殖笼作为真蛸的附卵器。圆形鲍鱼皮桶由塑料制成,直径 30 cm,高 40 cm,桶口敞开,方便真蛸自由进出,桶壁具圆形的小孔,有利于水流的进出。方形鲍鱼箱由塑料制成,四周密布小孔洞供水流进出,长方形,规格为 40 cm×32 cm×12 cm,5 格连成一串,下 4 层以上一层底为盖,最上层另外加盖,各层的门敞开,供真蛸自由进出。扇贝养殖笼分 10 层,圆筒状,由网衣和塑料盘连接而成,侧方开口不缝合,笼高 130 cm,层间距 12 cm,网目大小 3 cm,塑料盘 Φ30 cm,盘上孔洞 Φ1 cm。真蛸当水温上升到 13.5℃以上时就开始有少量产卵,在 16.0℃左右多数开始产卵。附卵效果以方形鲍鱼箱为最好,圆形鲍鱼皮桶次之,扇贝笼最差。

3. 产卵量计算

一个真蛸雌体的产卵总数可达 15 万粒(图 5-77),卵粒很小,长径 2.3~2.5 mm,短径 0.85~0.95 mm,经过亲体选择,对雌、雄进行合理搭配,在自然海区用网箱培育亲蛸，产卵率较高，73.3%～83.3%；室内水泥池培育产卵率相对低一些，为68.0%。在亲蛸培育时只要搭配少数雄蛸即可满足需求，雄蛸过多，它们反而会为争夺交配权而引发争斗和相互残杀。在未经过挑选的真蛸养殖网箱中吊挂一定数量的附卵器，等亲蛸在附卵器中产卵后再将附卵器连同亲蛸与卵群一起移到另一网箱或水泥池中培育，也是一种有效的亲体选择方法，可减少雄蛸和不产卵雌蛸的浪费。

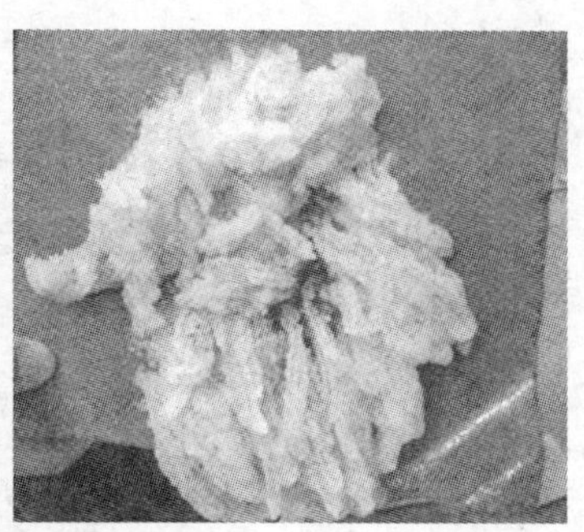

图 5-77　真蛸受精卵

4.受精卵人工孵化

(1)孵化方法：待亲蛸产卵完毕之后，将附卵器连同亲蛸与卵群一起移入另一网箱或室内水泥池孵化。网箱孵化全部由亲蛸护卵进行，为了了解亲蛸护卵对孵化的作用，在室内水泥池孵化时将部分护卵亲蛸去除。在没有亲蛸护卵的水泥池中孵化时要加大充气和换水量，必要时将卵群从附卵器中剪下，吊挂在水池中的筛绢网内孵化。真蛸卵孵化时间长短与水温关系密切，水温越高，孵化时间越短。为了节省成本和提高孵化率，可先让卵群在自然海区网箱中孵化一段时间，至胚胎变态到“黑株”后期快要出膜前1～2 d再移到室内孵化。由于胚胎期中获得丰富的卵黄营养，再加以厚层卵膜的保护，头足类卵的孵化率甚高，一般可达70%～80%，当环境条件良好时，孵化率还会提高。在水温13.5℃～28.0℃范围内，真蛸卵可以正常孵化，孵化率一般可达60%～80%，超过28℃时孵化率明显下降。真蛸产卵量虽明显高于其他头足类，但由于幼体浮游期长，存活率偏低，因此，苗种培育比其他头足类反而要困难得多。

(2)孵化设施：孵化前期指单一亲蛸受精卵开始产卵、产卵完毕至卵窝开始孵出幼体；孵化后期则从卵窝开始孵出幼体至整窝受精卵孵化完毕。孵化前期在水泥池进行，孵化后期则采用孵化桶孵化，以便收集真蛸浮游幼体。

(3)孵化条件：水泥池和孵化桶使用前进行清洗、消毒。孵化用水为砂滤水，水深 0.5～0.6 m。连续充气，水泥池以 0.25～0.5 窝/平方米为宜，孵化桶每桶 1 窝。冬春季水温较低时水泥池使用烧煤无压锅炉、孵化桶使用电热棒进行升温，保证孵化用水温度 15℃以上。

(4)日常管理：投少量活小杂蟹，投喂量为亲蛸数量的两倍。水泥池每星期换水一次，换水时排干池水，清除蟹壳及残饵，检查亲蛸是否继续产卵，加新水至指定水位；孵化桶收集初孵幼体时即刻换水，每天 1～2 次。每天记录海水水温、盐度，观察亲蛸摄食、活动情况。

5. 幼体培育和生长

幼体孵化后立刻将其转移到培育水槽中投饵培育。饵料投喂晚了，会严重影响存活率，饵料是影响蛸类幼体发育和生长的关键因素，应该重点考虑饵料个体大小、浮游性、密度以及营养价值等。真蛸幼体具有较长的浮游阶段，从浮游期开始投喂天然甲壳类以及蟹幼体，至底栖阶段存活率仅 8.0%或 8.9%。开口饵料投喂 1.1～1.7 mm 的卤虫，随着幼苗的成长，慢慢改投较大的卤虫。饵料密度与培育密度有关，适宜密度为 1～2 个/毫升。饵料密度低，幼体的存活率也低。投喂饵料时应进行强化，特别应增加二十碳五烯酸、二十碳六烯酸等高度不饱和脂肪酸的含量。

除卤虫幼体，桡足类、枝角类、端足类、虾蟹幼体都是可选饵料，饵料规格为幼体胴体的 1/3～2 倍。一般蛸类幼体投饵率约为其体重的 20%，到成体降到 5%，饵料需求量极大，天然饵料会供不应求。所以新的冷冻饵料或配合饵料的开发很有必要。另外，为了使幼体摄食“不动饵”，人工构建水槽形成水流是非常必要的。

水温对苗种生长、成活率有直接影响；摄食饵料的适宜温度在 23℃～25℃，27℃以上不适宜培育。低盐度和盐度的急剧下降都会使苗种活性降低。适宜的光照强度是水面 600～1 000 lx。如果夜间照明将降低苗种摄饵行为，对生长、成活率有影响，应熄灯为好。在培育水体中添加微绿球藻 100 万细胞/毫升，有助于卤虫的营养，对苗种成长有利。还可以缓和光照，减缓幼体的紧张压力。培育幼体的适宜密度 2 000～4 000/m^3，密度太大，饵料供给不足，会出现相互争食、残食现象，影响培育。

真蛸刚刚破膜而出的幼体(图 5-78a)在 23℃水温培育 30～35 d，逐步营底栖生活，大小约 10 mm。浮游期和底栖后的生态差别很大，在培育技术上也有差别，可以进行饵料转换，逐步投喂冰鲜饵料。在此期间投活饵会显著提高幼体成活率，当胴体长超过 30 mm 时(图 5-78b)，白天全躲在遮掩物下，只晚上出来捕食，继而可以进行放流和养成工作。

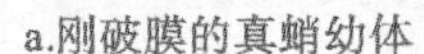

a.刚破膜的真蛸幼体　　b.养成幼苗

图 5-78　真蛸幼体

第六节　贝类苗种的中间育成

贝类苗种的中间育成是指稚贝在室内经过一个阶段培育后，由于室内环境条件很难满足稚贝生长发育的需要（或成本太高），在其达到一定规格后，移到海上培育成可供养殖、增殖的苗种过程。它是人工育苗的第二阶段，其成功与否将关系到人工育苗的成败。

一、出池下海前的准备工作

1. 加强出池前的稚贝锻炼准备工作

（1）加强幼苗下海前的锻炼：在室内幼苗已附着后应立即增加动水的力量与时间。可使用流水，水泵循环或用空压机加大充氧量以增加幼苗本身附着能力的锻炼。还要使育苗池内水温与相对密度等都接近自然海水条件，并及时倒置采苗器，使附苗均匀。

（2）增加投饵量加速稚贝的生长：幼虫变态后，生活力增强，投饵量可增加到前期 1～2 倍，以便加快幼苗生长，使体长达 500 μm 以上再向外海移养。

（3）加强光线：幼苗附着后贝壳颜色与光强有直接关系，如贻贝在弱光处显得透明、白嫩，而在光强处很快长成紫黑色。育苗池的光照比较弱，一旦移入海中，由于光照较强，也容易引起稚贝脱落。为了使幼苗健康成长且适应海上自然光强，减少垂直移动而造成脱落，此时可采取尽可能地提高育苗室光强的措施。

（4）下海前洗下过密与附着不牢的幼苗：附着类型的贝类有群聚习性，由于池内苗器的空间有限，因此出现过密现象，尤其在角落里和近水表层的采苗器上往往聚集成团。这些幼苗下海后很容易成团脱落，因此除了多换和倒置帘子的位置以减少成团现象外，还要在下海前把过密和附着不牢的幼苗洗下，令其重附在空白帘子上然后下海。对贻贝来说，一般每个帘子附苗 10 万个左右较为合适。

(5)在适当时期下海：附着后的幼苗不宜在室内长期培养，一般在附着后几天或长至体长 500 μm 以上时便可下海。下海前应注意温度不要相差太大，并收听当地的天气预报，防止下海后遭到大风浪的袭击和由此而带来严重的淤泥沉积。另外，还要注意尽力避开当地附着生物如海鞘类以及海藻的大量繁殖时期。

下海时选择在风平浪静的早、晚或阴云天，应避免暴晒与受强光刺激。运输可用干运，但要有遮盖设备保持湿润。操作要轻，下海挂的水层在水下 1～1.5 m(以防风、防光、防附)，待适应后，再提升水层。

2. 出池前保苗器材的准备工作

(1)在出池前一段时间准备好出池用的一切不同规格的网袋、网箱，分苗网袋及一切工具。

(2)选好中间育成海区：首先应选好海区，设置筏架及整畦，暂养海区应选择风浪小、水流平缓、水质清洁、无浮泥及污染、水质肥沃海区。

3. 出池前的稚贝计数

稚贝出池下海，首先要统计数量，以便于统计出苗量及保苗率，便于控制放养密度。计数方法可采用取样法，求出平均单位面积(或长度)或单个采苗器的采苗量；也可采用称量法，取苗种少量称量计数，从而求出总重量的总个体数。

二、海上稚贝的中间育成

1. 埋栖类型的中间培育

属这一类型的有泥蚶、缢蛏、蛤仔、文蛤等，由于出池时个体较小(1～3 mm)，因此不能直接投入养成场，需要中间饲养。按贝类习性选好地点后，还要注意每潮干露的时间和干出后滩温的变化。然后进行翻滩，筛去碎石、螺、壳、杂藻，去掉沉积污泥，调整泥、沙含量，最后耙平(沙底)或压平(泥底)。再将稚贝于早、晚退潮时移殖滩上。如果利用旧苗塘，也需要重新翻滩，并用氰化钠消毒(每亩施药 1.5 kg)，再用水冲洗几遍，过 10 天后，在清晨将水排干，把出池的稚贝均匀地撒在滩上，待钻入滩涂后，再把水徐徐引入塘内，水深约 50 cm。饲养期间要加强管理，经常换水，喷洒底栖硅藻，定期洗苗转塘。

2.固着与匍匐类型的中间育成

固着生活的牡蛎在附苗后，在池内养一段时间，可直接将稚贝连同固着基一起移到海上吊养，无需专门保护，待长到一定大小后及时疏养。使用水泥砂网片采苗的，在海中成苗后要剥下，装入金属网笼中养成。

匍匐生活的鲍，目前饲养的方法有海区吊养和在池中继续饲养两种。水池饲养需加强换水，同时要解决稚鲍的饵料；因为早期匍匐幼体，直至长到5 cm以上的鲍苗，都是舔食附着基上的单胞藻，所以附着基上的饵料有无是饲养成败的关键；日本用冷冻裙带菜，切成细丝饲喂生出第一呼吸孔的稚鲍（1～3 mm），结果收到了良好的效果。在出海吊养方面，我国南海水产研究所在池内养3个月后，长至5～8 mm时再吊养在海区浮筏上，经5个月的中间饲养长到2～3 cm后，再向海底投放养殖。

3.附着性贝类的中间育成

由于小稚贝和幼贝很不稳定，容易切断足丝，移向他处，下海时，环境条件突然改变，也就造成了附着型贝类下海掉苗，目前附着型贝类下海后保苗率均较低，贻贝较好可达50%～60%，扇贝20%～30%，因此向海上过渡是目前人工育苗中较关键的一环。

(1)贻贝幼贝的中间育成：

1)掉苗的原因：贻贝本身就具有移动的习性，这是掉苗的内在因素。其外因有以下方面。

①风浪：幼苗在室内小池子里培养，尽管人工搅拌使水流动，但基本上还是风平浪静的环境。因此，幼苗大都附在附苗器的表面与棕毛的末梢，足丝分泌也较少。下海时帘子刚入水中就可见到脱落现象，没有掉落的苗不久都爬在绳子股缝里和绳子之间的空隙里，棕毛末梢上很少看到有幼苗，采用其他采苗器也有类似情况，如用竹帘子、瓦片作采苗器。在室内都附着在器材表面上，下海后几天，只能在夹层里保有一点，其余全都脱落。此外还可以观察到港内风平浪静海区保苗率高，港外保苗率低，这都是风浪的影响。

②淤泥：在内湾，淤泥的沉积是严重的，在这些海区若不加管理，只要几天，棕绳等采苗器全被浮泥覆盖，这时对刚下海的幼苗来说很容易被淹没而窒息，再由于幼苗本身有活动能力，可以随时弃断足丝重新爬附。当幼苗找不到可附的基质时，又遇到风浪袭击便只有遭到沉底埋没或随波逐流的命运。

③水温：水温突然变化，也可刺激稚贝脱落。如贻贝在水温超过28℃以上，稚贝很易脱落。

此外，光照、相对密度等较大的改变，也会影响到掉苗。

2)下海后的保苗措施:

①选择好暂养海区:选择风浪小、水较清、水流畅通、泥砂较小、水肥、杂藻及附着生物少、水温变化幅度不大的海区为宜。

②为了减少风浪对苗帘表面的冲击,防止敌害生物对贝苗的侵袭及防止贝苗逃逸,可把数个苗帘并在一起,或者把单个苗帘卷起来挂到海中,这样可以有效地减少贝苗的脱落。但是,由于把帘子夹着或卷起来挂养,对海流畅通有一定阻力,影响幼苗摄食生长,有些附着生物也喜欢钻到阴暗的夹层里附着生长。因此在适当时期(一般淤泥较少海区,下海后 3～5 天,淤泥多海区时间要长些),需拆开帘子养育。

③利用保护网进行养育也是一种好方法,可以提高保苗率。它是将贝苗连同采苗器放进网笼里进行培育。网笼直径高度根据采苗器种类不同,可大可小,网笼网目一般为 36 孔/立方厘米(此网笼相当于扇贝半人工采苗笼)。稚贝下海 5～6 天便基本稳定,这时要取下保护网。采用双层网的保苗效果更好,内层网目孔径 1.2～1.5 mm,外层网目孔径 0.4～0.5 mm,有提高保苗率的作用。

④作好海上管理工作:下海后海上管理工作除了安全外,还要经常漂洗浮泥。浮泥要勤洗轻摆,时间长了则漂洗不下,洗重了又会掉苗,洗帘时把帘子提到水面以上,随着幼苗的生长,洗帘子的时间也可长些。

⑤提早分苗养殖:附苗较密的苗帘,随着贝苗的生长,必然由于相互拥挤而引起贝苗的大量脱落。因此,要采用提早分苗的方法,这种方法既可减少掉苗,又可以达到高产、早收的目的,贻贝早分苗的方法是采用先收 1 cm 左右的大苗分养,留小的到长大后再分的两次分苗法,或采用辽宁省的经验,把附有贻贝小苗(0.2～0.5 cm)的绳,计算好苗量后,分段剪下直接缠到养殖绳上,使小苗自动地均匀爬附到养成绳上生长。

也可以把壳长 0.5 cm 以下的贝苗,浸泡在 1.5%～2.0%的漂白粉海水溶液中,经 15～20 分钟,足丝溶解,贝苗自行脱落,再用包苗法或流水分苗法,使贝苗重新附着在养成器上进行养成。

(2)扇贝幼苗的中间培育:

1)中间暂养水域的选择

扇贝幼体在室内培育至壳高 350～450 μm 的附着稚贝时,便可移至室外进行中间暂养。为适应室内和海上水温差异,出池前逐渐降低水温至接近自然水温,此时贝苗因个体较小,降温后附着力减弱,极易从附着基质脱落,加上对外界的适应能力差,所以在长到 2 mm 前为死亡高峰期,此阶段也是苗种中间暂养的关键。

水域的理化和生物条件是动物栖息和生长物质的基础，选择适宜的中间暂养水域是提高保苗率的重要环节之一，目前中间暂养水域大体可分两种：

①海上中间暂养：稚贝暂养海区应选择风浪小，水流平缓，流速一般在 20～30 cm/s，海水透明度在 1.5 m 以上，无淡水注入，海水理化因子稳定，附近无工农业污水污染，生物饵料丰富，水温回升快的内湾较为理想。

当暂养海区水温达 10℃以上，即可将贝苗由室内移至海上进行中间暂养。因海区受风浪、气象影响较大，贝苗下海前应及时收听天气预报，在大汛潮后的 3～4 天无大风影响的天气下海较好，否则一旦受大风浪影响，贝苗会大批脱落、堆集、互相咬合死亡，或因风浪造成海水浑浊使稚贝的鳃被泥砂覆盖粘连，不能进行正常呼吸和水流交换致死。在贝苗下海的最初一周内有无风浪的影响及风浪大小对苗种中间暂养保苗率的高低起着决定性作用。

②对虾池塘中间暂养：海上中间暂养受气象及海况条件影响较大，保苗率极不稳定，而在对虾池塘进行中间暂养能大幅度提高扇贝苗种中间暂养成活率，为苗种中间培育开辟了新途径。

对虾池塘中间暂养较少受气象特别是风浪影响，水温较同期海上水温回升快，池水经施肥和接入生物饵料后，浮游生物丰富，贝苗生长迅速，如各方面技术措施合理，可比海上保苗率提高 2～3 倍。对虾池塘保苗管理简便、省工、省力，刷洗网袋不受天气影响，同时一塘多用，前期暂养贝苗，后期可放养虾苗，大大提高了对虾池塘的利用效率，很受养殖者欢迎。目前在有条件的地方均开始采用对虾池塘进行中间暂养。但有些养殖者在没有全面掌握和灵活应用该项技术之前，盲目使用对虾池塘中间暂养贝苗，造成不应有的失误，据了解原因大致如下：

A. 虾池环境条件差，池周围无排淡水设施，当雨季来临，周围污物随淡水冲入池塘，引起水质污染、盐度偏低。水交换能力差，出现异常情况又不能及时大量换水，致使贝苗无法忍受而大批死亡。

B. 虾池水位较浅，不足半米，池底污泥较多，贝苗挂入池塘后很容易拖底，造成浮泥堵塞网眼，使海水内外交换率大大降低，从而使内部氧含量下降和食物贫化，加上排泄物累积及水质恶化，导致生长停滞和大批死亡。

C. 放养密度过大影响贝苗生长：对虾池塘暂养 0.5 mm 稚贝时，放养密度应控制在 3.5 万粒/立方米以下为适宜。依此推算，每亩虾池放养密度应在 2 000万粒左右，而不少出问题的单位每亩放养密度已大大超出此数，从而使一定生活空间内的食物供应量相应下降，贝苗食物能量得不到满足，生长就会受到约束。密度过大，呼吸排泄也增加，水质恶化快。

放苗密度除与饵料有关外，也与虾池水交换的能力有关，因此对虾池塘中间暂养必须考虑合理的放养密度。

D. 饵料生物短缺：放苗前未能及时施肥、接种饵料，放苗后池中贝苗所需饵料严重缺乏，又无补充措施，造成生长缓慢，体弱、活力差，经不起恶劣环境影响。

E. 肥水过早，饵料老化，造成水质恶化。为确保对虾池塘中间暂养获得好效果，必须在放苗前对池塘环境、水质进行调查，提前 10～15 天肥水，繁殖大量的饵料生物，放苗前根据池塘各方面条件，合理布置贝苗密度，并经常检查生长情况，定期测定虾池理化因子。

目前有些单位也采用虾池和海上相结合的中间暂养方法互相弥补不足之处，即贝苗出池后先在虾池暂养 7～10 天或更长些，待贝苗已适应外界环境后再移至海上继续暂养；或在虾池内养到 2 mm 左右，度过死亡高峰，分苗后再移入海上暂养。若虾池条件好，幼苗生长快，未出现异常情况，分苗后可继续在虾池养至商品规格，以上各种方法根据具体情况可灵活应用。

2）中间暂养器材的选用：中间暂养使用的器材虽然多种多样，但一般使用以下两种器材。

①聚乙烯网袋：聚乙烯网袋规格不一，小者规格为 25 cm×30 cm，大者规格为 50 cm×100 cm。据养殖单位经验，网袋过大，在海上受风面也大，易使贝苗脱落网底，因袋大，相应放苗多，因此脱落网底的苗压落聚集也多，且不易爬行而窒息死亡。网袋规格一般在 25 cm×30 cm～30 cm×40 cm 较为适宜，如图 5-79 所示。

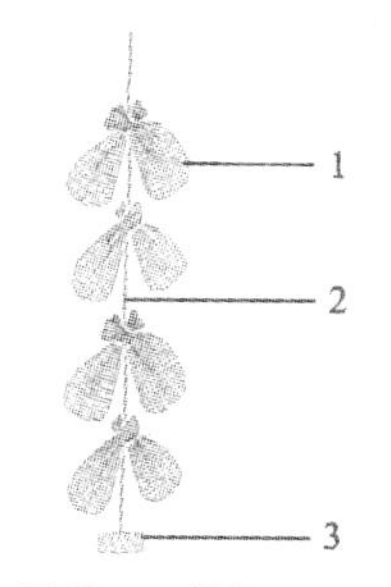

1.网袋　2.吊绳　3.坠石

图 5-79 网袋保苗

稚贝出池后要放入适当网目的网袋内生长，网目过小幼苗不易逃脱，但影响内外水流交换；网孔过大，滤水性能好对生长有利，使贝苗逃逸严重。为较好地处理二者关系通常依据出池贝苗的个体大小来选择适宜的孔径大小即：

$$i=L(1-h) \quad i\leqslant L>h>0$$

式中：i 为网目对角线长度；

h 为网笼孔径防漏系数，一般取值在 0.15～0.2；若为软质聚乙烯网，h 值可以略小；

L 为贝苗暂养初期平均壳高；

为帮助广大养殖用户更好地选择聚乙烯网目，现将网目规格列表 5-13 如下，仅供参考。

表 5-13　乙烯（乙纶）筛网规格表

目数(英寸)	10	12	16	20	24	30	40	50	60
近似孔径(mm)	1.96	1.63	1.19	0.97	0.79	0.6	0.44	0.35	0.29
网目对角线(mm)	2.77	2.30	1.68	1.37	1.12	0.85	0.62	0.49	0.41

网袋形状大体可分为扁形方角网袋和圆底形笼状网袋；扁形方角网袋为传统使用网袋，造型简单易作，成本低，但容易使脱落贝苗堆积在二个方角中。使用时若将内面翻出可略减轻上述现象。圆底形网袋就是在克服扁形方角袋存在问题的基础上改进而成，底面圆形内加一特制框架把底支撑成形或选用较硬的聚乙烯网直接缝成圆底形网笼，不需内加支撑物。圆底形网笼增大网袋空间及附苗面积，保持良好的透水性能，改善栖息环境，有利于苗种的中间暂养，较扁形袋更优越。有的养殖单位在扁形方角袋上略加改造，将两个方角缝成椭圆角，如内加一圆形框支撑也起到圆底网笼的作用。

②保苗网箱：由直径 3 cm 左右聚乙烯塑料管焊成长方形框架，规格一般在 300 cm×150 cm×100 cm，在框架外套上 50～60 目尼龙筛绢网或聚乙烯网，出池贝苗连同附着基平系在网箱内，然后将网箱上留口缝合吊挂在虾池的浮梗上，见图5-80。

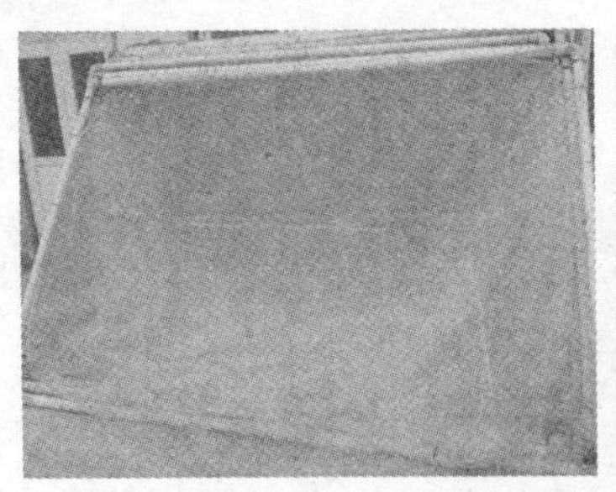

图 5-80　保苗网箱图

网箱箱体大，五面透水，饵料充足，箱内水流平缓，贝苗生活较为稳定，在较大的栖息面上不易出现贝苗堆积和互相咬合，这也是一种理想的保苗器材，目前使用网箱保苗的较为普遍。

网箱保苗的优点是可直接把附有扇贝苗的附着基装在泡沫箱里，挂到虾池可浮动的网箱里，出苗时省工、省力，对苗的影响小，而网箱内环境稳定，水交换好，管理方便，因此，保苗成活率高，生长快。

3)中间暂养管理措施：

贝苗出池后根据本地区、本单位具体情况选择适宜的保苗器材移入选定好的海区进行中间暂养，暂养过程中应注意以下几点：

①放养水层：在浅海区域放养，水层以中层偏上为好。水层过浅，易受风浪冲击，杂藻，粘污生物繁生易使网目堵塞；水层过深，海底泛起的泥砂阻塞网目，严重威胁贝苗张壳摄食，深水中饵料生物偏少，生长缓慢。一般吊绳长度控制在 1 m 左右为好。

虾池暂养贝苗的网袋要求离开池底 30～50 cm，最上层网袋不要露出水面为宜。

②暂养方法：聚乙烯网袋可单个或两个为一组系于绳上，网袋间相隔 15～20 cm，每绳可挂 6～10 个苗袋，苗绳下端挂 0.5 kg 左右坠石。

虾池水位较浅，每绳可挂 4～6 个苗袋(两个一组)，绳下端挂 0.25 kg 左右坠石。

塑料筒可单个或两个固定在一起，利用筒上两根吊绳分别挂在两根相邻的浮梗上。

网箱通过顶面的两个对角，系上吊绳挂于浮梗上。

③洗刷：暂养期间因网内附着生物及浮泥逐渐增多造成网眼堵塞，水交换减少使网内部环境恶化，因此贝苗出池后 7～10 天应开始洗刷第一遍网袋。但过早刷袋易使贝苗损失，刚下海的贝苗活力弱，附着力差，轻微振动就会使贝苗脱落底部。刷袋时切勿使用硬刷，尤其是第一次更要用较软的毛刷在水中轻轻刷去袋表的附泥，附苗密度大的袋应及时分袋，筒养七天后应更换网目较大的堵头。

④分苗：当贝苗壳高已达 3.5～5 mm 时应及时从附着基上全部刷下贝苗进行分苗，在扇贝苗刷苗中使用刷苗机设施(图5-81)。分苗时一般再装入30

图 5-81　扇贝刷苗设施

目的聚乙烯袋中，每袋可按 1 000～2 000 个装(图 5-82)，如装苗过程中发现有海星等敌害生物存在应及时捡出，否则将对贝苗造成毁灭性危害。分好的苗袋一般按 10 袋一绳吊挂海区继续暂养。

a. 洗苗

b. 装苗

图 5-82　分苗

当贝苗已达分苗规格时，不及时分苗而只把原附着基稀疏，仍会限制贝苗生长，因为经过一段时间暂养后，附着基上附着的杂藻、浮泥已很多(棕绳尤为明显)，即使洗刷也不能彻底解决，时间越长情况越严重，导致贝苗移走或死亡，同时，随着贝苗生长发育所需空间、面积、饵料不断增加，若都继续附着在原基质上，个体间将会互相制约，互相影响，必然造成生长缓慢，降低成活率。因此，适时分苗也是提高中间暂养保苗率的重要措施之一。

总之，扇贝苗种的中间暂养是一门综合性科学，要根据其生物学特性精心选择暂养水域，合理安排放养设施，采用科学的管理方法，不断总结经验，开拓持续、稳产、高产的新路。

第七节　苗种规格、检验与运输

一、苗种规格和要求

1. 苗种规格

苗种规格因种类不同而不同，附着性贝类壳高 0.5 cm 以上，固着性贝类为 1～2 cm，埋栖性贝类为 1.2～1.5 cm；匍匐性贝类为 1～2 cm。规格合格率不低于 90%。

2. 苗种要求

苗种健壮，活力强，大小均匀，畸形率和伤残率不高于 1%。

二、苗种检验方法与规则

苗种出售前，必须进行检验。检验规格合格率、畸形率和伤残率，以一次交货为一批。

1. 抽样计数

(1)个体计数：从相同的苗种暂养器中，随机抽取1个器具作为1个样品计数。样品苗种数量应在1 000个以上，重复5～10次，求样品的苗种平均数，再按器具数推算本批苗种数。

(2)重量计数：将一批苗种全部从暂养器中取出称总重量，然后随机抽取2～4个样品，称重计数，每个样品苗种应在10～100 g之间，求样品单位重量的苗种数。

2. 判断规则

(1)个体计数和重量计数两种抽样计数方法均具有同等效力。

(2)抽样检验达不到各项技术要求的均判定为不合格，不合格苗种不应销售和起运。

(3)若对检验方法和计数结果有异议，应由生产和购买双方协商重新抽样复验，并以复验结果为准。

三、苗种运输

贝苗的运输，一般采用干运法，运输时间不宜超过6小时，埋栖性贝类等可长些。运输中应注意以下问题：

(1)运苗时间应在早晚进行，长距离运苗时，应选择在夜间运输。

(2)在运苗前应提前将海带草用海水充分浸泡，装苗前，先用海水将车船冲刷干净，然后铺上海带草。

(3)装苗时一层海带草，一层贝苗，最上层多放些海带草。装完后，用海水普遍喷洒一次，直到车底流下清水为止。这遍水的作用，一是降低温度，二是冲刷采苗袋上的泥和杂质，然后盖上篷布。篷布和苗之间留有空隙，保持空气流通，避免篷布挤压贝苗。有条件的可用双层塑料袋装冰少许，以保持低温和湿度，提高成活率。

(4)运输贝苗前应收听天气预报，组织好人员，做好各项准备，苗运到后立即装船挂苗，尽量缩短干露时间。雨天或严冬季节一般不适合苗种运输。

第六章　贝类室外土池人工育苗

第一节　贝类土池人工育苗的基本设施

土池人工育苗是在露天池中进行的人工控制下育苗，包括亲贝的选择和处理、诱导产卵和排精，以及幼虫培育等。因面积大，洗卵和清除敌害工作比较困难，故人工控制程度较差。但这种方法设备简单、成本低，是多快好省的大众化育苗方法，又称半人工育苗。

一、育苗场地的选择

1.位置

应建在高潮区或高、中潮区交界的地方。无淡水威胁，风浪不大，潮流畅通，有淡水汴入的内湾或海区，地势平坦的滩涂为最好。

2.底质

滩涂底质多样，有泥滩、砂滩、泥砂滩、砾石滩等。贝类种类不同，对底质要求也不一样。泥蚶、缢蛏喜欢泥多砂少的砂泥滩；文蛤、菲律宾蛤仔喜欢砂滩或砂多泥少的泥砂滩；牡蛎、贻贝、扇贝等固着和附着生活的贝类，不受底质的限制，岩礁底更好，但纯泥底质是不适合的。

3.水质

无污染，必须符合渔业用水的水质标准。

4.其他

交通较方便，水电供应有保障。

二、土池的建造

1.大小

一般以 20～10 亩大小的土池为宜，管理操作比较方便，最大不要超过 100 亩。育苗池太大，操作不便。土池为长方形，池子座向要东西长、南北短，防止在刮东南风或东北风时，造成幼虫过于聚集的倾向。

2. 筑堤

内外堤要砌石坡堤，内坡最好用水泥浇缝。土池内坡设有平台，便于操作和管理。池堤应该高出最大潮水最高水位线 1 m。池内蓄水深度 1.5～2 m。

3. 建闸

闸门起着控制水位、排灌水量、调节水质、纳进天然饵料等作用。闸门的多少、大小、位置，要根据地势、面积、流向、流量等决定。一般要建进、排水闸门各一座，大小应以大潮汛一天能纳满或排干池水为宜，闸门内外侧要有凹槽，以便安装过滤框。排水闸门低限的位置应略低于池底，以便清池、翻晒和捞取贝苗。

4. 平整池底

池中间挖一条深 0.5 m 的纵沟，池底要平整。埋栖型贝类要加铺薄薄一层颗粒为 1～2.5 mm 的细沙层，以利于眼点幼虫附着变态。

5. 催产网架

建在进水闸门内侧，可用石条、水泥板或木棍等架设而成，上面铺有网衣，以便亲贝催产用。一个 20 亩左右土池建 2 个高 1.2 m 左右，长 15～16 m，架宽 6 m 的催产架即可。

6. 其他

若建池位置较高，应设有提水工具，保证加水和提供足够天然饵料。根据实际需要，设饵料池，人工培育单细胞藻类，以补充池内饵料的不足。

第二节 育苗前的准备工作

一、清池、翻晒、消毒

1. 清池

清除淤泥、拣去石块及其他杂物，排除浒苔等大型藻类的附着基。

2. 翻晒

在育苗前一个月左右，要排干池水，翻耕滩地，暴晒 10 天左右，起消毒、氧化、改良底质的作用，且利于贝苗钻土栖息。如果底质结构不适宜，要适当加沙或加泥。

3. 消毒

在亲贝入池前 2 个月要纳水浸泡并换水 2～3 次，浸泡水要达到 1 m 以上，直到 pH 稳定在 7.6～8.5 之间。旧池在育苗前 2 个月应把水排干，让太阳暴晒 10～15 天。水沟用(500～600)$\times10^{-6}$浓度的漂白粉消毒或茶籽饼(5～7 千克/亩)杀除敌害生物。消毒后，用尼龙筛绢网闸过滤海水，网闸网目 90～150 μm，过滤海水进土池浸泡 2～3 天后排干，再进水浸泡，反复 2～3 次便可。

二、培养土池基础饵料

消毒后，应在育苗前 7～10 天，用尼龙网闸滤进海水 30～50 cm，施尿素(0.5～1)$\times10^{-6}$浓度，过磷酸钙(0.25～0.5)$\times10^{-6}$浓度和硅酸盐 0.1$\times10^{-6}$浓度来繁殖天然饵料。有条件时，最好投入人工培养的湛江叉鞭金藻、等鞭藻、牟氏角毛藻、小硅藻及扁藻等藻种，加快饵料生物培养。

第三节　匍匐型贝类的土池人工育苗

泥螺的土池育苗可采用两种方法，一是将性成熟泥螺作为亲体直接养于池塘内，使其在池塘内交配、产卵，并在池塘内培养浮游幼虫和匍匐幼虫；另一条则是在泥螺养殖海区采集卵群，于土池内孵化培育成苗。

1. 场地选择

选择滩面平坦、水流缓慢、饵料丰富、各项理化条件符合泥螺幼虫存活生长的滩涂，进行围坝。每池面积小者 333～667 m^2，大者 1 333～2 000 m^2，堤高0.5 m，退潮后能蓄水 0.2 m 以上的高潮区，废弃的池塘和盐田经改造后也可利用。

2. 清塘

在投入泥螺亲体或卵群前半个月，将滩面深翻 1 次，翻耕深度一般 20～30 cm，耙碎泥块，清除杂贝和其他敌害生物，可用药物清塘，每 667 m^2 用 60～75 kg 生石灰或浓度为(20～30)$\times10^{-6}$的三唑磷农药喷洒。育苗前进水0.1～0.3 m，然后施浓度为(0.1～1)$\times10^{-6}$的尿素、浓度为(0.25～0.5)$\times10^{-6}$的过磷酸钙、浓度为 0.1$\times10^{-6}$的硅酸盐来繁殖天然饵料。

3. 亲螺的选择、放养及交配产卵

选择春季产卵的成螺作亲螺，亲螺要求体壮、无创伤、无碎壳、个体大小均匀，约 200 粒/千克，生殖腺发育良好。亲螺入池前，用海水洗净。

亲螺放养密度为每 667 m^2 是 10～15 kg。均匀撒入池内，使其在池内自行交配、产卵和孵化。泥螺为雌雄同体，故交配的 2 个亲螺均能产卵。从交配到产卵约需 4 d。但由于入池前的亲螺在自然海区已有部分交配，故入池后第 2 天有的可产生大量卵群。卵群以 1 个卵柄固定于滩泥内，而卵群却悬于水中。每个卵群一般有卵子数千至万余颗。

池内的卵群产出的时间先后不一，且交配产卵后的亲体又可进行第 2 次交配产卵，故池内卵群中的受精卵发育不同步，致使池内卵群的孵化时间可长达 1 个多月，所以此期不可排水，以免浮游幼虫外流。

4. 浮游幼虫的培养

孵化出膜的面盘幼虫在水中浮游、摄食。此时应保持池水的深度，增加饵料生物，以利于浮游幼虫的发育生长。池中饵料密度要求在 2 万～4 万 cell/mL。若水色清，应向池内施肥。

幼虫培育过程中，要检查堤坝有无破损、漏水；要定时、定点测量水温、盐度、pH、溶解氧等变化，检查幼虫生长、摄食情况，发现异常，要及时采取相应措施处理。

5. 匍匐幼虫及泥螺的培养

浮游幼虫在水中浮游 2～8 d 即进入匍匐生活，此时的幼虫以足在滩面上爬行，肉眼尚不能观察到。随着生长，在滩面上出现花斑状时，不要惊动滩面。过 1 个多月以后，便可看到幼螺在滩面上爬行，壳高大小不足 1 mm。在匍匐幼虫和幼螺阶段，要做好以下管理工作：

(1)及时换水、晒滩。当泥螺幼虫进入匍匐生活后，此时的幼虫以齿舌舐食滩涂表面的底栖硅藻和腐殖质。所以在水体中大部分幼虫进入匍匐生活后，要及时排水、晒滩，让滩面的底栖硅藻繁殖起来，以促使幼虫和幼螺加快生长速度。

(2)适量施肥。根据水质肥瘦情况，适量施肥，一般每次可用浓度为 1×10^{-6}的氮肥、浓度为 1×10^{-7}的磷肥或每 667 m^2 施发酵过的熟鸡粪 30～50 kg，投放次数视各池油泥情况而定，在整个培养期间一般施肥 3～5 次为好。

(3)及时分苗放养。当幼螺生长到 5 万粒/千克左右时，要及时分苗放养。与缢蛏分苗一样，用刮苗袋和刮板采收幼苗。可根据幼螺的壳高大小选用不同规格刮苗袋洗苗。刮苗时，将滩面表层的幼螺刮入袋中，然后在水中将泥洗去，并把贝壳、杂螺、砂粒等杂质去掉，剩下的即为幼螺苗，用于分养。

(4)越冬保苗。当幼螺生长至米粒大小，正值隆冬季节气温很低、滩面温度降至 5℃或 5℃以下时，特别是北方水温常达 0℃左右，对幼螺威胁很大，此时应加深池水以保证池水的温度恒定。

(5)日常管理。可经常检查堤坝的安全,及时清除池内敌害生物,浒苔可用漂白粉杀灭[有效氯28%～30%,水温10%～15%,浓度为(1.0～1.5)×10^{-3};水温15℃～20℃,浓度为(0.6～1.0)×10^{-3};水温20℃～25℃,浓度为(0.1～6.0)×10^{-3}],喷药后2～4 h,浒苔便死亡。捞出死亡浒苔,6～7 h后立即进水冲洗,然后把水排掉,经2～3个潮水反复冲洗,幼虫即可正常生活和生长。其他敌害生物可以利用排水之机将其排出池外,栉水母和沙蚕等集中在背风处可用手操网捞捕。

当幼螺长至1万～2万粒/千克时,开始用于放养,此时的苗种大小为壳高2～4 mm,时间在翌年2～3月。

第四节　固着型贝类室外土池人工育苗

固着型贝类室外土池人工育苗主要指牡蛎的半人工育苗,由于牡蛎的苗种主要是采取自然海区半人工采苗和室内人工育苗,土池人工育苗不太多,在此简要叙述一下。

一、亲贝选择、暂养与诱导排放精、卵

1.亲贝选择

由于牡蛎1龄便可达到性成熟,因此亲贝一般选2龄左右,在繁殖季节进行挑选,亲贝要求个体健壮,无创伤、无死亡。检查性腺发育程度,洗净后按每亩放养量为25～40 kg暂养,最好选择将要产卵的亲贝。

2.亲贝暂养与诱导排放精、卵

亲贝放置在催产架上或采用网笼,进行筏式暂养促熟,利用阴干和闸门进排水等方法诱导亲贝产卵。由于气温高低不一,或成熟程度不同,阴干时间与流水刺激时间也就不一样,一般牡蛎阴干12小时左右。

利用涨潮水位差进行流水诱导产卵,流速控制在35 cm/s以上,诱导持续2～3小时即可。如果牡蛎阴干、流水诱导后亲贝仍不产卵时则需继续蓄养亲贝直到成熟。

牡蛎产卵后,利用闸水进水、水泵抽水,利用增氧机搅动池水或人工搅动,使精卵混合受精,并使受精卵分布均匀。在牡蛎产卵后,如果遇到风浪,则有利于精卵混合和受精。

在有条件的单位，也可以利用全人工育苗的方法，即诱导亲贝排放精卵、受精、胚胎发育直至发育到“D”形幼虫，全部是在人工控制下进行。发育到“D”形幼虫时，再滤选或浮选入土池中进行培育。

二、幼虫培育

受精卵发育到“D”形幼虫后，就进入幼虫培育阶段。幼虫培育密度不宜太大，一般1～2个/毫升为宜。幼虫培育期间需作好以下几项工作。

1. 加水

每日涨潮时将海水通过筛绢网过滤进水10～20 cm深，以保持水质新鲜，增加饵料生物，有利于浮游幼虫发育生长，有利于稳定池内水温与盐度。随幼虫发育生长，逐渐增加进水量。

2. 施肥

池内幼虫密度比自然海区大，而流动水量比自然海区小。饵料生物不足是当前大面积土池育苗普遍存在的问题。池中饵料生物密度要求在$(2\sim4)\times10^4$个/毫升。若水色清多说明饵料不足，应通过施肥方法增加饵料生物确保浮游幼虫顺利发育生长。每隔1～2天向池内施尿素$(0.5\sim1)\times10^{-6}$浓度，过磷酸钙0.5×10^{-6}浓度等营养盐，同时接种单细胞藻类，加快饵料生物繁殖。

施肥应注意的事项：

(1)施肥应少量多次，以免浮游生物过量繁殖，引起pH和溶解氧大幅度变化，影响幼虫的生长发育。

(2)观察水色，当水色为黄绿色时，就要停止施肥，如果水色为棕褐色，要添加海水，改善水质。

(3)“D”形幼虫时期，饵料生物密度为1.5×10^4个/毫升，壳顶期，需增加至$(2\sim3)\times10^4$个/毫升，密度过大，不宜施肥。

3. 巡视与观测

(1)要检查堤坝有无损坏，闸门是否漏水。

(2)定时、定点观测水温、盐度、pH、溶解氧等变化情况，发现异常，要及时采取相应措施处理。

(3)每日要取样检查幼虫生长、发育、吃食情况，检查饵料生物量和敌害生物等情况。

4. 投附着基

当幼虫发育至出现眼点时，即将进入附着变态阶段。作为牡蛎幼虫的固着基一般为贝壳串、聚乙烯网片、塑料薄膜片、石砾等。在投放前进行洗刷、消毒处理,同育苗部分,用量随密度而定。

在国外一些牡蛎育苗场,专门从事幼虫培养工作,将室内人工培育的幼虫待其发育到眼点幼虫时,筛选入池中或长途运输到他地池子,在大水体的池子改良底质或人工投放适宜的附着基,让幼虫附着变态,发育生长,从而获得养殖用的苗种,提高室内育苗池的利用率和出苗量,降低生产成本,走人工育苗和半人工育苗相结合的道路,是一项多快好省的苗种生产方法。

三、稚贝培育

从营浮游生活的幼虫转变为营固着生活的稚贝时,因滤食器官还不完全,贝壳也未钙化,生命力较弱,死亡率很高,此时要特别精心管理。

1.加大换水量

稚贝固着后,应由小到大地开闸换水,保证水质新鲜,提高稚贝成活率。随着稚贝的不断生长,加大换水量,使饵料丰富,加快其生长发育速度。

2.适量施肥

稚贝生长阶段,以每毫升 5×10^4 个左右饵料生物为宜。当自然海水达不到应有密度时要适时施肥,一般大潮期间通过加大换水量保证饵料生物的供给,小潮期间要施 $0.5\times10^4\sim1\times10^{-6}$浓度的尿素。

3.控制水位

池水浅、透明度大、饵料生物多、贝苗生长快,成活率高,但要注意,池水过浅,7、8 月份水温过高,不利于贝苗生长。水深影响贝苗的存活率,在连续大雨天气,盐度突然降低,易造成贝苗死亡,此时应加深水位,加大换水。

4.越冬保苗

在北方,12 月至 2 月份,水温下降,常达零度左右,对于体小、抵抗力弱的蛎苗威胁很大,因此,冬季必须提高水位,加水保温越冬。

5.敌害防除

稚贝期敌害很多,如鱼虾类、桡足类、球栉水母、沙蚕、浒苔、水鸟等。

(1)鱼蟹类:如鳗、虾虎鱼、河豚等鱼类以及梭子蟹等蟹类常摄食贝苗,应在进水时,设密网滤水,以减小鱼蟹类的危害。

(2)浒苔:大量繁殖时与饵料生物争营养盐,使水质消瘦,且覆盖池底,能闷死贝苗,使 pH 变化大,影响贝苗生活。浒苔死亡后,还能败坏水质,影响贝苗存活。

浒苔防治:池子加砂时粒径要适宜,避免过粗,以减少浒苔附着。浒苔大量繁殖时,可用漂白粉杀除。漂白粉浓度随有效氯的含量与水温的不同而异。另外也可用捞网捞出。

其他生物敌害的防治，可利用晚间开闸门、放水之机，排出池外。晴天刮大风时，栉水母及沙蚕集中在背风处，可用手操网捞捕。对于蟹类，可将水排干，人工捕捉之。

四、移苗放养

池中稚贝栖息密度过大时，生长速度缓慢，为了促进稚贝生长，增加产量，提高成活率，待稚贝壳长达到 2～3 mm 后，此时应将稚贝移苗放养。移苗放养的海区应选择风浪较小、潮流畅通、敌害生物较少的地方。进行筏式暂养或滩涂播养，并疏散密度。

第五节　附着型贝类室外土池人工育苗

附着型贝类主要是指扇贝、贻贝、珍珠贝等，不过在我国附着型贝类的苗种生产主要以室内人工育苗和半人工采苗为主，而附着型室外土池人工育苗在我国还未开展起来。另外，附着型贝类土池人工育苗和牡蛎土池人工育苗大致相似，在此以栉孔扇贝、翡翠贻贝为例简要叙述一下。

一、栉孔扇贝室外土池人工育苗

（一）亲贝选择、暂养与诱导排放精、卵

可参照上一章介绍的扇贝人工育苗的亲贝选择、暂养与诱导排放精、卵。

扇贝以每亩的放养量为 60 kg 进行暂养。诱导亲贝产卵方法有阴干处理和流水处理等方法。

（二）幼虫培养

可参照上一节固着型贝类半人工育苗。

附着基的投放：是以红棕绳、网衣、采苗袋为附着基，当幼虫发育至出现眼点时，即将进入附着变态阶段，开始投放附着基，附着基投放量根据幼虫密度适当加入。

（三）稚贝的培育

可参考上一节牡蛎稚贝培育部分。当稚贝达到 1～2 mm 时，可移到海上疏散暂养到商品规格而出售或养殖。

二、翡翠贻贝室外土池人工育苗

(一)育苗池

室外大型水泥池或土池,大小因地制宜。

(二)亲贝选择与产卵

在翡翠贻贝的繁殖季节,亲贝系采用自然海区的2龄贝,洗刷后,装于网笼内直接挂于室外池内暂养。亲贝性腺成熟后,加水时流水刺激而引起亲贝自行排精和产卵,并在水池中受精发育。

(三)幼虫培育

1.幼虫培育密度

为1~2个/毫升。

2.培育用水

幼虫浮游期间不换水,采用少量加水,投放采苗器后每天排换育苗水量5%左右。水温在29℃左右。

3.饵料及施肥

采卵前几天在室内池子里施放十万分之五尿液,并接种一些单细胞藻类(金藻、扁藻、角毛藻),以后视水池饵料繁殖状况每隔2~3天补充施肥一次,幼虫浮游期间,池中繁殖的饵料基本上满足幼虫摄食需要,附苗以后,随着幼苗长大,摄饵增加,再视情况补充投饵量和换水量。

4.附着基

主要用聚乙烯胶片,约20片为一串吊挂,也可用一些聚乙烯网笼、棕绳、棕帘等。

附苗后依南方育苗习惯继续培育至壳长3 mm以上,然后再收苗移到海上暂养或养殖。

5.幼虫生长

受精卵在24℃~28℃条件下,18~22小时发育至"D"形幼虫,5天进入壳顶期,9天进入壳顶后期,幼虫11天后开始附着,而同季节的室内育苗则分别为8天、15天及18天达到相应规格。

(四)相比室内人工育苗的好处

(1)幼虫发育速度快,育苗时间短,适于大规模的生产方法。

(2)提供了近似自然海区情况的适合基础饵料和培养环境,有利于幼虫的生长发育。

(3)简化育苗程序、降低了育苗成本。

第六节　埋栖型贝类室外土池人工育苗

埋栖型贝类室外土池人工育苗是埋栖型贝类苗种生产的主要方法之一，下面将以蛤仔、泥蚶为代表进行叙述。

一、菲律宾蛤仔的室外土池人工育苗

1. 土塘建筑

(1)地点选择：内湾，不受台风、洪水威胁，无工业污水污染，海水相对密度较稳定的高潮区，砂多泥少(砂 80%、泥 20%)的滩涂。

(2)面积：根据需要因地制宜而定，一般认为 5 亩左右较适宜，便于管理，几十亩的土塘可以划分成若干小区。

(3)堤岸大都是两边砌石的石坡堤，也有土堤，土堤堤坡必须植草以保护堤岸。堤高视地形而定，必须高出建池海区的大潮高潮线 1 m 以上。

(4)闸门：闸门是土塘建筑的一个关键部位。既要便于进、排水和适于流水催产，又要能够防止有害生物和大型浮游生物进入土塘。

(5)催产架：在闸门内面一侧，用石板架设而成。长 14 m、宽 5～6 m、高 1.0～1.2 m。用于催产时张挂铺放亲蛤的网片，且便于人在上面来往操作。

(6)铺沙：土池建成后，整平池底，开挖互相交错的引、排水沟 2～4 条，把埕地分成若干块，铺上细沙 10～15 cm。

在土塘旁边还要建筑亲蛤暂养(或精养)池和露灭饵料池等相应设施。

2. 育苗前的准备

(1)清塘：在育苗前 20 天排干池水，让太阳暴晒池底。每亩用氰化钠 5 kg，配成 0.5%浓度的药液全池喷洒；或每亩用茶籽饼 5 kg(需经泡浸)；可湿性“六六六”1 kg 配成药液泼洒。通过清池杀死有害生物，然后进水(网滤或砂滤水)冲洗三次。

(2)培养基础饵料，经清塘后，进砂滤水 50 cm 在催产前 6 天左右投入藻种，繁殖饵料生物。

(3)亲蛤暂养：育苗前一个月将亲蛤置于暂养池内蓄水精养。经过暂养的亲蛤性腺饱满，产卵时间延长，不受自然海区亲蛤排精、产卵的影响。

3. 亲蛤选择

选用经过暂养，性腺成熟的，或海区养殖性腺成熟的二龄亲蛤。一龄蛤个体大的，性腺成熟度好的也可以作为亲蛤。

4. 催产

采用阴干刺激加流水诱导方法催产。将亲蛤置于向北风处的平地上摊开，阴干刺激 6～12 小时，然后移入张挂于催产架的网片上(网片贴底)。平面铺开。经 3～20 个小时流水刺激，便能达到催产目的，一般排放率在 90%以上。亲贝成熟度不好或阴干刺激时间不足时潜伏期拉长，也有在下水后 60 多小时才排放。这里的关键问题是亲贝的成熟度。所以上塘育苗催产时间必须在自然海区蛤仔繁殖盛期。小水体育苗用 0.005%氨海水泡 4～14 小时，或雌性海水稀释液(每升海水 25～150 mg 性腺)诱导，亦能取得良好的催产效果。

5. 亲贝用量

亲蛤用量应根据性比、催产率、产卵量、受精率、孵化率、幼虫和稚贝成活率、土塘水体和计划单位面积产量等因素综合考虑而定。目前每亩土塘亲蛤用量为 50 kg 左右，最适当的用量有待进一步探讨。

6. 饵料

发育到“D”形幼虫开始摄食。在土池中，可人工培养金藻、牟氏角毛藻、异胶藻、扁藻来投喂，亦可利用进水时自然海水带来的单细胞藻类。

土池中饵料的增加依赖于施肥。在育苗过程中要根据水色变化情况(池水清澈，说明饵料生物少)适时施肥。一般是 4～5 天施肥一次，每亩施人尿一担；或者施以化肥，其浓度为：尿素$(0.5\sim1)\times10^{-6}$、过磷酸钙$(0.25\sim0.5)\times10^{-6}$，施肥后 2～3 天，水中饵料生物显著增加，水色呈黄绿色或黄褐色。一般每毫升水体饵料生物数量能保持在 3 000～1 万个以上，就能满足育苗的需要。

如果遇上连续阴天，饵料生物繁殖缓慢时，初期幼虫可投喂酵母片(每立方米水体 0.25～0.5 g，碾碎后在海水中放置 5～6 小时，取上层清液投喂)；后期幼虫可投喂经网滤的豆浆，或开闸大量加入粗滤海水，以补充饵料生物不足。

7. 理化因子

在土塘育苗中，其允许的理化因子变化幅度是：水温 10℃～27℃，盐度 19～32，pH 7.6～8.73，溶解氧 3.18～8.6 mg/L。

稚贝附着后，闸门筛网可换上粗网目筛绢或塑料纱网，撤去双层闸门中的砂滤器，闸板控制在使土塘中能保持 0.5～0.8 m 水位，让海水在涨退潮时通过粗网滤进去，借以增加饵料，驱使海水流动，促进稚贝生长。

8. 收苗

在土塘育苗中，从受精卵到稚贝，经过 5～6 个月的培育，生长至壳长 0.5～1 cm，即可收苗。一般采用浅水洗苗法，将土塘分成若干块，插上标记，水深掌握在80 cm上下，人在船上用带刮板的抄网（网目要比欲收的苗小，比砂及留养的苗大），随船前进刮苗，洗去砂，把苗装入船舱，小苗留在塘里继续培养。此外还有推堆法、干潮刮土筛洗法等，与采自然苗相似。

二、泥蚶的室外土池人工育苗

1.育苗场地的选择

潮间带，受有节奏潮汐的冲击，大河入海口的洗刷，滩质多样、地形复杂。选择育苗场地要从投资少、生产安全、有发展前途等方面进行慎重的考虑，一般应注意以下几点：

(1)位置：应选择滩地平坦、风浪较小、易于排灌、不受洪水影响、无污染、有少量淡水注入的高、中潮区内湾滩涂。位置太高，纳水困难；位置太低，不利于施工。

(2)底质：滩涂底质多样，有泥滩、砂滩、泥砂滩和砾石滩等。泥蚶喜欢泥滩或泥多砂少的泥砂滩。

(3)水质：所处海区的水质，相对密度为19～30，pH为7.6～8.5，含浮游生物多，含重金属离子要少。

(4)其他：适当考虑交通的便利性和附近养成滩面的情况。

2.土池的建造

泥蚶育苗所用土池的特点，是一池多用，即亲贝暂养池、诱导排放池、受精孵化池、幼虫和稚贝培养池。其大小因条件而定，小则几十亩，大则百多亩，一般以50～100亩为宜。建池工程主要包括筑坝、建闸、平整池底等方面。

(1)筑坝：以上围池堤，堤高视潮差高度而定，一般要高出大潮水位线1 m，其内、外侧以石块护坡，外坡护到坝顶，内坡要有1.5 m的垂直高，水深保持1 m左右，堤要牢固，顶宽和坡度要适宜。

(2)建造闸门：土池地址确定后，要先建闸门，以便建堤施工和合拢，闸门起着控制水位、排灌水量、调节水质、进纳天然饵料的作用。闸门的多少、大小、位置，要根据地势、面积、流向、流量等决定。

一般要建进排水闸门各一座，大小应以大潮汛一天能纳满或排干池水为宜。位置应选择在低处且能起水体对流作用为原则。闸门低限的位置应略低于池底，以便清池、翻晒和捞取贝苗。闸门对称，两侧要有凹槽建造，以便安装过滤框之用。

(3)平整池底：滩底高低整平、中部略高、两边略低、排水彻底，必要时，池底可加铺颗粒直径为1～2.5 mm的细沙层5～10 cm，利于蚶苗全面落滩。

其他：建池位置较高，应设有提水工具，保证加水，补充水流和天然饵料。另外，根据实际需要，设饵料池，位置在育苗池附近，面积为育苗池的5%，水深80 cm。

3.育苗前的准备工作

(1)清池、翻晒、消毒。

①清池：清除淤泥，拣去石块及其他杂物，排除浒苔等附着基。

②翻晒：入冬前应放干池水，翻耕耙平池底，起消毒、氧化改良底质的作用。且利于贝苗钻土底栖。

③消毒：在亲蚶投放前一个月纳水浸泡，并换水多次，使pH稳定在7.2～8.5之间，同时在积水处用茶籽饼(5～7.5千克/亩)，氰化钠0.25千克/亩或生石灰1 000千克/亩浸泡消毒，杀除敌害生物。消毒后要纳水洗滩多次，10天后使用无妨。

(2)培养基础饵料。

土池经过翻晒、消毒后，应在育苗前一个星期左右，开闸纳进经过滤网过滤的海水30～50 cm，施尿素$(0.5\sim1)\times10^{-6}$，过磷酸钙$(0.25\sim0.5)\times10^{-6}$和硅酸盐$0.1\times10^{-6}$，同时放进硅藻等藻种，培育饵料生物，为幼虫准备饵料。

(3)亲蚶的选择与定点精养。

①选优：底栖贝类从性腺成熟到死亡之前，每年都能繁殖而不受年龄的限制。一般2～3龄的亲贝怀卵量较多，生命力强，而在同龄群体中体大肥壮的亲贝怀卵量更多。为了获得质优量大的受精卵，在育苗前应做好亲蚶的选优工作，这是泥蚶土池育苗不可忽视的工作。

②定量：底栖贝类多为雌雄异体，雌性略多于雄性。个体怀卵量在100万粒左右，亩均放养密度以25 kg为宜。

③定点：亲贝选好后，要做亲蚶放养地点的选定工作。播种位置应选择距闸门口100 m左右，流速达30～35 cm/s与水流方向成垂直处进行条播。这种方法，精、卵排放率高，卵子扩散，有利于受精卵孵化。

④精养：为了促使亲贝性腺更快、更好地成熟，获得大量的优质卵，尽量排纳池水，保证水质新鲜、饵料丰富，或在亲蚶区投喂一定量的豆饼粉末，效果更好。

4.性腺成熟度的检查

泥蚶随分布纬度不同，南北方排放时间不一。因此，应对亲蚶的成熟度进行检查和观察，掌握其具体排放时间，以免精、卵流失，这是泥蚶土池诱导产卵的首要工作，其肥满度的特征如下：

(1)肉眼观察:剥开亲蚶的双壳,成熟的生殖腺明显丰满。几乎布满整个内脏团表面,覆盖着消化腺与中肠。根据细胞的发育程度,大致可分为五个时期:①恢复增殖;②生长期;③成熟期(分为形态成熟、生理成熟);④放散期;⑤耗尽期。

(2)载玻片上观察:用镊子取雌雄亲蚶性腺于载玻片上,滴一滴水,成熟的卵子马上散开,呈游离的颗粒状。

(3)显微镜观察:成熟的精子极活泼;成熟的卵子呈球形、卵球形、胞质均匀、核区消失。

(4)肥满度的测定:以蒸煮法使蚶肉与蚶壳分开。借恒温干燥箱进行60℃恒温烘干,21小时取出称重。其肉壳之间的比为肥满度。当肥满度达7%以上时,亲蚶就要排放了。在出现上述性状时,就要勤观察,最好每隔6小时检查一次,以防排放后随水流失。尤其是天气突变、气温下降、有大风或降雨等会引起亲蚶提前排放。所以,要特别观察掌握。

5.诱导排放与孵化

(1)排放特点:在条件适宜的情况下,成熟的亲蚶多在高潮活汛的夜间排放。首先是雌蚶双壳微张,排出黏液,接着排出橘黄色卵粒,慢慢散开。先后只用半小时即可,排出的卵是沉性卵。整个生产过程,精、卵分期、分批成熟,多次排放,一般每隔半月左右排放一次,先后可排放三次。以第一次排放的精、卵量大、质好。

(2)诱导方法:闸门敞开,设有防敌害渔网,海水随海区潮汐活动进出育苗池,流速在35 cm/s以上,进行流水刺激。此时应每潮拖浮游生物网取样镜检,当发现卵子或浮游幼虫时,要立即关闸闭流,防止随潮外流,以后几次排放任其自由。

当亲贝量小时,可在排放前,以阴干、降温和流水等因素综合处理,诱导排放。即从滩内将亲蚶捞起,降温5℃～7℃,于阴凉处阴干8小时左右,放入闸门附近,进行纳水刺激,若2小时以上,即可促使排放。

泥蚶属于沉性卵,在静水孵化。常因缺氧而影响胚胎的发育造成部分死亡,孵化率低,若以微流水孵化,可不断转动、扩散和均匀卵子的密度,极大地提高孵化率。

(3)控制水温:水温过高或过低都不利,受精卵的孵化和“D”形幼虫的发育,在胚胎时期,水温突然升降,会导致胚胎发育抑制,出现畸形和夭折,在“D”形幼虫期,水温升降剧烈,“D”形幼虫下沉甚至死亡。解决的办法,应加大进水量,提高水位,稳定水温。

6.浮游幼虫的培育

幼虫在浮游期,个体的健壮、浮游期的长短,主要取决于水质的好坏,饵料的多少。

(1)加水:浮游幼虫在生长发育整个过程中,需要较好的生态环境,应每天随大潮开闸过滤进水,逐步加到最大水位,保证水质新鲜,借以增加天然饵料与溶解氧。在添加水量时,应注意的是:

①幼虫密度大时要多进水;

②水温变化大时要多灌水;

③下暴雨时要多添水;

④幼虫后期要多加水;

⑤发现细菌性病症和纤毛虫时要多换水。

特别是幼虫后期。进入落滩变态,改变形态构造,出现了新的运动形式和生活方式,是生长发育的巨大转化。对生态条件要求非常严格。所以此期要加倍进水或换水,以保证幼虫的正常落滩变态。

(2)施肥:饵料是幼虫生长发育的物质基础,人工培育幼虫密度比自然海区的大,而流动水量却比天然海区的小,饵料生物不足是当前大面积土池育苗普遍存在的问题,因此,要搞好饵料供应,保证幼虫的正常生长发育。

①饵料种类:贝类幼虫饵料都是单胞藻。选种原则:个体小,便于吞食;不分泌有害毒素,危害贝类幼虫;细胞壁薄,易消化;营浮游生活,易培养。常用种有扁藻、角毛藻和等鞭藻。

②供饵方法:施肥接种时,向育苗池施尿素$(0.5\sim1)\times10^{6}$,过磷酸钙0.5×10^{-6}等无机盐;同时接种单胞藻藻种,使其繁殖,以供食用。饵料池供应时,当育苗池水清,幼虫胃空时,应将饵料池早已培养好的藻液打入育苗池,以供食用。因地制宜,以养虾池肥水滤去敌害生物,引入育苗池以供食用。

③施肥应注意的事项:

a.施肥要少量多次,以免浮游硅藻的大量繁殖,引起水体pH和溶解氧极大幅度的变化,影响幼虫的生长发育。

b.观察水色,当水色为黄绿色时,就要停止施肥,如果水色为棕褐色,要添加海水,改善水质。

c.在水体中,"D"形幼虫期,饵料生物为1.5×10^{4}个/毫升,壳顶期饵料生物为3×10^{4}个/毫升即可,密度过大不宜施肥。

(3)巡视与观测:

①要检查堤坝有无损坏,闸门是否漏水。

②每天要检查幼虫发育、吃食、饵料生物量和敌害生物等情况。

③要定时定点观测水温、相对密度、pH、溶解氧等变化情况，发现异常，要及时采取相应的措施处理。

7.稚贝的培育

稚贝培育成苗种，一般需半年的时间，其成活率与生长速度对贝苗产量影响很大，大换水，多施肥，保证水质新鲜，饵料丰富是稚贝培育阶段的重要工作。

(1)加强初期培育：幼虫变态是幼虫生活史的重要阶段，也是关系育苗成败的重要环节之一。幼虫由浮游生活转营附着底栖生活，它的滤食器官还不完善，水管尚未形成，贝壳也未钙化，生命力非常脆弱，死亡率高。因此，要精心管理，提供优良条件，主要工作是：①要加大进水量，保证水质特别新鲜。②要提供丰富的饵料。

(2)适量换水：在稚贝初期，底栖生活稳定后，应由小到大地开闸换水，保证水质新鲜，提高成活率，随着稚贝的不断长大，加大换水量。保证水质新鲜，饵料丰富，加快稚贝的生长速度。

(3)适量施肥：稚贝生长阶段，以 5×10^{-4} 个/毫升饵料生物为宜，当自然海水达不到应有密度，要在大潮过后的日晴气暖时适量施肥，保证饵料丰富。

(4)控制水位：土池水深 70～80 cm，透明度大，硅藻繁殖快，饵料生物多，使蚶苗生长快，成活率高。但要特别注意：池水过浅，8 月份水温过高，不利贝苗生长；风天里浪大水浑，影响贝苗的安宁和成活，在连续大雨天，易突然降低盐度，造成贝苗的大批死亡。

(5)越冬保苗：冬季(12～1 月)水温常达零度左右，对体小、抵抗力弱的稚贝威胁很大，自然滩涂蚶苗极少，一个很重要的原因是，冬季被冻伤、冻死。为此，冬季必须提高水位加大水体，保温越冬。实践证明，一般年份，水深 20 cm 蚶苗就不会冻死。

(6)及时移苗：因泥蚶土池育苗，受多种因素的制约，所创造的条件必然与自然海区的因素有差距。因此育成的稚贝较外海稚贝生长得慢，死亡率高。到第二年 5 月一般可长到壳长 2～3 mm。这时应移到已经整理好的育苗土田里培育，减小密度，加强管理，当抵抗力增强时，再移到养成区养成。

8.敌害生物的防除

泥蚶在浮游期、稚贝期敌害很多，如鱼虾类、桡足类、沙蚕、球栉水母、浒苔和水鸟等。

(1)龟虾类可在育苗进水时，设密网滤水，减少它们的危害。

(2)浒苔大量繁殖，与饵料藻类争营养盐，使水质变瘦；覆盖池底，使泥蚶窒息;生长旺盛使 pH 的变动幅度大,死亡后,败坏水质,影响蚶苗的成活和生长。

①以防为主:在育苗前清除浒苔孢子的附着基。暴晒池底消灭浒苔孢子。培育阶段或间隔暴晒池底,或加大水深、蔽光。

②药物杀灭:其使用浓度随有效氯的含氯量与水温而不同。含有效氯为28%～30%,水温 10℃～15℃,浓度为$(1\ 000 \sim 1\ 500) \times 10^{-6}$;水温 15℃～20℃,浓度为$(600 \sim 1\ 000) \times 10^{-6}$;水温 20℃～25℃,浓度为$(100 \sim 600) \times 10^{-6}$。喷药后 2～4 小时浒苔死亡后应立即捞除,6 小时应进水消除余毒。

第七章　自然海区半人工采苗

第一节　自然海区半人工采苗的基本原理

自然海区的半人工采苗是根据贝类的繁殖与附着习性，在附苗季节里选择贝类幼虫较多的海区，创造适宜的附苗条件，进行人工整滩或投放适宜的附苗器材（采苗器）进行海上附苗培育的一种生产方法。该方法具有方法简单、成本低、效率高等优点，是一种多快好省的生产苗种的方法，也是目前养殖生产中苗种来源的主要途径。

半人工采苗是介于采捕自然苗和人工育苗两者之间的一种方法，技术上要求比人工育苗较为简单。

半人工采苗的原理和基本方法

双壳类的成体有的固着在固着基上（如牡蛎）终生不能移动，有的终生用足丝附着在附着基上（如贻贝、扇贝等）。也有的成体钻在泥砂中营埋栖生活（如缢蛏、泥蚶、蛤仔等）。但是不论上述哪一种双壳类，在其生活史的早期阶段，都有一个共同的生活方式，除了它的卵在海水中受精，并在海水中发育，经过一段几个相似的浮游幼虫生活外，特别突出的特点是都要经过一个用足丝附着生活的稚贝阶段。然后根据成体生活型的不同，有的足丝消失或退化进入固着生活和埋栖生活，或者有的足丝进一步发达，终生营附着生活。即受精卵──►浮游幼虫──►用足丝附着的稚贝期。

（1）足丝消失分泌钙质贝壳进行固着生活；

（2）足丝退化，转入埋栖生活；

（3）足丝进一步发达，终生用足丝附着生活。

稚贝利用足丝进行暂时的附着，是十分必要的。它相当于一个船需抛锚固定位置一样，在大海里，船无锚则只有到处行驶或漂流。稚贝没有足丝，也难以固定位置，安居栖息，只能像幼虫那样过着流浪生活，最后因找不着适宜的附着基而夭折。因此能否创造一个适宜条件，让稚贝能够“抛锚”附着，则是一个极为重要的条件。因此，人们在摸清双壳类繁殖与附着习性的基础上，在自然界里，凡是有贝苗大量分布的海区，只要人工改良底质，创造适宜的环境条件或投放合适的采苗器就可以采到大量的自然苗。双壳类种类不同，附着方式不一样，对附着基要求不一，因此采苗方法也不一样，下面几节将分别叙述。

第二节　固着型贝类的自然海区半人工采苗

在完全泥和砂的海底，固着型牡蛎稚贝是不可能附着的，所以这一类型贝类，只有在岩礁或其他固体物上进行固着才能够生存。然而在半人工采苗中，由于人工投放固着基，在那些完全软泥或砂泥质海区，由于邻近海区有其幼虫或亲贝，也可能成为良好的半人工采苗场。

牡蛎是利用左壳固着在固着基上，在其幼虫结束浮游生活要进入底栖生活时，固着基的有无也就成为苗种能否产生的主要条件。因此，在采苗季节里，凡是有其幼虫高密度分布海区，只要人工投放采苗器作为它们的固着基便可采到大量的贝苗。

一、采苗场地

凡有牡蛎自然分布的海区，一般可通过半人工方法采到牡蛎苗，采苗场地的条件是：

1. 地形

选择风浪较平静的囊形或楔形内湾，地势平坦，冬季没有冰堆。

2. 底质

以砂泥质或泥砂质为好，若泥质太深，操作不便，采苗器亦有被埋没的危险。底质对石块、插竹采苗影响较大，但对浮筏式养殖影响不大。

3. 相对密度

近江牡蛎和长牡蛎选择海水盐度较低的河口附近；大连湾牡蛎和密鳞牡蛎应选在远离河口的海区；褶牡蛎采苗则介于两者之间。

4. 潮流

潮流畅通可带来丰富的食物，促进牡蛎生长，但过大，又可冲倒采苗器，一般流速维持在 40～60 cm/s 为宜。有涡流处对蛎苗固着有利。

5. 水深

依种类和采苗方法的不同，采苗场从潮间带附近可延至水深 10 m 左右。

二、采苗器

采苗器的种类很多，常用的有：

1. 石类

选择坚硬的花岗岩石块和石条作采苗器。石块以 2～4 kg 为宜。石条 1.2 m×0.2 m×0.2 m 或 1.0 m×0.2 m×0.05 m 左右。

2. 竹子

用直径 1～5 cm，长约 1.2 m 的坚厚竹子作为采苗器。使用前，应在泥砂中浸埋或长期阴干，斜插于潮间带 1～2 个月，除去竹酸或竹油方可使用。

3. 贝壳

一般多用牡蛎壳采苗，亦有使用大型扇贝壳或其他贝壳。

4. 胶带

利用自行车外带编制成的胶皮绳，有抗腐、耐用特点，适于筏式养殖用。

5. 水泥制作

水泥棒的规格一般有 50 cm×5 cm×5 cm 和 100 cm×10 cm×10 cm 两种（图 7-1）。水泥片的规格多为 22 cm×15 cm×1.5 cm，其他规格可适当选用。

图 7-1　水泥棒采苗

三、采苗期

各种牡蛎的采苗期长短不一，一般取牡蛎的繁殖盛期作为采苗期，采苗往往集中在 1～2 个月的时间内。牡蛎半人工采苗季节性很强，一失时机，就会影响一个周期的生产。因此，一定要掌握好，抓住时机。过早投放采苗器，会招致藤壶等生物占领附着基，或黏附上污泥使牡蛎幼虫无法固着；过迟了就采不到早期苗或错过季节。

一般说，近江牡蛎采苗期在 5～8 月间，褶牡蛎 6～7 月，长牡蛎 6～7 月。但各个海区的具体环境条件，特别是海水盐度和温度也有变化。在同一海湾，靠河口的场地，采苗期比外海来得早，因此，各地都应调查当地的具体情况，掌握好历史资料，找出准确的采苗期，以便更好地生产。有条件的地区可根据采苗预报确定采苗期。

四、采苗器投放量

采苗器投放量，根据场地、水深、底质软硬、水流的缓急和附着器的类型而定，各地也不完全一致，一般用量见表 7-1。深水区不需要留交通道，投放量可稍多一些。小石块适用于软泥底场地。蛎壳体积大，可以少投。

表 7-1　不同采苗器依场地不同的投放量

采苗器类型 / 场地	石类			蛎壳/m^3
	大块(3～5 kg)/m^3	小块(1～2 kg)/m^3	石条/条	
浅滩区	15～18	10～15	1 500～2 000	8～10
浅水区	25～35	15～20	—	10～15

运输船将采苗器运到指定地点投放后，在干潮时要及时进行整理排列，防止浮泥覆盖，影响采苗效果。

五、牡蛎的采苗方法

牡蛎的采苗方法因种类、地区不同，而有很大差异。归纳起来有以下几种：

1. 垒石采苗

适用于近江牡蛎、褶牡蛎的采苗方式。

(1)蛎石的处理：蛎石即用作牡蛎采苗的石块，新的石块可以直接投放，如果采用旧石，采苗前需清除石块上的附着物。如果用蛎壳也要捡大弃小。

(2)场地的整理：底质较硬的海区，可以直接在选好的海区上划分界限，树立标志，然后在涨潮时将采苗器运到指定的地点，待退潮后再进行整理。

底质较软的海区，在采苗前需要在潮间带修筑畦形的采苗基地，用石块、蛎壳作采苗器，畦宽一般 4～5 m，高 20～30 cm，畦与畦之间以沟相隔。畦间距 1 m 左右，用水泥制件作采苗器的畦宽 10 cm 左右，畦长 30～50 m。为了操作和交通方便，畦和畦之间均应有空道，为防止退潮后畦面积水，畦的中央应凸起，畦作好后，插竹作为标志，涨潮时将采苗器放在畦上，潮水退后再进行整理。

(3)采苗器的排列：因为悬浮在水中的泥砂会沉淀在蛎石上，且日光暴晒也影响采苗效果，所以为增加蛎苗固着，就要增加蛎石阴面。增加蛎石阴面的方法有两种：一是将蛎石堆列成长条状，另一方面是将数块蛎石为一簇堆在一起。深水区采苗则不加任何整理，直到收获。

(4)采苗效果的检查：蛎苗固着后 3～5 天，用肉眼可以看到蛎苗有 0.2～0.3 mm 大小。蛎石投放后也可能有藤壶固着，要区别是蛎苗还是藤壶苗，区别方法如下：

①若固着个体略呈球形、色深、扁平、用手轻摸较光滑是蛎苗。

②若固着个体呈椭球形、色淡、较高、用手轻摸较粗糙、有刺手感觉者是藤壶苗。

③经检查藤壶很多，应重新清石和采苗；若蛎苗过密，可将其翻入泥中，窒息部分蛎苗，或用铁丝耙在石上划痕，废弃部分蛎苗，也可任其自然生长，直到长大时，部分个体被挤下来，再播养到底质较硬的滩涂上进行底播养殖。

2. 深水投石(壳)采苗法

一般在深水采苗之后，一直到收获不加任何的管理。因此，深水采苗一定要选择底质较硬的海底，作为采苗和养成场地。采苗前，需要将采苗场划分为若干个区域，插上标志，计算出面积，然后按 10～20 立方米/亩石块或 10～15 立方米/亩贝壳投放。这种方法适用于近江牡蛎、大连湾牡蛎等的采苗。

3. 插竹采苗法

采苗时将已处理好的蛎竹，3～5 根为一束，以 60°～70°的角度斜播在滩面上构成锥形。50～80 束为一排，排与排之间相距 100～130 cm。一般每亩插蛎竹 10 000～14 000 支。这种采苗方法适用于褶牡蛎的采苗，目前多以水泥棒代替竹竿。

4. 桥式采苗法

以石条作为采苗器，流行于我国福建一带褶牡蛎的养殖。采苗时在中潮区附近痕质较硬的滩涂上，将石条紧密相叠成“人”字形，石条与地面成 60°角，出十几块至几十块石条组成一排，并与潮水方向平行排列。待牡蛎固着一个月后，将石条重新整理，疏散密度。

5. 立石采苗法

采苗器系长方形棱状石条，石条竖立在中潮线附近，位置很少移动。石条插入泥土中 30～40 cm。每年在采苗前，把石条上的附着生物清除掉，即有牡蛎固着。在采苗之后若发现蛎苗过密应稀疏，除去多余蛎苗。若其他生物附着太多，则需要清刷固着器，另行采苗。只要苗量合适，以后不加任何管理，直到收成。此法主要用于褶牡蛎的采苗。

6. 筏式采苗法

此法适用于水深在 4 m 以上风浪平静的内湾。筏的结构因地而异。将带有牡蛎的采苗器垂挂在浮筏下,此法一般用贝壳作采苗器。每台浮绠两端用锚或碇固定。

7. 栅式采苗法

栅式采苗法又称简易垂下式采苗。在低潮线附近,干潮时水深 2～4 m,风浪较平静的海区,还可以树立木桩、水泥柱或石柱等,上面用竹、木、水泥柱纵横架设成棚,将成串的采苗器悬挂于棚架上进行采苗。每串长 1～1.5 m,串间距 0.5～1 m。要严防触底,以避某些敌害。

第三节　附着型贝类的自然海区半人工采苗

附着型贝类的自然海区半人工采苗方法指该种贝类终生营附着生活。其采苗方法不同于其他生活型的贝类,即使是同一生活型,但种类不同,具体方法也不一样。就我国目前来说附着型贝类的贻贝、扇贝比较大众化的半人工采苗方法是筏式采苗。

一、贻贝

我国贻贝的自然苗源十分丰富,分布广泛。大连湾是我国贻贝养殖的发源地,是苗种生产的重要基地,附苗量每米苗绳可达 5 000～10 000 粒,最高 5 万～6 万粒,年产贝苗超过 5 000 吨,可养贻贝 6 万～8 万台。烟台海区,早已生长着自然苗种,开展贻贝人工养殖以后,贝苗骤增,贝苗附苗量 4 000～5 000 粒/米,最高达 7 000 粒/米以上。辽宁、山东、河北、江苏等其他沿海,有经济价值的苗种基地不断出现。贻贝南移福建,已能繁殖后代,有的海区已进行半人工天然采苗,收到良好效果,唯夏季水温太高,度夏困难,今后应重点试验采集秋苗,回避高温,可能会是提高贝苗生产量的一个有效措施。

半人工采取天然贻贝苗,具有方法简便、产量大、效率高等优点。一台采苗筏,可供养殖 5～10 台贻贝的用苗量,最高可供养殖 15 台贻贝的用苗量。

1. 采苗场地的选择

海区条件的好坏,对采苗效果有直接的影响,因此,在进行筏式采苗时,必须对海区进行认真的选择以保证采苗工作的顺利进行。

（1）要有充足的亲贝：亲贝是否充足，是建立采苗海区的首要条件，留有大量的亲贝，才能保证海区中有充足的幼虫，以达到高密度采苗的目的。同时，亲贝分布的范围也需要广一些，因为含有高密度幼虫的水团，常受潮汐、海流等影响，而流向别的海区。在生产中也常见到这种情况，有亲贝的海区采不到苗，而没有亲贝的海区附苗量很大。所以，在海况良好的情况下，充足的亲贝，是贻贝半人工采苗的先决条件。

（2）要有良好的海况：海区形状以半圆形海湾为好，外海有岛屿屏蔽风浪，湾内潮流通畅，又无单向海流。这样的海区，既可防止幼虫的流失，又可避免风浪对采苗设施的破坏。风浪小、浮泥少，有利于幼虫附着，一般开放型的海区，凡是具有旋转流，基本相等的往复流，贻贝幼虫不至于流失，其他条件具备，也可以作为采苗场。

（3）要有稳定的水文条件：海水的理化性质要稳定，附近无较多淡水流入，雨季盐度不低于18。夏季水温不得超过29℃，水温盐度的变化不剧烈，水质清新流畅，无大量污害水注入。

（4）要有良好的底质：底质松软，便于打橛。底质的好坏，关系到打橛下筏后的牢固问题，黏泥质和泥砂底，打橛容易，又不易拔橛。“铁板砂”既不利于打橛，又不牢固，应该回避，不易打橛的岩礁和砂砾底应采用石砣或铁锚固定筏身。

（5）要有丰富的饵料：贻贝幼虫需滤食大量的饵料生物才能迅速生长，并很快定居下来。在饵料贫瘠的海区，贻贝附着密度又少又不稳定，生长速度十分缓慢，不利于提早分苗养成。影响贝苗的产量和质量。

（6）敌害生物较少：筏式半人工采苗时敌害生物大为减少，但还有一些敌害生物如海鞘、藤壶等跟贻贝苗争夺附着基，而且有些种类，如复海鞘附着时常将整个苗绳包缠住，使苗绳上的贻贝苗窒息而死。鱼类当中的马面鲀、黑鲷，吃食贝苗十分凶恶，一个体长25 cm的马面鲀吃食2～3 mm的贝苗达1 000个以上（包括消化和未消化的），一个普通的马面鲀吞食5 mm左右的贝苗在100～300个。因此，育苗区大量捕杀马面鲀既增加收入又可保护贻贝大量苗种。一般来说，离岸越近的海区，附着生物越多，故采苗区不宜离岸太近。

2.采苗方法

（1）采苗器的种类和处理：采苗器材应根据贻贝幼虫附着习性进行选择，同时要考虑到采苗器的成本和来源。目前常用的采苗器有红棕绳、白棕绳、稻草绳、油草绳、竹皮绳、聚乙烯绳、旧车胎、松木棒、珍珠岩等，其中以红棕绳的附着效果最好。

采苗器的处理和制作也是很重要的,同样数量的红棕绳,用四股扎在一起的方法就比四股编辫的效果好,这主要是出于其基质表面光洁度不同,受光、受流条件和表面积不同造成的。胶皮绳虽然附苗少,但牢固,效果也较好。近年,除有些单位改四股合编为散扎外,还有采用直径一般不超过 1 cm 的苗绳,这样相同数量的物质就增加了贝苗附着的表面积,降低了成本,又有利于运输及分苗。用海带育苗的棕绳网帘采苗,物尽其用,效果良好,根据附苗数量,直接进行分段缠绳养殖,采苗绳长度一般 1～2 m。

(2)采苗器的投放时间:适时地投挂采苗器材,是获得苗种的关键。实践证明,投挂过早会附着大量敌害生物,使贝苗附着受到影响,且缩短物资使用寿命,提高成本;投挂太迟会错过附苗机会。投挂时间应根据各地贻贝产卵时间、幼虫分布状况及幼虫附着习性等适时投放,由于我国海岸线较长及沿岸各地的水温等环境条件的差异,各地贻贝产卵时间不一样,就是同一地区,在不同年份,由于环境条件的变化,贻贝幼虫的附苗盛期也不相同。

烟台湾海区全年任何一个时期投挂采苗器几乎都能采到苗,而以 2～3 月份投挂采苗数量最多。适当提早投挂采苗器,在附苗前附生一层细菌黏膜和丝状藻类,这为贻贝幼虫提供了有利的附着条件,多毛的丝状藻类又有掩护和遮荫作用,可减轻风浪冲击,防护敌害侵食,故可以增加附苗数量。

综上所述,各地投挂采苗器的时间均应在附苗期前 1 个月左右。山东沿海一般应在 3 月份,最迟不得晚于 5 月;辽宁沿海一般在 5 月份投挂采苗器为宜。各地投挂采苗器应根据常年贻贝附苗的情况和当年的苗情预报,酌情提前或推迟投挂采苗器时间。

(3)采苗器的投挂方法:贻贝筏式半人工采苗,可利用海带养殖和贻贝养殖浮筏,或设专用浮筏。

投挂采苗器的吊绳长度在 0～50 cm。透明度大,水质贫瘠的海区投挂水层要加深,在不同条件下,不同种贻贝幼虫都有各自附着的水层。

投挂采苗器一般做到不互相绞缠,浮筏不沉为原则。附苗量大可多挂,反之可少挂;早分苗可多挂,反之可少挂;粗绳可少挂,细绳可多挂。一般三合一红棕绳每台挂 200～250 绳,直径 0.5 cm 的每台挂 300～600 绳。

挂苗绳方法主要采用单筏垂挂,联筏垂挂,筏间平挂等方法,也有采用叠挂等方法。

很多海带养殖海区,就是优良的天然贻贝苗种场,在海带浮筏绠上常附有大量贻贝苗。因此可充分利用海带养殖的设施进行贻贝的苗种生产。

(4)苗种的检查与管理:采苗器挂上后就应进入海上管理阶段。海上管理工作比较简单，但思想上必须重视，否则尽管附苗很好，可能由于管理工作没有搞好，造成不应有的损失，为此，必须加强管理。

用稻绠等制作的采苗器刚下海时，常因相对密度较轻，而漂在水面，在这样的情况下，稍一受风浪和海流影响就会互相绞缠，加坠石固定比较安全，发现绞缠应及时管理好。

肉眼见苗前应经常检查附苗情况。辽宁、山东一般在6月中旬至7月初用眼即可见苗。刚附着的贝苗很小。肉眼很难分辨清楚。可采用洗苗镜检法进行检查，具体操作如下：取一定长度的苗绳（5～10 cm），放入水中破开绳，使劲摆动，或用软毛刷轻刷，把贝苗随同浮泥杂质一起清洗下来，再滴上少量的甲醛溶液，杀死贝苗杂虫，经沉淀、荡洗除掉浮泥杂质，用解剖镜或放大镜计数检查，并测量大小。另一种简易的检查方法，就是取一定长度的苗绳，放入漂白粉溶液浸泡，然后用毛刷轻轻刷洗，再收苗计数。

在采苗期间，浮绠及采苗器上往往附着杂藻，这些杂藻有利于稚贝的附着，不必清除。有的单位清除杂藻后，其采苗量反而比不除杂藻的低，苗绳上的浮泥、麦秆虫等对贻贝附着虽有一定影响，但危害不大，不必清理洗刷，以免造成贝苗脱落。

附苗后，由于水温高，贝苗生长迅速，架子负荷逐日增加，后期的管理应着重放在防沉和防台风上。最后，每台筏子的贝苗重量达1 500～5 000 kg，故每台筏子的浮漂应逐渐增加到50～80个，否则筏子下沉，贝苗被淤积而死亡，或被海星等敌害生物所侵害。

台风季节，应随时收听气象预报，注意加固筏身。同时，也可采用吊漂沉筏的方法，增强抗风力，把后期增加的浮漂，全部改为吊漂，使筏子下降到水面下1～2 m深处，可以有效地减轻风浪对筏子的冲击，保证度夏浮筏的安全。

福建、广东等南方各省，广开苗源，根据当地的资源特点，积极开展厚壳贻贝的半人工采苗，只要环境条件适宜，有较多的亲贝资源，准确地掌握繁殖期和附着期，选择良好的附着基，采取海底插桩、浮筏采苗相结合的方法，就一定能收到较好的效果。

厚壳贻贝的幼虫，在很多方面具有同贻贝幼虫相似的生活习性，厚壳贻贝幼虫一般在1～3 m附着较好，根据不同海区和饵料的消长，有的上层长得好。厚壳贻贝都有产卵不够集中的现象，特别是在亲贝不足的情况下更是如此。因此，采取人工阴干、升温刺激的方法，人工催产、自然孵化可以大大提高资源量，人工养殖发展起来了，种苗问题也就迎刃而解了。

（5）苗情预报：

①确定产卵期：苗情预报首先要搞准贻贝的产卵盛期，贻贝在集中大量产卵前，由于环境条件的突变可引起少量排卵现象，这种少量排卵现象不能误认为是产卵盛期。据荣城第二养殖场观察，春季贻贝大量繁殖前，因风浪、潮流、雨水等外界刺激可引起贻贝少量产卵。产卵期的确定有两种方法，检查时两种方法可以同时运用。

活体性腺检查：临近贻贝产卵盛期，每天从贻贝养殖场选取 3～5 个点，每点取 10～20 个贻贝，进行生殖腺发育期的检查。当发现 1 天内或短时间内绝大部分贻贝生殖腺已达耗尽期，即可确定贻贝产卵盛期的时间，发出第一期苗情预报。不同海区的贻贝产卵盛期必然出现差异，临近海区的贻贝产卵盛期有时也略有差异，苗情预报要说明各个海区的具体情况，以区别对待。同时，根据各海区贻贝大小、数量，估算出排卵量和受精率。

测定干品率：每日或隔一日取一定数量的贻贝进行干品率的测定，当干品率突然下降 40%～50%，产卵盛期即可确定。翡翠贻贝鲜肉率达 50%以上时开始产卵。

产卵期确定的同时，每天要做好水文气象的观测和记录，有助于寻找产卵盛期的规律。

②确定幼虫数量、大小与分布：

定点：视人力和海区具体情况而确定地点，50～100 m 定一点，距离基本相等。

方法：每天进行定点拖网，拖网有垂直拖网和水平拖网两种方法。拖网速度与海水出网速度基本相等，同时要注意海水流速。也可以水平采水和不同深度采水相结合方法取样观测计数。

计数：贻贝幼虫的计算方法：将浓缩后的幼虫振荡后取 1～10 mL 在显微镜或解剖镜下计数，再乘以浓缩后的水体，可知体积 V 的总幼虫数，总幼虫数除以 V(m^3)，就确定了 1 m^3 水体的幼虫数。同时要观测出幼虫壳长、壳高的最大值、最小值和平均值，记录发育阶段和大约进入附着期的时间。

计算：

$$v=\pi r^2 h$$

式中，r=生物拖网半径；h=拖网水深或水平距离。

标定：根据不同海区、不同地点幼虫的分布数量(个/立方米)把数字相同或接近的点连接起来，做等量线，发出苗情预报，以确定采苗海区和设置采苗浮筏。

二、翡翠贻贝

1.采苗场地选择

采苗场地除盐度、温度等条件适宜外，还应选择亲贝资源丰富、海区中贻贝幼虫数量多，在贻贝自然繁殖区附近，水流畅通且有回流的地方，这样幼虫流失少，附着机会多。较理想的采苗场地应选在水质肥沃、水中饵料生物丰富、底质松软、风平浪静的海区，敌害生物少的近海或内湾。

2.采苗期

翡翠贻贝繁殖季节在每年4～6月和9～10月，一般把4～6月产生的苗叫春苗，9～10月产生的苗叫秋苗。掌握好采苗期是取得高产的重要环节，因此一定要不失时机地抓紧生产季节。确定采苗期的主要依据是贻贝的繁殖季节、幼虫的生长发育和附着规律。一般说来，附苗时间是在贻贝产卵放精后的15～20天，其盛期一年有两次。春苗数量比秋苗多，生长也较快，故在生产上多以采春苗为主。投放采苗器进行采苗要及时，采苗器投放过早，贻贝附苗季节未到，结果被其他生物附着；投放过迟，误了采苗季节，采苗量很少甚至完全采不到苗。根据各地养殖经验，投放采苗器时间应比贻贝附苗盛期早20～30天时间为宜。

3.采苗器的选择

凡能被翡翠贻贝附着的物质，都可以叫采苗器。但应从来源方便、经济耐用、制作容易、采苗效果好等方面考虑。在编制时力求表面粗糙多毛，尽量增加贝苗附着面积。常用的采苗器有旧胶片、旧轮胎、旧胶绳、篾缆绳、棕绳、旧力士绳、稻草绳、蚝壳、瓦片、水泥柱。旧胶绳耐用，制作方便，附苗牢固，是常用采苗器。

4.采苗方法

各地所用的采苗方法各有不同，主要是根据海况、底质、器材等灵活掌握，归纳起来有浮筏采苗、插桩采苗和投石采苗。

(1)浮筏采苗：浮筏结构由浮缆、浮子、桩、桩绳等几部分组成，每台浮筏长约60 m，挂采苗器200～250根。在吊挂时尽量避免采苗器互相碰撞和纠缠。设置浮筏时应考虑方向、水流、风向。

(2)插桩采苗：把水泥柱、石柱、竹桩、木桩等采苗器播在海底进行采苗。

(3)投石采苗：在有贻贝生长、底质较硬的海区，均匀投下重2.5～5 kg的石块，进行采苗。石块不宜过大，否则操作不便，易陷入泥砂中，花岗岩石较好。

5.附苗后的管理

(1)附苗量的检查：采苗器下海一个月后，要检查附苗数量和分布情况。

(2)防风：附苗后，台风来时可用坠石使筏身沉入水面下一定深度，减少台风、巨浪对筏身的袭击。

(3)防沉:贻贝附着后,其生长大大加速,重量也不断增加,因此要防止浮筏下沉,适当增加浮力。

三、栉孔扇贝

栉孔扇贝的半人工采苗:根据其生活史和生活习性,在繁殖盛期中,用人工方法向自然海区投放适宜的附着基,使其幼虫附着变态,发育生长以获得养殖所需苗种的方法。

扇贝在它的生活史中都有一个浮游幼虫时期,通过浮游幼虫扩大其种族分布。在繁殖季节里,在有扇贝亲贝的海区,便分布有丰富的扇贝幼虫。这些扇贝幼虫在结束其浮游生活进入和母体一样的生活方式时,必须用足丝附着,然后才能真正变态,这个过渡阶段能否满足其附着要求是扇贝半人工采苗的关键。因此,在扇贝幼虫即将结束浮游生活,进入附着变态时,要投放适宜的附着基——采苗器,以适合幼虫附着变态、发育生长,从而获得养殖用的苗种,这就是扇贝半人工采苗的原理,如果海区无附着基,便延长其附着和变态的时间,称之变态滞后,如果时间过长,便夭折。

1.采苗海区

栉孔扇贝采苗海区育自然生长的成贝或有人工增养殖的扇贝,环境要求水质澄清、浮泥少、透明度平均为4~7 m,无淡水流入,盐度较高(32左右),春季水温为15℃~18℃,秋季水温为22℃左右,无工业污染,杂藻较少,酸碱度7.9~8.2,海区有回湾流或旋涡流,风浪较小,流速为20~40 cm/s。

海区的环境条件直接影响到采苗效果,水清、透明度大,浮泥和杂藻较少,因此采苗的效果显著。

2.采苗季节

栉孔扇贝每年有两次繁殖期和附苗高峰,在山东长岛县北部海区采苗的盛期(水温15℃~18℃),1980年平均单袋采苗量最低为444个,最高为1 342个。秋季较适宜的采苗期约在8月下旬至9月上旬(水温22℃左右),采苗笼平均单层采苗量最低为322.7个,最高为467.8个,从9月中旬以后采苗量陡然下降。由此可见春季附苗高峰持续期约为秋季的一倍,所以采苗季节应以春季为主。采苗的高峰期亦因海区而不同,例如烟台金沟湾的采苗高峰出现在6月11日,平均单袋采苗量为159个,同年在长岛则出现在7月14日,平均单袋采苗量为167个。

3.采苗器的种类和规格

常用的采苗器有采苗袋和采苗笼。

(1)采苗袋:是用网目 1.2～1.5 mm 聚乙烯窗纱制成 30 cm×40 cm 的袋,袋内装 50～150 g 废旧尼龙网片或聚乙烯或挤塑网片。

(2)采苗笼:长 60～100 cm,直径 25～30 cm,采苗笼分成多层,层与层之间间隔 20 cm,网笼网目同采苗袋,每层内放 150 g 网片或挤塑网片。

聚乙烯网衣规格要求 210D/3×13－60 左右。尼龙单丝直径在 1 mm 左右,挤塑网衣单股直径在 1.5～2 mm。废旧网衣要经过搓洗干净方可使用。

①采苗袋(笼)的网目大小要适宜采苗袋的网目,均以 1.5 mm 左右采苗效果最好,过小或过大的网目采苗效果明显较差,虽然各种尺寸的网目都不会妨碍浮游期幼虫进入网内变态和附着,但网目过小则容易被浮泥淤塞使大量稚贝窒息死亡,网目太大则稚贝容易脱落或逃逸,也容易受敌害的侵袭。在海水中浮泥较多的海区采苗,网目可以适当大些。

②采苗袋(笼)内放置的附着基要适量:为了提高附苗量和稚贝的成活率,采苗袋(笼)内放置的附着基不宜过多或过少。过多则严重影响采苗器内外海水的交换,影响稚贝的成活与生长;太少则附苗量低。附着基以网片为佳,一般大小的采苗袋每袋用量为 50～75 g。

③不同附着基采苗效果是不同的,试验证明聚乙烯网片采苗优于塑料板和泥瓦片。

4.采苗袋采苗技术的优越性

栉孔扇贝幼虫结束浮游期生活后必然要经过附着变态阶段,这时能否提供一个适宜的附着基,是栉孔扇贝自然海区采苗的关键,使用网目为 1.2～1.6 mm 制成的采苗袋,内放适量的尼龙网衣、塑料网衣或挤塑网衣,可以减缓水流,有利于幼虫从浮游阶段进入匍匐生活,并为其附着和变态提供良好的附着基,同时还可以防止敌害侵袭和稚贝脱落逃逸。因此这种采苗器是较理想的采苗与保苗工具,这种采苗器也适用于采集多种海产贝类及其他无脊椎动物的苗种。

5.影响采苗袋(笼)采苗量的因素

影响采苗袋(笼)采苗量的因素很多,主要有以下几种:海水透明度的大小;海水中浮泥的多少;海区亲贝和幼虫出现的数量多少;能否准确掌握采苗期,利用适宜的水层及时投放采苗器;使用网目的大小是否合适;附着基的面积大小或空隙多少等。

6.采苗水层

采苗水层是 2 m 以深,但要防止触底磨损采苗器,水层太浅,贻贝及杂藻附着较多,影响附苗量。扇贝幼虫多分布于 2 m 以下,一般 3～5 m 最多。因此,采苗器投挂浮筏上应在水下 2 m 以深。

适宜的采苗水层因海区而不同,1980 年 6 月 22 日至 7 月 23 日在长岛县砣矶岛的后口进行试验,结果表明水深 2~8 m 之间均有采苗价值,在 6 m 以深的水层采苗效果更好。本试验在 2~8 m 水层间分为 14 个梯度进行,采苗袋的大小均为 35 cm×25 cm(表 7-2)。投挂于深层的采苗器要防止触底磨破。若太浅则杂藻丛生,浮泥和贻贝等附着多。

表 7-2　不同水层采苗效果的比较(王如才等,1980)

	不同水层(m)采苗数量(个)												
	2	2.4	2.8	3.2	3.6	4	5	5.3	6	6.3	7	7.3	8
6 月 20 日	360	400	200	400	700	250	8	256	244	400	600	900	700
7 月 2 日	477			400	488	377	618	8	700	1 200	1 200	1 500	700
7 月 12 日	108	348	442	330	566	700	900	650	1 500	1 000	850	1 850	1 340
7 月 23 日	121	143	400	250	268	400	415	1 080	1 200	1 800	1 300	1 900	1 700
平均	266.5	297	347.3	345	505.5	413.8	485.3	498.5	911	1 100	987	1 537.5	1 101

7. 采苗预报

为了准确掌握生产性半人工采苗时间,适时投放采苗器,必须进行采苗预报。

(1)预报的方法:

①通过性腺指数的测定预报投放采苗器的时间,从 5 月初开始至 7 月初为止,每隔一周检查一次扇贝性腺的发育,进行性腺指数的测定。如果遇上大风、降雨等情况,要在大风、降雨后随时检查。如果性腺指数已达 18%以上,突然显著下降,则证明扇贝已排放精卵,精卵排放一周后,投放采苗器。

在测定扇贝性腺指数的同时,对牡蛎、蛤仔及其他双壳类的肥满度进行观察,并测量海水的温度和盐度。

②根据幼虫发育的程度和数量进行预报:从 5 月上旬开始,利用浮游动物网分别选数个断面拖网取样加碘液固定,以便进行定性分析。定量分析采用 10 000 mL 广口瓶分别在每一断面选 3~5 个站位,在每一站位水深 0~1 m,3~4 m,7~8 m 处取样,分别加碘液固定,沉淀 24 小时,倒去上层溶液,浓缩成 10~20 mL,然后各取 0.5~1 mL 在显微镜或解剖镜下计数。幼虫密度以每立方米多少个为单位,每瓶取样 3~5 次,海上取样时间为每天上午 9:00~10:30 和下午 3:00~4:00。

若有大风或降雨,则在大风和降雨后立即进行定性和定量分析。

根据幼虫发育程度和数量预报有无采苗价值或投放采苗器时间，一般 1 m^3 水体中含有 1 000 个幼虫，有采苗价值，如果处于“D”形幼虫时期则在 4～5 天后投放采苗器，如果是壳顶期幼虫则应立即投放采苗器。海上取样同时，要测量水温和盐度、酸碱度、溶解氧和氨氮等。

③根据水温和物候征象进行预报：水温上升至 16℃是扇贝产卵的起始温度，小麦即将发黄季节是扇贝繁殖季节的生物指标。因此，当水温上升至 16℃和小麦将发黄时要特别注意扇贝排放精、卵的具体时间。

(2)预报资料的整理和分析：将每次观察性腺指数的数据，列表进行系统整理和比较，找出精、卵排放的时间。

在浮游幼虫定性、定量分析中，可以同时看到数种双壳类幼虫同时存在，要直接认出是哪一种双壳类的幼虫是非常困难的，对此我们可以用间接的方法判断是否是扇贝的幼虫。在同一海区里，首先要了解有多少双壳类种类，其中哪些的繁殖期与扇贝明显不同，从而可以排除掉。与扇贝繁殖期相同的种类，可以通过肥满度或性腺指数测定是哪几种已排放精、卵，若有几种双壳类与扇贝同时排放，其“D”形幼虫或壳顶幼虫同时存在，可以利用扇贝壳长与壳高关系的经验公式 $L=KH+b$ 来判断是否是扇贝的幼虫。然后将扇贝幼虫大小、数量和水层中的分布列表整理和制图，判断其采苗价值和投放采苗器的时间和水层。

在进行上述资料整理的同时，还应对浮游生物的种类及海区理化因子进行系统的整理。

8. 试采

在那些没有进行预报条件的单位，可以通过不同时间试采的方式摸索海区适宜的采苗时间，从而指导生产。

9. 进行扇贝半人工采苗时应注意的问题

(1)特别注意浮泥较多的海区不宜投挂采苗器。

(2)采苗袋或采苗笼网目不宜过大，一般 1.2～1.5 mm，袋内或笼内附着基要支撑开，袋口或笼口用尼龙线扎好。

(3)不要将采苗器投挂在海带架子上，应在专门的架子上投挂或在扇贝养殖区，筏身要牢固。

(4)采苗器投放要适时，不宜过早或过晚，各点投挂采苗器的时间要严格听从预报系统的指挥。

(5)采苗器投放后，任何人不得任意提离水面或搅动采苗袋和采苗笼。

10. 收苗时间

9 月下旬取样，检查生长状况和数量。10 月上、中旬全面收获。

11. 贝苗养育

利用网目 1 cm 网筛，将 1 cm 以上大贝苗和 1 cm 以下较小贝苗分笼或分筒进行中间筏式育成，或将收获的苗种出售给养殖单位进行养殖。

四、合浦珠母贝

我国两广有些地区采集天然苗获得良好效果，方法简便，是贝苗生产的一个重要途径。天然苗养成的母贝具有产量高、生长快、贝壳宽度大等优点。

1. 采苗区的选择

在天然母贝或养殖珠母贝较为集中的海区，繁殖季节能有大量浮游幼虫出现的内湾。湾口狭而湾内宽阔，有利于幼虫密集分布而不致因潮流的交换流失过多。采苗较集中的地点往往是在形成环流的内湾中部，或不太接近外海的湾口。流速一般以 0.5 m/s 为宜。

海水盐度要求稳定在 25～30 之间，相对密度受降雨量影响太大的地区不宜选用。

水深以低潮线下列 5 m 左右为宜，这是合浦珠母贝幼虫的垂直分布层。在幼虫数量相同的情况下，浅水区密度相对较大，附苗的可能性也大。同时也适于安置采苗设施以及便于管理。底质以砂砾或砂质较好，泥底容易引起浮泥黏附，不利于附苗。

风浪不宜过大，以免造成浮游幼虫群分散及附苗脱落流失，采苗器也易遭受损失。幼虫的浮游能力极弱，受风向潮流的支配。因此，在下风区设置附着器往往附苗较多。

2. 采苗季节

在我国南海，合浦珠母贝的繁殖季节一般在 5～10 月，5～7 月为繁殖盛期。水温回升较早的年份，4 月中下旬便进入繁殖盛期。其间有二到四次繁殖高峰。产卵多集中在大潮、台风或暴雨后几天。但台风暴雨会影响附苗效果。因此，争取在 5 月上旬进行采苗，海况比较稳定、水温适宜、饵料又丰富。第一期的苗量大、体质壮，又较集中。6 月以后，由于台风季节的到来，采苗效果不够稳定，同时个体的生长速度也相对迟缓。要掌握好采苗季节，必须根据海况因子的变化和母贝的性状做好采苗预报工作，避免盲目性，提高科学性。

3. 采苗预报

(1)根据亲贝性腺消长情况进行预报：定期、定点、定量检查亲贝性腺的发育情况。能做到组织切片观察的更好，条件限制的可从性腺外观或生殖细胞的成熟程度和排放情况加以判断。

(2)根据浮游幼虫的数量进行预报：每隔一或三天定点按时作垂直和水平采集水样，处理后检查各期幼体的数量。每立方米水体中有幼虫量 8 000～10 000个时，一般可认为高峰的到来，要做好一切准备。但要进行采苗，还需根据壳顶后期幼虫和匍匐期幼虫的数量来定，若它们的数量达到总数的 25%以上时，投放采苗器是适时的。

在正常条件下，幼虫需经过 15～20 天浮游生活，然后转入附着期，其间“D”形期历时 7～8 天，壳顶期和匍匐期历时 8～10 天。

(3)根据海况因子的变化进行预报水温和相对密度是预报的重要外因，最好长年保持与气象台站的联系，了解和掌握天气变化情况。

测定水层一般以幼虫分布较为集中的 5 m 水深处。在台风、阴雨、大潮期所引起的自然刺激，常出现产卵高峰，接着，水温回升 25℃以上到 29℃，盐度在 25～30 范围内，保证了幼虫的正常生长发育。

此外，潮流与风向也应在观测时加以考虑。

4.采苗方法

合浦珠母贝多采用筏式采苗，其结构与一般养殖设施类似，筏下悬挂附着器。

(1)采苗器的种类：采苗器要求以取材方便、附苗率高、轻便耐用以及便于收苗为原则。目前生产上应用的有以下几种：

聚乙烯网笼：这是一种近来使用较为理想的采苗器。用网目为 2 mm×3 mm 颜色较深的聚乙烯纱网裁成 40 mm×40 mm 的方形网笼，四周以 10 号铁丝或竹片为支架制成方形封闭式网笼。采苗时以 100 磅胶丝连成五笼为一串；笼间距离为 25～30 cm，下加沉石，然后悬挂于筏下。这种网笼不但采苗效果好，幼苗在笼里一般不会脱落或迁移，而且可兼作长期育苗笼，又能避免一般敌害生物的侵袭。待苗长到 0.5 cm 以上时再进行分苗培育。这些独特的优点是以下几种开放式采苗器所不及的。但在海水混浊度较大的海区，容易造成网笼堵塞。

树叶：只要是无有害物质渗出的树叶连枝都可作为采苗器，经济轻便，能就地取材。其中以杉枝较好。采苗时以几根杉叶捆成一束，叶子向外伸出，每隔 1 m 扎 2～3 束，下坠沉石。针松叶则每串捆 12～15 束。树叶采苗器阴面多，缝隙也多，附着面大，又能阻缓水流，有利于幼虫聚集和附着。在浮泥沉积较少的场地，效果良好。但附着器容易腐烂及隐藏敌害，因此，附苗后要及时分苗并做好除害工作。

贝壳：最好选用贻贝、扇贝、牡蛎、毛蚶等面积较大而粗糙的贝壳，中央穿孔后用铁线或胶丝串联起来，每串 20～30 个，长度视采苗层而定。壳片之间用 3

～5 cm 长的竹管隔开。具有牢固耐用，附苗后生长快的优点，但附苗量较少。

旧贝笼：利用养殖场的废旧贝笼，稍加压扁，如在笼内放进一些网片，附苗效果更佳。

(2)采苗器的投放时间与水层：根据采苗预报所掌握的资料，应在附着高峰到来前的 5～6 天，也就是说大量出现壳顶后期幼虫时，投放采苗器效果较好。过早过迟都会影响采苗效果。实践证明，过早投放的采苗器容易招致浮泥的粘积，有碍幼虫的附着。一般说，海水混浊的年份或海区，投放的时间可稍迟一些，相反，早一点投放为宜。

良好的采苗水层与浮游幼虫的分布水层基本是一致的。根据各地报道，在正常情况下，附苗量较大的水层多数在 0.5～3.0 m，特别是在 0.5～2.0 m 处。但是海况发生较大变化的时候，尤其是台风、降雨时，附苗水层便往下降，并且变得分散与混乱；采苗器的投放水层以 0.5～3.5 m 范围内较为保险。在海况较为稳定的第一个苗峰，投放水层可浅一些，以 0.6～2.5 m 为宜，力争采到这期的苗，不但保证苗源，增长了育苗时间，而且苗壮均匀。第二个苗峰以后，投放水层可加深，但不需深于 5 m，因为附苗量极少，再深到 7～8 m 处，附苗量几乎等于零。

5.采苗管理及收苗

幼苗附着后到壳高 2～3 mm 时，便能自动切断足丝向阴暗处移动，尤其在 5～7 月间，由于台风或降雨所造成的海况急剧变化，往往会发生大批贝苗脱落或死亡。这时必须将采苗器移到较稳定的海区去防避，还要及时做好除害工作。

贝苗长到 0.5 cm 左右便可收苗。在两广沿海，所需时间约在附苗后 25 天。过早收苗，则苗体太小，工作量很大，处理不善，死亡率甚高。而且放养的苗笼网目很密，容易为淤泥所塞，造成水流不通而引起死苗。收苗过迟，可能在海况剧变时遭受重大损失。因此，各地应从实际出发，根据贝苗的生长情况、数量以及海况变化适当掌握。在苗种充足时，有些养殖场宁可牺牲一部分贝苗，也要让其在海区长大至 2 cm 左右才收苗。

收苗的方法因采苗器的不同而异。树叶上的幼苗，可剪取附苗的枝叶一起放入笼内，几天后，待苗移附于笼壁时，将树叶取出，以免其腐烂污染；贝壳、瓦片或棒状等质硬的采苗器，可在水中用泡沫塑料或软刷轻轻刷下；网笼及网片上的幼苗，可翻开在水中用力来回拖荡使其脱落，剩下的再用软刷刷下。或采用 1.5‰～2‰的漂白粉海水处理，使小贝苗脱落。

收苗多在早晚进行。如需整天收苗时，应在遮阴处操作，防止暴晒，也可以将采苗器运回室内进行。洗苗用水要不断更新，保持良好的水质。

收苗时，必须结合除害，这是提高育苗阶段幼苗成活率的重要措施。除害中，比较难以清除的是蜗虫。清除蜗虫的一般方法是将幼苗集中起来在淡水中泡浸十分钟左右，浸泡时要特别注意观察幼苗的反应情况，切不可处理过度。浸泡后的幼苗应立即放到海水中轻轻漂洗，除去敌害的尸体，避免放入笼内腐败发臭，影响幼苗生活，收下的苗按一定数量装入苗笼内，封口后进行海上吊养。做到及时装笼，及时放养，切勿在容器中堆积过多的幼苗，以致窒息而死。

第四节　埋栖型贝类的自然海区半人工采苗

一、缢蛏

1. 半人工采苗场的条件

地形：风平浪静、潮流畅通、有淡水注入的沿海内湾，地形平坦略带倾斜的滩涂，湾口小，面向东北。

潮区：根据蛏苗附着习性，应选择在中潮区带，以中、高潮区交界入港道两侧为佳，浸水时间以5～7小时为宜。

底质：软泥砂泥混合的均可，以泥质或粉沙与泥混合的底质为佳。

潮流：潮流畅通，以潮汐流为主的内湾，蛏苗埕流速在10～40 cm/s之间均可。

盐度：海水盐度在8～30均适宜蛏苗生长，盐度偏低，生长较快。盐度提高到33以上仍能存活。

2. 苗埕的整修

要在秋分到寒露间挖筑苗埕。福建的蛏苗埕有蛏苗坪、蛏苗窝、蛏苗畦三种。在风浪较小，地势较高的小港道的两侧，适宜建造蛏苗坪，其大小和形状依地形而定，要先把埕内的旧坪挖深30～60 cm，挖出的埕土用于筑堤。除向小港一面外，三面筑堤，与港道平行的为大堤，堤高1～1.3 m；与大堤垂直的为小堤；小堤高30 cm左右。埕面的高度比港底略高一些，并向港道倾斜，在退潮时使苗埕不积水。

在地势平坦、风浪较大、泥砂底质的中潮区宜建蛏苗窝。用挖出的埕土，四周筑堤，堤高0.6～1 m，向水沟的一面开宽约50 cm的入水口，水流由小口入埕，窝呈正方形，面积为0.1至0.2亩，蛏苗窝从中潮区向高潮区排列，每列数目以十几个至几十个不等，经常是建成一片，可减轻风浪袭击，两列蛏苗窝之间开一水沟,宽 1 m 左右,沟底比苗埕埕面略低。

在风浪不大、地势平坦的软泥滩涂上适于建造蛏苗畦。把挖出的埕土,堆积在苗埕的两侧和上方,形成三面围堤的蛏苗畦。从高、中潮区开始,向低潮区伸延。呈长条形的苗埕,埕宽 5 m 多,长度依地形而定,埕面呈马路形向两旁倾斜,两旁开有小沟。一般堤高 6 m,宽 2~3 m,畦与畦之间互相平行,数目不等。

3. 整埕附苗

苗埕建成后,在平畦前几天开始整埕。整埕包括翻埕、耙埕和平畦。翻埕是用锄头把埕普遍锄一遍,深 20~30 cm。底层的陈土翻上来,晒几天,起到消毒作用,对蛏苗生长有利。耙埕是用铁钉耙把成团的泥块捣碎、耙疏耙平,同时在苗埕周围疏通水沟。平畦是把苗埕表面压平抹光,起到降低水分蒸发、保护土壤湿润和稳定埕土等作用。可用泥马或木板,亦可用"T"形木棍将埕面压平、抹光,使埕面柔软。平畦应在蛏苗附着前 1~2 天内进行。平畦日期离附着时间愈久,蛏苗附着量愈少,一般在大潮初平畦,小潮和大潮间不宜平畦。

4. 平畦预报方法

根据缢蛏繁殖规律和蛏苗喜欢附于新土上的习性,准确地掌握蛏苗进埕附着日期,及时进行平畦,是提高附苗量的关键。

(1)选择地点:预报点必须是具有代表性的海区,一般一个海湾设一个点,如果海区情况复杂或面积太大时可另设 1~2 个分点协助观察。预报点附近海区,必须养有亲蛏,以便观察产卵情况。

(2)亲蛏产卵观察:从秋分至立冬的四个季节里,即从 9 月下旬开始,要每天定点检查亲蛏 100 个,观察生殖腺消失情况,统计生殖腺瘦、肥的个体百分比和产卵率。在通常情况下,第一、第二次产卵前,几乎 100%的亲蛏生殖腺完全处于丰满的状态,一旦发现其生殖腺突然变小时,即产卵了。

(3)幼虫的发育与数量变动规律观察:从亲蛏产卵的第二天开始,每天在满潮时定点、定量滤水检查幼虫数量和个体大小。可用 25 目浮游生物网过滤表层海水,一般产苗区滤 250 升海水,可获幼虫 1 000~2 000 个,由此来推算缢蛏幼虫下沉附着的确切时间,确定平畦预报日期,下沉变态附着的幼虫大小在 196 μm×154 μm~203 μm×163 μm,水温 18℃~26℃,从担轮幼虫到变态附着需要 6~10 天。

(4)蛏苗附着情况的观察:当幼虫的浮游期结束后,每天定点、定量刮土或放置附着器采集幼苗,观察幼苗附着情况,计数每天进埕附着的蛏苗数量及大小组成,掌握进埕附着规律,同时也作为检验平畦预报的准确性。进埕附着蛏苗的大小在 210 μm×168 μm~312 μm×249 μm,个别体长在 400 μm 以下,但以体长在 300 um 以下的占绝对优势。影响蛏苗进埕附着的主要因素是潮汐流，但在一定程度上受到风向、风力和地势的影响。早起风，蛏苗就早进埕附着，风浪愈大，附着的潮区愈高，附苗量愈多。在蛏苗繁殖季节，多刮东北风，所以面向东北的苗埕相对地附着好。如遇南风，附苗量即减少或没有苗。

(5)预报：预报可分为长期预报、短期预报和紧急通知三种。

(6)平畦预报应注意事项：平畦预报不适用于自然苗埕。自然苗埕没有经过人工改造，埕面极不稳定，而蛏苗有移动习性，因而上述预报方法无法对此准确预报。其次，蛏苗有四次进埕附着，但平畦只有一次，有的地区进行多次平畦，利用哪一次苗进行平畦，要尊重当地历史习惯。第三，要注意收集和整理原始资料，工作找出规律性，不断提高预报准确性。第四，砂质苗埕不宜推广多次平畦。

5. 苗埕的管理

苗埕附苗后，应加强管理，其管理如下：

(1)经常疏通苗埋水沟，保持水流畅通，填补埕面凹陷并抹平，避免积水，如发现围堤被风浪冲击损坏，要及时修补。

(2)"蛏苗畦"的苗畦，每半个月要整理一次，疏通水沟，并用木耙细心抹平。冬至后幼苗已长大，钻土较深，水沟要适当填浅，提高苗埕土壤含水量，有利于蛏苗生长。

(3)砂质的"蛏苗窝"苗埕，在冬至前后蛏苗逐渐长大，钻土的深度增加，要堵塞苗埕入口，蓄水护苗，蓄水能加速软泥沉淀，加厚土层，满足蛏苗潜钻生活，否则会引起蛏苗逃跑。此法不适用于烂泥底的苗埕。

(4)如遇旱天，海水相对密度过高时，在有条件的地区，在满时开闸排放淡水调节相对密度，以利蛏苗生长。

(5)注意防治敌害，蛏苗主要敌害生物有中华螺羸蜚、玉螺、水鸭等。受虾虱危害的苗埕，用烟屑泡水泼洒，每 500 g 烟屑加水 20～25 kg，在苗埕露出后泼洒。玉螺性怕光，多在夜间或阴天出穴活动，宜在早、晚退潮后进行捕捉，并经常捡玉螺的卵块。水鸭多在退潮或海水刚淹没苗埕时，成群进埕吞食蛏苗，危害严重，要经常下海驱赶和捕捉。

6. 蛏苗的采收

(1)采收时间：蛏苗附着后经过 3～10 个月的生长，体长达到 1.5 cm 时，即可采收。南方采收期自农历 12 月至翌年 3 月，大量采收是在农历 1～2 月。每月采收两次，在大潮期间进行。

(2)筛洗采收法：适用于蛏苗坪的埕地。用手或木锄把苗带泥挖起，往埕中央叠，涨潮时下层蛏苗由于摄食往上钻，集中在表层，这样每叠一次，苗的密度便增加一倍，经 2 至 3 次重叠后在苗堆旁边，挖一水坑蓄水。隔潮下埕把集中在苗埕中央的蛏苗，连泥挖起置于苗筛内在水坑里洗去泥土，便得净苗。叠土时要注意上下两层土必须紧贴，如留有空隙致使下层蛏苗无法上升，而导致死亡。

(3)锄洗采收法：亦称窝洗法，适用于蛏苗窝养苗的。有蓄水保苗的苗埕先将水放干，用四齿耙将埕土翻一遍，并堵住水口，准备蓄水，隔潮下海用木制埕耙反复耙动，搅拌成泥浆。不久泥土渐渐下沉，而蛏苗由于呼吸与相对密度关系悬浮于表层，接着用蛏苗网捞起即成。此法操作简便、时间短、蛏苗质量好。

(4)荡洗采收法：适用于各种不能灌水的苗埕，是结合前两种洗苗方法，先进行叠堆，然后把集中在埕中表层的苗移到埕边挖好的水坑中搅拌成泥浆，待苗上升后用手抄网捞起即成。

(5)手捉采收法：附苗量少或洗后遗漏在埕上的以及野生的蛏苗。因苗稀少，没有洗苗价值，待苗长到 3 cm 左右，逐个用手捕捉。此法工效很低。

二、毛蚶

1. 采苗季节

7～9 月。

2. 采苗水层

2.5～5.3 m。

3. 采苗器

(1)草绳球采苗器：草绳球采苗器是用直径 1.5 cm 的草绳用拈绳机或手，将绳股拈开，然后插入一束 1.2 cm 长的稻草绳。再将绳截为 0.24 m 数段，扎成弧形圆圈而成球状。再用坚实的绳索，结扎起来(绳长 0.79 m，直径 0.5 cm)，再涂染以柏油，染柏油时，先将结好的稻草球浸过海水，晒干后再放入柏油锅中涂染。涂染时间要短，取出晒干，这样可以节省柏油，并可防止过分浓厚，又防止了绳和稻草的腐烂。草绳球扎成后，两端结于横竹上，竹间距离 1.2 m，竹长3.64 m，挂 11 个为一组。

(2)棕榈网采苗器：以直径 0.2 cm 粗细的棕榈绳编成棕榈网，网目 1.21 cm×2.42 cm，网长 3.64 cm，宽 1.09 m 成为一片，自采苗栅垂下，进行采苗，有人用此法试验结果，每片网可采 10 万～20 万个小苗。

(3)采苗袋：采用扇贝采苗袋进行采苗，也能采到一定数量，但采苗水层比扇贝深。

4. 采苗棚

选直径 0. 21～0. 24 m，长度依水深而定的木桩或竹竿，一般在水深 5. 45～6. 06 m 的地方，每隔 4. 55 m，打入海底一支，再以直径 0. 6 cm 坚实的绳子缚上带有横竹绳球采苗器或棕榈网采苗器，以沉石垂下采苗。全棚长 68. 2 m，可挂采苗器 15 组。

以上两种采苗器（草绳采苗器与棕榈网采苗器），前一种成本低，但处理不便，尤其是采苗后含水分多，运输不便。后一种采苗器比较好处理，运输也方便，但成本高，运输中种苗易脱落是其缺点，将来尚需改进，成为一种轻巧耐用的采苗器。

在建立采苗器前，要先观测当年海水的相对密度、垂直分布状况，幼虫的发生状况，以及其垂直分布状况等。当附着幼虫大量出现时，应该很快不分昼夜地投放采苗器，给幼虫很好的附着机会。

进行养殖工作，需事先做好采苗场理化环境和幼虫出现规律的调查。

三、魁蚶

魁蚶海区采苗是新兴的采苗业，不仅为魁蚶增、养殖业提供了大量苗种，同时也为采苗企业带来了较大经济效益。我国黄海北部及渤海大部海域均分布有广泛的魁蚶自然资源分布，为黄、渤海沿岸开发魁蚶海区采苗产业提供了得天独厚的条件。魁蚶海区采苗的技术要点介绍如下。

1. 采苗海区的选择

所谓采苗海区是指在魁蚶繁殖季节，海区内有魁蚶浮游幼体存在，在适宜时间投放采苗器，可以获得一定数量的附着稚贝。采苗海区的好坏直接影响采苗效果。因此一般要求采苗海区既要流水畅通，能够源源不断地带来魁蚶浮游幼体；又要有一定漩涡流增加幼体在采苗海区的滞留时间，提高附苗数量。选择魁蚶采苗海区比较可靠的方法是检查海区内魁蚶浮游幼体的分布数量。一般浮游幼体数量平均 50 个/立方米以上的海区即可作为采苗海区。浮游幼体数量超过 100 个/立方米可以划为上等采苗海区。

2. 采苗物资的准备

(1)筏身、橛缆：Φ18 mm 聚乙烯绳。设置方法同养殖筏。

(2)浮子：Φ28 cm 塑料浮子或 Φ33 cm 玻璃浮子均可。每台 40 个。

(3)采苗网袋：规格 25 cm×33 cm。用网眼边长 1. 5 mm 的聚乙烯纱窗网裁成，缝制时需留约 5 cm 的边缝。

(4)附着基：废旧的采苗袋、锚流网片、聚乙烯单丝均可。以每袋 25 g 左右装入采苗袋中。

(5)坠石:一般 1.5～2.0 千克/个。在采苗吊下起平衡作用。

(6)采苗吊的结构;用 Φ3 mm 连袋绳顺次将装好附着基的取苗袋两两对头绑好。每吊绑袋 20 对(40 袋),袋距 20 cm。采苗吊上端通过 Φ6 mm 吊绳与筏身连接,下端连坠石使其稳定在采苗水层上。采苗吊间距以 1 m 为宜。75 m 筏身,每台可挂 3 000 袋。

上述采苗物资的准备工作一般要求在 6 月底结束。

3.采苗时间的预报

采苗时间即投放采苗袋的时间。预报采苗时间是采苗生产最关键一环。下袋时间过早,采苗袋上会因附泥和杂贝、杂藻附着影响蚶苗附着。下袋太晚,错过大批幼体的附着期,采不到蚶苗。因此在 6 月中、下旬,魁蚶开始进入繁殖期时,就应跟踪检测魁蚶的产卵及幼虫浮游情况。预报魁蚶采苗的下袋时间目前有两种方法。第一种方法是用性腺指数＝性腺长×性腺厚/体壁厚×足高的公式,测定性腺指数,通过性腺指数下降确定产卵日期,然后再根据公式:附苗时间＝产卵时间＋20 天,预报下袋时间。这一方法预报的时间较长,生产上可以有充分的准备时间。但是由于检查的魁蚶和附苗幼体常常不是出于同一海区,误差较大。第二种方法是通过对采苗海区魁蚶幼体出现的数量和个体发育情况的监测预报采苗时间。当魁蚶眼点幼体在采苗海区分布形成高峰时即可及时下袋。这种预报方法针对性强,采苗效果好,但工作量大,技术要求高。一般需要有经验的专业技术人员来做。

4.采苗水层的掌握

采苗水层是指采苗袋所在的水层。一般可以通过控制吊绳或浮绳的长短使采苗袋达到要求水层。魁蚶幼体进入附着期时有向底层游动的习性。因此底层采苗效果好。生产上保证坠石在不碰底至距底 2 m 范围内均可。

5.投袋后的管理

魁蚶附苗后,如何保证蚶苗成活,促进生长是一项极为重要的管理内容。应该抓好以下内容。

(1)注意采苗台筏的安全管理,防止拔橛、推筏、跑吊和掉袋,以免减少采苗数量。

(2)防止采苗吊之间的绞缠和磨损,保证蚶苗的成活和生长。

四、菲律宾蛤仔

1.采苗场的环境条件

以风平浪静，有淡水注入，水质肥沃，地势平坦的中低潮区和港心砂洲地带做采苗场最好。

(1)底质：砂占70%～80%，泥占20%～30%；

(2)盐度：15～27；

(3)流速：10～40 cm/s；

(4)水温：10℃～28℃。

2. 苗埕的建设和整埕

蛤苗埕的建设有筑堤、改良底质等项。

受洪水冲刷和泥砂覆盖威胁的埕地，要筑堤防洪。外堤顺水流方向建筑，用石块砌成或一层泥土一层芒草(羊齿植物)叠成。在底质松软地方要用松木打桩固基。堤底宽1.5～2.0 m，高0.8～1.2 m，堤面宽0.8～1.0 m。内堤与外堤垂直，多用芒草埋在土中，尾部露出长20～30 cm，宽30～40 cm，把大片的苗埕分成若干块。有的埕地附近有礁石，涨落潮时会形成漩涡翻滚埕面不利于蛤苗附着，就要把礁石炸掉，以稳定埕地。潮浪较急的苗场可插竹缓流。底质软的海区，掺砂进行改良，视底质情况，每亩掺砂1 000～2 000担。

苗埕中的石块、大的贝壳要捡去，然后耙松推平。在附苗前再进行一次耙松和推平工作，以利稚贝附着。

3. 留养亲蛤

留养亲蛤是蛤苗生产中一项不容忽视的根本措施。亲贝数量要根据苗区内湾面积大小而定。参照历年生产实践的经验，一般都在数千担至万余担。

4. 管理

蛤苗的埕间管理要因时间及苗区不同而各有侧重。多年生产经验总结了“五防”、“五勤”的管理措施。“五防”是：防洪、防暑、防冻、防人践踏、防敌害。“五勤”是：勤巡逻、勤查苗、勤修堤、勤清沟、勤除害。

5. 采收

蛤苗附着后经5～6个月的生长，体长一般达0.5 cm，即可采收。采苗时间主要在每年的4～5月。

6. 采苗方法

各地不一，有干潮采苗、浅水采苗和深水采苗等。前两种方法用于采潮间带苗。后一种方法适于采潮下带水深10 m以内的苗。

(1)干潮采苗：采苗时将苗埕分成若干小区，一般为5 m见方，用荡板连苗带砂推进70～80 cm，推进的砂要均匀摊开，第二、第三潮水同样再摊一、二次，这种方法称“推堆”。如果苗潜居较深，可用手耙或三角锄松堆。每次推堆后涨潮时苗索食往上爬，集中在表层，当苗集中在1～1.5 m见方，或0.5 m宽的“k”条形小面积上，达到洗苗要求时，连苗带砂刮起放在培苗筛上，淘洗干净即得蛤苗。

(2)浅水采苗：干潮时将苗埕分为8 m见方左右的小块，四周苗连砂土往中间推进摊平，涨潮时蛤苗往上爬，集中于表层。然后埕中央撑开一个直径3 m左右的空地，过一潮水，把四周苗往中间推，称为“赶堆”，并插好标志，接着就可洗苗。洗苗时人驾小船，埕地当潮水退至离埕面1 m多深时，人下水站在苗埕四周用脚击水前进，把苗推向中央密集成堆，最后用竹箕捞取，洗净，装入船中。

(3)深水采苗：在船上用聚乙烯胶丝网捞捕。先选定位置下锚，放松锚缆，船随流后退至30～50 m下网，随即转动绞车收缆前进，网也随船前进，将苗刮入网袋中。到距锚10 m处起网，拉动荡网绳，将泥砂洗净，苗倒入船中。然后再重复进行上述工序。

7.蛤苗运输

可用帆船、汽船、汽车等运输。用船运时，要在舱内放置竹篾编的高70～80 cm、直径30 cm的“通气筒”，蛤苗围着通气筒倒入舱中，以利空气流通，避免舱底的蛤苗窒息而死。用汽车运输时要用竹篓装苗，每篓20 kg。上下重叠要隔以木板。

蛤苗运输注意事项：

(1)要选择质量好、含泥砂少、当日采取的苗。

(2)运输时间要选择在北风天，气温较低，成活率高。南风天易死亡。不宜用木帆船运输，但大风期也不适宜运输。

(3)如果中苗和白苗同时运输，白苗应当在底下，中苗在上层。

(4)不论车船装运都得加篷，避免日晒、雨淋造成死亡，但不得密盖，以防闷死。

(5)运输前必须准确计算放养场的潮水以确定启运时间。如放养在潮区，应在大潮期间运苗，否则苗运到，埕地不能干露，无法播种，造成损失。

第五节　游泳性贝类的半人工采苗

金乌贼自然采苗

1.投放采卵器

金乌贼成体通常生活于距海岸2～5海里，水深40～100 m，底质为贝壳、砂砾、珊瑚礁，并有海藻丛生的海域。山东日照岚山海域是目前国内较为集中的金乌贼产卵场。

产卵器，即乌贼笼，是用 3 根竹竿扎成锥形架，周围用 2 cm 聚乙烯渔网包扎。采卵器外部留有一锥形口，作为亲体通道，网架内部中央悬挂一把柽柳、网衣等作为卵的附着基。3 月下旬将加工好的采卵器运到产卵场均匀沉到海底进行采卵，并用缆绳连接和固定，在海区设置标志。投放采卵器时，应正值贼产卵盛期。

2. 收卵过程

5 月下旬～6 月上中旬可进行收卵，即将采卵器逐个收捕，冲刷干净，整体或只将采卵器内的网衣、树枝等附着基取下，运到育苗场。卵一般采用干法运输。装车时，底层用湿海藻或湿棉被铺底，然后平放采卵器，注意避免相互摩擦损伤，顶部用湿麻袋或棉被遮盖，防止阳光直射，最后用篷布盖好绑牢。运回后，用青、链霉素或高锰酸钾溶液浸浴进行杀菌处理。然后将网衣、柽柳等附着基剪下挂到已纳满新鲜海水培育池中的拉绳上，将其全部浸入水中，底部离池底 20 cm 左右，进行孵化培育。

第八章　采捕野生贝苗

第一节　埋栖型贝类野生苗的采捕

由于每年水文、气象等环境条件的不同，贝苗出现的早晚及场所也略有变化。所以采苗之前必须进行探苗，探出贝苗有生产价值的密集区，以便组织人力集中采捕。埋栖型贝类的探苗是在所属海区的不同地点和潮区的滩涂上，各刮取 100 cm^2 表层泥土（深 0.5～1 cm），装入纱布袋中，在水中淘洗去细泥，从砂中仔细挑出贝苗，计算出每 100 cm^2 内贝苗数量，比较各点贝苗密度，确定采苗地点及范围。采捕野生贝苗时，利用刮板和刮苗网作为采苗工具。落潮后，在选定的海滩上顺次刮起滩面约 0.5 cm 厚的泥层，并经常甩动网袋，使细泥由网缀出，刮到 1/3 袋时，拿到预先挖好的水坑或水渠内洗涤，见图 8-1。将袋内的砂及贝苗倒在筛内（图 8-2），筛去粗砂、碎壳及蟹、螺等敌害生物，经取样计数后即可播苗培育放养。也有在半潮时用推苗网推苗，满潮时用船带着拖苗网拉苗，延长了采苗时间，提高了采苗效率。

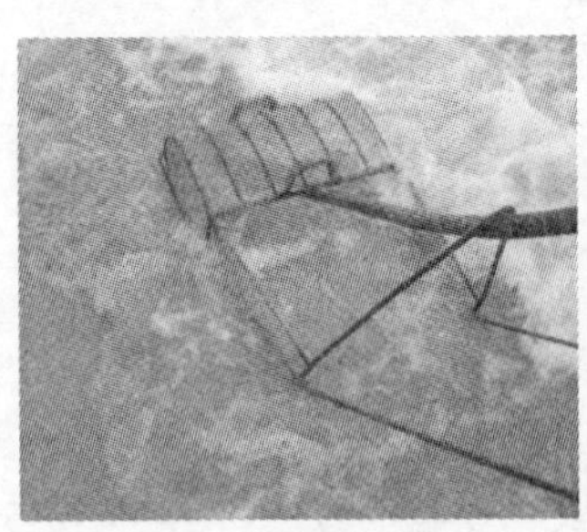

图 8-1　拖苗工具

图 8-2　拖出的野生贝苗

一、缢蛏

采收自然苗进行培育，有利于提高成活率，达到增加产量的目的。从立冬开始采苗，至大寒前后结束。采苗方法是用淌苗袋长 120 cm、宽 40 cm，网口袋有 3 cm 宽梯形的竹筐，刮泥的刮板宽 8 cm，长 24 cm，用毛竹制成。淌苗袋按网目大小可分为 5 种规格(表 8-1)，根据蛏苗的大小选用不同规格淌苗袋洗苗。立冬至小寒之间，每千克有苗 20 万～30 万粒，采用前面四种网袋。刮土深度为 1～3 cm，然后在水中将泥洗去，并把贝壳、海螺、碎粒等杂质去掉，拣出蛏苗即可。

采到的蛏苗在育苗池中培养。育苗池一般建于高潮区，小潮不能淹没，温度较高。水流缓慢，并有淡水可以引入池内的滩涂，面积一般 0.05 亩左右，池的上下方各开一个小缺口与小沟，以便排灌之用，在放苗前 1～2 天将池底的泥土碾细、锄松、压平。池子蓄水深度约 15 cm，幼苗在幼苗池中经过二个月左右的养殖之后，个体增大，生活力增强，育苗池中的环境已不适于它们生长的要求，再将幼苗重新移到中潮区附近饲养，再经二个月左右就培育成种苗了。

表 8-1 淌苗袋的种类和使用时间

网目的大小(mm)	使用时间
0.5	立冬至小雪后一个月
0.8	大雪前后半个月
1.0	冬至前后半个月
1.2	小寒前后半个月
1.5	小寒以后半个月

浙江沿海蛏苗采捕季节在农历 2 月初至 3 月初，以 2 月初最好，采集的越冬蛏苗大小为每千克 2 万粒，以后逐渐长大，后期为每千克 6 000 粒。采捕蛏苗的日期在每月农历 27 至下月初 2，或 13～18 这几天较好。每年蛏苗资源的多少，取决于头年 7～8 月(农历)的天气，如雨水过多，天气炎热，烈日暴晒，台风频繁，将影响产量。

二、泥蚶

随着地区条件及生产发展的水平不同，泥蚶天然苗的利用方式也不一样。最原始方式是采集较大的蚶豆(豆粒大以上的泥蚶)进行放养。先进一些的是人工采集刚附着不久的幼小蚶苗，经人工培育至可放养的蚶种，再进行养殖。更先进的是改造自然环境，创造蚶苗附着的适宜条件，附着许多的蚶苗并进行人工培育。第一种方法，费劳力多，而且幼小的蚶苗得不到人工保护，死亡率很高。本文只介绍后两种方法。

1.蚶苗附着的习性与条件

蚶苗的附着既与其本身附着习性有关，又与海区的海况条件有密切的关系。我们只有充分掌握影响蚶苗附着的内外因素，才能达到满意的采苗效果。

(1)蚶苗附着的习性：泥蚶与其他贝类一样，卵子受精后要经过一个浮游生活的发展阶段，才能进入底栖生活。泥蚶是在高水温时期产卵，其胚胎期和浮游幼虫发育得较快，一般自产卵后10～15天壳长达175 μm时即可转入底栖生活。刚转入底栖生活的稚贝是在滩面上附着生活，它是用足丝附着在海滩上的砂粒碎壳上，以后随着形态发育的完善逐渐潜入泥中生活。

蚶苗附着后的生长及数量变动情况各地是不一样的，广东省的蚶苗冬季继续生长，而山东省的蚶苗长至10月份壳长达2～3 mm后就停止生长，直至翌年5月开始重新生长。蚶苗附着后数量损耗是很大的，山东省损耗较大的月份是10～11月及第二年的4～5月，冬季相对稳定，这可能与敌害生物的活动情况有关。

(2)蚶苗附着与环境的关系：

海区：泥蚶自然分布主要是在中、小型内湾，如山东的乳山湾和丁字湾、浙江的乐清湾，广东的长沙湾，过去均是闻名的蚶苗产区。泥蚶只分布在这些中小海湾的原因，可能与风浪有关系，泥蚶没有水管，栖息浅，适应不了风流较大的海区，中小型海湾面积小，风浪也小，底质较稳定，使得蚶苗得以安居。如与丁字湾相毗邻的胶州湾，面积较大，风浪也大，蚶苗分布就很少。就是在同一海湾，背风的一岸附苗比迎风岸多。因此，环境的安定是能否附苗的重要条件。

海水的盐度：泥蚶属于半咸水生物。最适海水盐度22～27，因此蚶苗多分布在有适量淡水流入的内湾。

潮流：潮流是蚶苗附着的重要条件，因为通畅的潮流不仅会带来大量的泥蚶幼虫，两且也决定着底质的组成。许多贝类幼虫的附着与潮流有关系，它们只有在有水流的环境中才分泌足丝。在自然海区中蚶苗多附着在两条水流汇合处的三角形区域。

底质：蚶苗附着与底质有密切的关系，多附着在半泥半砂，赤脚行走时陷至脚背深的海滩。据分析，广东海丰蚶苗产区含砂量为70%，表层有6～10 cm的松软层，滩涂宽广稍倾斜。蚶苗为什么附着在含有一定数量砂的海区，这是与稚贝时期附着生活有关系，泥中的小砂粒成为它们附着的基础。因此，若滩涂长期无人管理，滩面泥质变硬或淤积大量浮泥，均不利于蚶苗附着，必须经人工翻滩和加砂后，才能更好地附苗。

潮区：蚶苗的分布与潮区的高低有着密切的关系。据调查，山东乳山湾蚶苗的分布主要是在中低潮区，其分布中心在中潮区下层(表8-2)。其密度达到每平方米 277 粒，由此向上或向下均逐渐减少，高潮区没有蚶苗分布。据福建云霄泥蚶育苗实验站报道，东山内湾的蚶苗以低潮区段为最多，中潮区下段和低潮区上段次之。从以上调查中可以看出蚶苗主要是分布在中、低潮区交界一带的海滩上。也有报道低潮线以下水深 6 m 处也有蚶苗发生，但主要还是分布在中、低潮区，从表 8-2 中看到的另一个情况是各潮区干露海滩的附苗量均比存水的海滩多。

表 8-2　不同潮区干露海滩与积水海滩蚶苗密度

站号	1	2	3	4	5	6	7	平均
潮区	低上	中、下	中、下	中、中	中、中	中、上	中、上	
干露海滩	107	160	820	117	100	27	0	123
积水海滩	40	27	238	66	40	13	0	60
平均数	73.5	93.5	276.5	106.5	70	20	0	

注：由低潮区下层向上，每隔 100 m 为一站。单位：每平方米粒数。

气象：气象因素对蚶苗附着的影响也不能忽视，广东潮汕一带群众认为在蚶苗繁殖季节，如连续 2～3 天夜间不刮风，露水多，早晨吹小北风，白天吹东南风的半阴阳天气，潮退时，滩涂表面有一层略呈赤色的油滑泥浆，便可能有蚶苗发生。北方的经验是在附苗季节如有暴雨或大雨，能将附着在滩涂表层的幼小蚶苗冲走，造成当年蚶苗的欠产。

2. 蚶苗的采摘与培育

采苗培育是采集附着在海滩上的蚶苗（蚶砂）经人工培育至蚶种（蚶豆）的生产过程。为了采到较多的蚶苗，一般在附苗前后对天然附苗场进行看管保护，防止人和禽兽入滩损坏。有的地区在蚶苗繁殖期之前还组织人力对附苗场地进行平整，以利于蚶苗的附着和采捕。

（1）采捕蚶苗的季节：山东冬季水温低，蚶苗活动能力差，最适宜的采苗期是 9～10 月。春季 4～5 月虽然也可采苗，但因蚶苗越冬成活率很低，采捕效率太低，因此，在劳力允许的情况下最好在 9～10 月采苗。我国南方由于产卵期较长，蚶苗附着期也较长，从白露到小雪均可附苗，在此期间均可采捕。但是各时期附苗的数量与质量是有差异的。广东群众根据发生的节气将蚶苗分为如下几种：

秋仔：白露至秋分（9 月）发生。生长快，个体大，但数量较少。

降仔：寒露至霜降（10 月）发生，此批苗数量多、质量好，壳呈乳白色，大如绿豆，是优良蚶苗。

冬仔：立冬以后发生的苗，12 月开始采捕。此批苗呈红褐色，质量较好，但数量不多。

春仔：小寒和大寒期间发生的苗，立春开始采的苗，这批苗呈淡红色，体质不够好，数量也不多。

浙江则分为白露至秋分的秋苗，寒露至霜降的降苗，立冬至小雪的冬苗，大雪至冬至的春苗。以降苗和冬苗颗粒大、质量好、产量大、成活率也高，是养殖采用的主要苗种。

(2)探苗：为了能充分掌握采苗时间、地点(分布范围)及合理组织劳力，在采苗前应进行探苗，摸清蚶苗分布状况，做到合理采捕。探苗可以利用取样框或在海滩上量出一定的面积，用铁片将表层 2～3 mm 深的滩泥刮起来，放在纱布网内洗去细泥，再仔细地从砂中挑出蚶苗，计算出单位面积的个体数。根据福建的经验，每平方米有 100 个蚶苗就有采苗价值。山东一些较密的海区，每平方米可达 2 000～3 000 粒。广东是用刮蚶苗的手网(手靴)探苗，在蚶苗场地表层刮取面积约为 0.44 m^2 表层泥，洗去细泥，淘出蚶苗，进行计数。据群众经验，这样刮取一次若有 50 粒蚶苗，一个劳动力一天(四小时)便可采得蚶苗五万粒，若刮取一下得 100 粒，则一天可采 10 万粒蚶苗。

(3)采捕方法及蚶苗暂养：采苗是利用网具将附着在海滩上的蚶苗采集起来，一般是在大汛潮期间采苗，每汛潮可采 5～6 天。广东省养蚶工作者创造了三潮采苗法，在枯潮时、涨潮时和满潮时均可进行采苗，由于延长了采捕时间。采苗效率很高。现分别介绍如下：

干潮采苗法：此法有两种，都是在退潮后操作。一种是踏泥马采苗，操作者一腿跪在泥马上，一脚蹬泥滩，泥马便在泥滩上滑溜，在泥马滑溜的同时，手持刮苗手网(手靴)刮取泥滩表层 0.5 cm 厚的泥层，边刮边甩，甩去网内的稀泥，待刮至约 1/3 袋时，到积水坑内洗去泥砂便得蚶苗。另一种方法是左手持手网，右手拿刮板，依次将海滩表层泥砂刮入网内。达一定数量时，在海水中洗去泥土便得蚶苗。将蚶苗倒入木桶或船舱内，以备除害工作。有的地区采苗后还将滩面用泥马推平，以便于下批蚶苗附着，增加附苗数量，同时也有利于采捕下批苗的操作，提高采苗效率。

浅水采苗法：此法是在涨潮或退潮过程，蚶苗地尚存 30～70 cm 深的海水时进行。采捕者手持推网(榨靴)涉水前进，双手握住推网把手使网口接触地面，一推一拉地前进，把苗埕表面 2～4 mm 的泥层推入网内，操作时要重推轻拉，既能采到蚶苗又能淘滤出泥浆，捞到一定数量时把蚶苗洗净，倒进系在采捕者腰间的蚶桶内。

深水采苗法：是在满潮前后采捕蚶苗的方法，用船带着拖网在苗埕上拖网、划桨船每船可拖 2 个网，如用动力船则可带更多的拖网。拖到一定数量后将网提至水面，摇荡洗涤去掉泥浆，将蚶苗倒入蚶桶中。

以上三种方法交替使用，可延长采捕时间，提高采苗效率。

此外还有利用叠土法，先将蚶苗集中浓缩几次，再用手网刮取，既可提高工作效率，又可得到较纯净的蚶苗。方法是第一天退潮后在海滩上选好滩面，一般宽度 10 m 左右，长度不限，插上标记，用一种长柄大刮板，由两边将表层约 5 mm 厚的泥砂向中央推，每边推进约 2 m，使推起的泥砂均匀地摊在中央。这样再来潮水时，压在底层的蚶苗就爬到表层，第二天再从两边各向内推进 2 m，将 10 m 宽的蚶苗都集中在中央一条约 2 m 宽的长条中。第三天待蚶苗都爬至表层时，再用手网在这 2 m 宽的长条滩面刮取，这样集中处的蚶苗密度约是原来的 5 倍，可以大大提高工作效率。

蚶苗内杂质的清除：蚶苗采捕后虽经初次冲洗，但仍有大量的泥砂和杂质，如蟹守螺、泥螺、寄居蟹、蓝蛤、红螺、壳蛞蝓、碎贝壳及砂粒等，若不能将它们清除，不但占据面积还会危害蚶苗或争夺食料，从而影响蚶苗的成活率和生长。

清除杂质和敌害，一般选择水深约 0.3 m，底质硬，水清流畅处。清洗的工具有水桶（广东称烧萝桶）、竹筛、竹榨和竹箕。洗苗时先将带杂质的蚶苗装入桶中，数量为桶容积的 1/5，置海水中倾斜桶口，缓缓地灌入海水，达桶容量的 4/5，用手翻动并换水淘洗，除去污泥，直至看清蚶苗为止，然后倒入仓中，先用大筛后用小筛逐次筛洗分离蚶苗和杂质，最后再用竹箕在水中淘洗，分开砂和凸肌蛤（薄壳）而得较纯净之蚶苗。

蚶苗的暂养：采苗场地如果离育苗场地较远，采得的蚶苗应进行暂养培育，以便于储备到一定数量时，一起运往育苗场。暂养的另一个作用是因刚采的蚶苗个体小体质弱，不适于长途运输，故在采苗场附近选一适合的场地进行密集的养育，以锻炼蚶苗适应密养生活。

暂养场的条件要选择底质较软，泥深 0.3 m，海水盐度在 14～27 之间，潮流通畅，风浪较小，敌害生物少的海区。暂养前要做好场地的整理工作，进行清场、整平，周围围以竹箔。播苗时将洗净之蚶苗在场地未完全退出时，带水播苗。因是暂养，密度可稍大一些，一般每亩放苗 1 000 万～5 000 万粒，播苗要均匀。如采苗场与育苗场距离较近，亦可直接进入蚶苗的培育阶段。

三、文蛤

1. 采苗场

天然文蛤的幼苗场地大多分布于有文蛤栖息的河流入海口附近的砂滩、三角洲或潮水能涨到的浅海沙洲等地方。含砂率以不低于60%,以细、粉沙质为好,退潮时干露时间5～9小时的高潮区下部或中潮区上、中部,水流缓慢,尤其以能产生漩涡,底质比较稳定的沙洲和水沟两侧幼苗数量最多。在有些情况下,幼苗场并不在养成场附近,而有一段距离,这与经过养成场的潮流有关。

2.苗种采集

苗种采集的规格、方法和时间各地不一样,主要有两种类型。

台湾省将小型幼苗采捕后,经过苗种养成,再采捕放养。通常于9月至翌年5月在苗区用筛子筛取0.5 mm左右的幼苗连同部分砂粒,放养在水深0.3～0.6 m的鱼塘中培育,底质以砂质壤土为佳。视池内肥瘦情况考虑施肥与否。海水盐度保持在14～36,池水以略带硅藻之暗褐色但澄清者为好。投放量一般每亩200万～300万粒。养殖过程中注意防除蟹类、野杂鱼、玉螺、丝藻等敌害生物。经过几个月的养殖管理,待幼苗长至每千克800粒左右时,再用纱笼制的筛子筛出,供养殖成贝之用。小型幼苗由于个体小、壳薄、耐干性差,运输时间必须很短,而且要注意不能过分挤压。

江苏等省的采苗,大多是采捕较大的文蛤苗直接放养,不经过苗种养成阶段。采苗在潮水刚退出滩面时进行。采苗时按预先选定的地方,数人或十余人平列一排,双脚不断地在滩面踩踏,边踩边后退,贝苗受到踩压后露出滩面即可拾取。也有用锄头插入滩面一定深度后逐渐向后掩,贝苗被翻出后,用三齿钩挑进网袋。大风后贝苗往往被打成堆,此时,用双手捧取贝苗装入网袋内即可。采苗时应避免贝壳及韧带损伤,并防止烈日暴晒,采集好的贝苗应及时投放到养成场。对于破坏贝苗资源的采捕工具,例如拍板等要严禁使用。采苗时节一般在3～5月以及10～12月,此时气温、水温对贝苗运输和放养后的潜居都较适宜。较远距离运输苗种,最好选择在气温15℃以下时进行,以避免或减少运输途中的死亡。苗种运输时通常用草包或麻袋包装,也可直接倒在车上或船仓内,一般用干运法。

第二节　匍匐型贝类野生苗的采捕

采捕野生泥螺苗

1.采捕方法

野生贝苗出现的时间及场所,因每年水文、气象等环境条件而异,所以采捕前必须进行探苗，找出有生产价值的贝苗密集地，以便组织人力集中采捕。

采捕野生贝苗时，利用刮板和刮苗网袋作为采捕工具。落潮后，在有泥螺苗的滩涂上顺次刮起涂面的泥层，并经常摔动网袋，使细泥由网眼漏出。刮到1/3袋时拿到预先挖好的水坑或水渠内洗涤，将袋内的砂及幼螺倒在筛内，筛去粗砂、碎壳及蟹、杂螺等敌害，即可作养殖用苗。当幼螺长至壳高为5 mm以上时，也可用手捕捉。

野生苗出现季节，各地不完全一样，如浙江北部海区的舟山和宁波、慈溪一带，野生苗出现于农历1～2月。

2. 苗种鉴别

在野外苗的采捕中，有两种螺类与泥螺外壳形态相似，尤其在幼苗时，很容易混淆。一种是婆罗囊螺（*Retusa borneensis* A. Asams）（俗称哑巴泥螺），另一种是阿地螺（*Atys* sp.），见苗期也正好和泥螺相同。这三种螺的区别见表8-3。

表8-3　泥螺、阿地螺、婆罗囊螺的区别

形态	泥螺	阿地螺	婆罗囊螺
壳形	中型，成体壳长15～20 mm	小型，成体壳长5 mm	小型，成体壳长5～8 mm
壳色	白色，略透明，壳薄而脆	白色，半透明，壳薄而脆	灰白色，壳薄而脆，具色泽
螺旋部	螺旋部旋转入体螺层内	旋转入体螺层内，壳顶中央稍凹陷，而不形成深洞，呈斜截断状	稍沉入壳顶部或相当低平，呈截断状
壳口	壳口广阔，上部狭，底部扩张	壳口狭长，占贝壳全长，上部稍狭，底部稍宽	壳口狭长，上部狭，底部稍扩张
外唇	上部圆，突出壳顶部	上部圆，突出壳顶部	上部圆，突起不定

3. 泥螺苗质量鉴别

（1）优质泥螺苗：苗体清洁干净，不带泥块杂质及死鱼烂虾；破壳少，体色玉白，具有光泽；大小均匀；当潮捕上，新鲜活泼；将泥螺苗放在盛有涂泥的碗内，足部伸缩频繁。

（2）劣质泥螺苗：苗体不干净，泥块、杂质较多；壳色灰白，光泽差，破壳多；大小悬殊；隔潮捕上，不活泼；曾将泥螺苗长时间浸在半咸水或纯淡水中，使重量增加可达50%左右。

4.苗种运输

运输时可将苗种集中在一起，放在箩筐中装运，以减少体积。由于泥螺体表面有黏液，如果互相叠压，泥螺呼吸受到很大限制，极易发热，引起苗种大批死亡。在运输中泥螺苗种是否会腐败变质，主要看泥螺苗的质量，天气情况，运输时间和途中管理是否符合要求。

(1)运输与苗体质量的关系。长途运输的泥螺苗必须选择当潮起捕的优质苗，过夜苗、养水苗以及劣质苗不宜运输。

(2)运输与天气的关系。适宜运输温度5℃～15℃，15℃以上进行长途运输困难较大。在运输中对泥螺苗种威胁最大的是暴雨天气。因此，不论运用哪种交通工具，运输时都应加篷，把苗盖好，防止雨淋，以防泥螺苗吸水膨胀而引起死亡。

(3)运输与时间的关系。泥螺苗起捕以后可立即装上车船日夜赶运。在气候正常的情况下，优质苗在20 h内运到目的地，一般保持较高成活率，超过20 h以上，成活率大大下降。如果用冷藏车运输可适当延长运输时间。

(4)运输途中的管理。运输时应防止重压，每箩筐只能放置1/3～1/2的泥螺苗，箩筐重叠时不能压着幼螺，以免受伤，最好每层用木板隔起来。

装运前应将泥螺苗洗净。苗种运输途中不可泼水，运到目的地后，要放在阴凉通风处及时撒播。

第三节　其他生活型贝类野生苗的采捕

可以直接利用铲具采捕岩礁、码头和堤坝等处的贝苗进行放养。值得注意的是海带养殖事业普遍开展，海带浮绠就是很好的附苗器材，上面往往附着大量的野生贻贝苗种。在收海带时秋苗已经长大，而大量春苗刚刚附着不久，肉眼难以辨认，因此，要充分利用这些苗种就必须在收割海带时，留下浮绠上的贻贝苗继续暂养。这种办法对于提供苗种生产的潜力很大，这是采捕野生贝苗的一种特殊情况。

另外在收获扇贝时，扇贝养成笼及浮绠上，常附着一些野生贻贝苗种；加工的扇贝壳上也常附着一些野生蛎苗，可以收集起来放在养成笼，挂在海水养殖或播养在浅滩上或虾池中进行养殖。

第九章　贝类的育种研究

培育生长快、风味好、抗逆能力强的养殖新品种可使海水贝类养殖业健康、可持续发展。当前国内外对贝类的选择育种、杂交育种、多倍体育种以及其他育种等进行了一些研究，取得了一些成果，并在生产中得到了应用。

第一节　贝类的选择育种

选择育种(Selective Breeding)又称系统育种，它是对一个原始材料或品种群体实行有目的、有计划的反复选择淘汰，而分离出几个有差异的系统。将这样的系统与原始材料或品种比较，使一些经济性状表现显著优良而又稳定的品种，形成新的品种(楼允东，2001)。选择育种是最基本的育种方法，目前已在种植业、畜牧业和水产业的良种培育中发挥重要作用。无论采用哪种育种途径和哪类育种材料，都要根据个体的表现型或遗传标记挑选符合人类需要且适应自然环境的基因型，使选择的性状稳定地遗传。所以，选择育种在目前和将来仍然是良种培育的重要途径和方法。

一、选择育种的一般原理

选择育种的原理随育种目的不同，育种对象和目标性状等的差异而有所不同，但就一般原理而言，有以下几点共性。

1. 人工选择的创造性作用

人工选择是人们按照自己的意愿，对自然界现存生物的遗传变异性进行选择，巩固和发展那些对人类有益的变异，使其最终与原来的种群隔离，形成符合人们要求的新品种或品系。由于人工选择控制了交配对象和交配范围，选择效果比自然选择快得多，只要几十年甚至几年就可以创造出一个新品种。

2. 可遗传的变异是选择的基础

生物体变异有可遗传的变异和不遗传的变异两种。体细胞的变异、环境引起的变异(不涉及性细胞遗传物质的变异)都不能遗传，只有发生在性细胞遗传物质上的变异才能遗传。遗传是选择的保证,没有遗传,选择便毫无意义。只有有了有利的变异和这些变异的稳定遗传,才通过不断的选择把它们保留和巩固下来。

3.表现型是选择的主要依据

理论上讲,根据基因型选择才能收到好的选择效果,获得可遗传的变异。但是基因型看不见,因此必须通过表现型去认识或估测。

4.定向选择加近交是选择育种的基本方法

定向选择就是按照育种目标,在相传的世代中选择表型合意的个体作亲本繁殖后代,以选择出基因型合意的个体。近交是合意基因和不合意基因分离和纯化的最佳交配方式,能够使合意基因型快速地纯合、固定和发展,早日形成新品种。因而,近交是定向选择所需的最好交配方式。

5.纯系内选择无效

在纯系内,同一数量性状也会参差不齐,表现出连续的差异,但这种差异是由环境影响所造成的,是不遗传的,因而选择无效。所以,选择育种要以遗传变异丰富的群体作为育种基础群,对可遗传的变异进行有目的的选择。

6.选择要在关键时期进行

由于基因的表达往往需要一个过程,存在一定的顺序,例如有的基因在胚胎早期表达,而有的则在胚胎中期或晚期表达,还有一些在孵化或出生后才表达。因此,要依据育种日标并结合日标性状发育的特点在合适的时间进行选择,过早或过晚效果都不好。Haley 等(1977)对美洲牡蛎生长速度所做的选择工作表明,对 3~4 龄个体进行选择比在 2 龄个体上选择更有效。

二、育种性状的选择

水产动物的育种性状分为质量性状(Qualitative Character)和数量性状(Quantitative Character)两大类。质量性状是指品种的一系列符合孟德尔遗传定律,呈间断变异的性状,如体型、体色等。质量性状一般是由一对或几对基因的差别造成的,等位基因间一般有明确的显隐关系,表型不易受环境影响。相对于质量性状而言,数量性状的遗传情况比较复杂。它是指那些只能用数和量来区别的客观指标如体长、体重、生长量和生产量等。数量性状受多个微效基因控制,等位基因间没有明确的显隐关系,而且其表型易受环境影响,变异幅度大。

1.质量性状选择

对质量性状进行选择的基本工作是对特定基因型的判别。质量性状基因型和表现型的关系比较简单，选择也就比较容易进行。在显性不完全的情况下，杂合体表现型不同于任何纯合体，容易识别，根据表型可以直接判断任何一种基因型并进行选择；在显性完全时，对隐性纯合子的判断和选择也比较容易，因为隐性纯合子的基因型和表型相一致，只需依据表型就可选准隐性纯合体，但是对显性纯合子的判断和选择则较麻烦，因为显性纯合子和杂合子的表型相同，还需借助子2代或测交才能鉴别基因型。因此，质量性状的选择只需一代或两三代的个体表型选择就可以选准、选好。

2. 数量性状选择

数量性状的基因型和表型的关系比较复杂，一方面性状容易受环境影响，个体的表型值不能如实地反映基因型；另一方面，数量性状受多基因控制，影响数量性状的每一基因的表型值比环境的影响小得多，因而不可能单独把单个基因检测出来，更不可能将影响数量性状的全套基因型检测出来。所以，数量性状的选择比较麻烦，只经过一代或两代的表型选择不可能将基因型选准，还需若干代的近交和定向选择。在这种情况下，基因型是未知的，选择的依据只能是表型值，然后根据后代或亲属的表型值来估计基因型，并参照（或求出）遗传力等参数，推测选择效果。

三、常用的选择方法

1. 单性状的选择

在单性状选择中，除个体本身表型值外，最重要的信息来源就是个体所在家系的遗传信息，也即家系平均表型值。因此，经典的单性状选择方法，就是从个体表型值和家系均值出发，包括个体选择、家系选择、家系内选择及合并选择等概念（吴仲庆，1991；盛志廉，1999；楼允东，2001）。

（1）个体选择（Individual Selection），有时也称之为混合选择（Mass Selection），以个体表型值为选择依据，简单易行，而且在大部分情况下可以获得较大的选择反应。在实际育种工作中较常用。

（2）家系选择（Family Selection），是以整个家系作为一个选择单位，以各家系被选择性状的平均值为标准。常用的家系为全同胞家系或半同胞家系。在应用家系选择时有下列两种不同的情况：一是根据包含被选个体在内的家系均值选择，这时就称为家系选择；二是根据不包含被选个体在内的家系均值选择，这时称之为同胞选择（Sib Selection）。在家系含量小时，两者有一定差异，但家系含量大时，两者基本上是一致的。

（3）家系内选择（Within Family Selection），就是指在家系中选择被选择性状表型值高的个体。相对于个体选择而言,家系内选择适用于低遗传力性状。家系内选择更主要的是具有选配和保种上的意义,这时每个家系都有个体留种,因而群体有效含量大于其他选择方法,近交系数上升较慢,有利于保持群体不发生近交衰退和减少基因丢失。

(4)后裔测定(Progeny Testing),是依据繁殖亲本后代的质量来评定亲本种用价值的选择育种技术。其突出优点是能迅速判别亲本基因型,但实际应用中也存在一定的缺陷。主要困难是必须同时在相同环境中饲养很多后代。但是,通过多次重复试验和修正原始重量差别的方式,可对亲本做出客观评价。

(5)合并选择(Combined Selection),又称复合选择,与上述几种选择方法不一样,对家系均值和家系内偏差两种信息来源,不是非此即彼,或者一视同仁,而是针对具体性状的不同遗传力,不同的家系内表型相关,给予不同的对待。通过对这两种信息的不同加权,构成一个新的合并指标,称之为合并选择指数(Combined Selection Index)。用这一指数来估计个体的育种值,可以获得高于上述任何一种方法的估计准确度,以及最大的选择进展。

2.多性状的选择

(1)顺序选择法(Tandem Selection),又称依次选择法或单项选择法,是指针对计划选择的多个性状逐一选择,每个性状选择一代或几代,待得到满意的选择效果后,再选择第二个性状,然后再选择第三个性状等等,顺序递选。这种选择方法的主要不足有两种:一是费时,要想使所有重要的经济性状都有很大改善则需要很长的时间;二是因性状间的相互影响和自然选择的回归作用,往往影响选择的效果。因此这种方法在水产动物的育种中一般很少采用。

(2)独立淘汰法(Independent Culling),也称独立水平法或限值淘汰法,即将所要选择的各性状分别确定一个选择界限,凡是要留种的个体,必须同时超过各性状的选择标准。如果有一项低于选择界限,不管其他性状优劣程度如何,均予淘汰。这种方法显然同时考虑了多个性状的选择,但不可避免地容易将那些在大多数性状上表现十分优秀,而仅在个别性状上有所不足的个体淘汰,而在各性状上都表现平平的个体却被保留下来。

(3)综合指数法(Index Selection),是按照一个非独立的选择标准确定选留个体的方法,将所涉及的各性状,根据其遗传基础和经济重要性,分别给予适当的加权,然后综合到一个指数中。个体的选择不再依据个别性状表现的好坏,而是依据这个综合指数的大小。可以将候选个体在各性状上的优点和缺点综合考虑,并用经济指标表示个体的综合遗传素质。因此这种选择方法具有最高的选择效果。综合选择指数方法虽有不少优点,但指数的科学制定和实际应用尚存在较大的研究空间。对于水产动物更是如此。主要原因是：①遗传参数的估计误差；②各选择工作者给予目标性状的经济加权值；③候选群体过小时，导致选择效应估计偏高；④信息性状与目标性状的不一致和遗传关系的不确切。

四、影响选择效果的因素和提高选择效果的途径

1. 影响选择效果的因素

(1)环境选择的目的就是在较短时间内得到人们所需要的基因型(Genetype)。一般是通过表现型(Phenotype)来认识基因型。但是因为许多数量性状的遗传力不够强，它们很容易受环境的影响，所以个体的表现型并不能很好地代表基因型。

(2)控制性状的基因及其遗传力大小。一般而言，质量性状，多是受 1 对或 2 对等位基因控制，且呈显、隐性关系，易于观察和分辨；而许多数量性状受多基因控制。遗传力(Heritability)的大小，也是影响选择的一个重要因素。遗传力是某一性状为遗传因子所影响及能为选择改变的程度的度量，亦即某一性状从亲代传递给后代的相对能力。一般是遗传力高的性状选择容易，而遗传力低的性状选择难些。

(3)人为因素。人们在选择过程中，通常总是倾向于选择身体强壮的个体用作亲本繁殖下一代，这种选择方法往往影响选择效果。因为动物的强壮性往往跟杂合性有关。选择强壮的动物配种传代，也就不自觉地使杂合型占了优势地位，纯合化就不能那么顺利发展了。

总之，影响选择效果的因素是多方面的，它包括选择目标能否长期不变，上面所述的选择依据是否正确可靠，选择性状的基因、遗传力与遗传相关是否研究清楚，选择时选择差数和选择反应是否正确掌握等。

2. 提高选择效果的途径

(1)合理地选择育种。原始群体在进行选择育种时，首先必须有优良的育种材料，也就是要在优良的品种或自然种中进行选择。因为优良品种的基础好，底子厚，具备可遗传的各种优良性状。在优良品种中选拔出具有特点的优良个体，就是优中选优，往往就能达到最佳、最准确的效果。

(2)把握好育种目标。培育一个新的品种，往往会有若干个育种目标，把握育种目标也就是正确理解选择的方向，将育种目标加以权重，按照权重来确定选择中每一目标方向所给予的重视程度。

(3)制定好明确的选择标准。水产养殖生产上要求一个产品具备优良的综合性状，如果它只是某单一性状比较突出，而其他性状并不理想，就很难成为生

产上应用的品种。因此就需要对选择对象作全面的分析，明确其基本优点和存在的主要缺点，确定哪些优良性状是要保持和提高的，哪些不良性状是必须改进和克服的。在苗种培育过程中严格按照标准进行选择。

(4)确定最适宜的选择时间。选择的整个过程中，都必须对选育对象的生长和发育做仔细的观察并认真记录，避免因为疏忽记录而使选育时间的延长和选育结果的失败，造成人力、物力的极大浪费。重要性状的选择应在该性状充分表现后进行，如体长、体重、生长速度的选择应在达到商品规格的年龄进行，产卵量的大小则应在性成熟后进行。

五、海洋贝类选择育种研究进展

1.牡蛎的选择育种

作为世界上第一大养殖贝类，牡蛎的遗传改良历来受到国外许多学者的普遍重视，并开展了大量研究工作。研究的种类主要包括太平洋牡蛎、美洲牡蛎、智利牡蛎、欧洲牡蛎、悉尼岩牡蛎和僧帽牡蛎，研究内容既包括幼体阶段的数据，也包括成体阶段的数据；既有选择反应预测，也有各种遗传力、遗传相关等参数的估算；同时还有一些选择育种实践的探索。在遗传参数研究方面，Lannan(1972)利用全同胞家系获得太平洋牡蛎幼虫存活率的遗传力为0.31，附着变态率遗传力为0.09，18月龄总重、壳重和软体部重的遗传力分别为0.33、0.32和0.37。Hedgecock等(1991)根据半同胞数据获得商品规格软体部重的遗传力为0.20。Haley等(1975)利用半同胞和全同胞家系测得美洲牡蛎幼虫生长速度的遗传力在第6天时为0.46，在第16天时为0.25。同样是美洲牡蛎的幼虫生长率，Newkirk等(1977)报道了同胞和半同胞遗传力在第6天时为0.09～0.51，在第16天时为0.50～0.60。Toro和Newkirk(1990)利用亲子回归分析法获得欧洲牡蛎活体重和壳高的遗传力6月龄时分别为0.14和0.11，18月龄时分别为0.24和0.19。这些遗传力研究结果表明，对牡蛎群体进行定向选择来提高生长速度是可行的。

在选择育种研究方面，选择目标大都集中在生长率、活体重、抗病性以及壳形状等方面。Haley和Newkirk(1982)研究了美洲牡蛎生长率的遗传特性，发现1代选择后的活体重明显高于对照组。Haskin和Ford(1988)成功选育出对尼氏单孢子虫(MSX)具有抗性的美洲牡蛎近交系，经过5代选择后，存活率提高10倍。Toro等(1994)报道了对智利牡蛎的壳长和活体重进行1代歧化选择实验结果，发现27月龄时上选组和下选组活体重的现实遗传力分别为0.43和0.29，壳长的现实遗传力分别为0.45和0.31。从欧洲牡蛎的结果来看(Newkirk and Haley,1982),1 代选择后活体重的现实遗传力可达 0.39～0.72。经过 1 代选择后的悉尼岩牡蛎,17 月龄时活体重显著高于对照组(Nell 等,1996)。僧帽牡蛎的混合选育结果表明,15 月龄活体重的现实遗传力为 0.28。关于太平洋牡蛎的选择育种研究,国外迄今有 2 篇报道。Hershberger 等(1984)的研究表明,通过人工选择可以提高太平洋牡蛎对夏季大量死亡的抵抗能力。Langdon 等(2003)对太平洋牡蛎混合选择的结果显示,1 代选择后活体重较对照组可平均提高 9.5%。

自 2006 年以来,中国海洋大学李琪科研团队在国内率先开展了长牡蛎优良品种选育。以山东乳山海区自然采苗养殖的长牡蛎为基础群体,采用群体选育技术,以生长速度,壳形作为选育指标,经 8 年不懈努力,通过连续 6 代群体选育,成功培育出生长性状优良的长牡蛎"海大 1 号"新品种。经在山东、辽宁等地取得了良好的中试养殖效果,平均省增产 24.6%以上。

2. 扇贝的选择育种

Crenshaw 等(1991)对海湾扇贝的一个野生群体做了选择实验,现实遗传力的估计值为 0.206。Ibarra 等(1999)按壳高和总重两个指标,对 *Argopecten ventricosus* 做了一代的选择实验,总重的现实遗传力估计为 0.33±0.07 到 0.59±0.13,壳宽的现实遗传力为 0.10±0.07 到 0.18±0.08,且这两个性状存在明显的遗传相关。

中国海洋大学包振民等对中国北方的栉孔扇贝进行了选育,结合现代分子生物学技术,培育出国内外第一个扇贝新品种"蓬莱红"。该品种壳色鲜红、肉柱大、抗逆性强,遗传特征明显,综合经济性状优良。经过近 2 万亩养殖测试,"蓬莱红"扇贝表现出明显的高产性和抗夏季病害(夏季死亡率低)的特性,比现有生产种平均增产 35%～68%,死亡率降低 30%以上,主要生产性状遗传稳定性高于 95%以上。

张国范等对海湾扇贝的壳色进行选择,选育出新品种"中科红海湾扇贝"。该品种贝壳颜色纯正,为鲜艳的橘红色,生长速度快,规格均匀,无"老头苗"现象,壳高、壳长、壳厚均大于普通贝 5%以上,鲜贝重量增长 21.77%,出肉柱率提高 26.07%。

3. 其他贝类的选择育种

在其他贝类的选择育种研究方面,近年来珠母贝、硬壳蛤以及海湾扇贝等贝类的选育也陆续开展。Wada (1986)以壳宽和壳凸度为指标,对马氏珠母贝进行了选择实验,所得到的现实遗传力估计值分别为 0.47 和 0.35。

Hadley 等(1991)对美国南卡莱罗纳州当地的硬壳蛤群体在 2 龄进行了选

择实验，TOP 10%的个体作为选择组，相同数目随机个体作为对照组。在所作的三组实验中，其中一组没有观察到选择反应，作者认为可能是由于有效繁殖群体数量较少所致。另外两组实验中，生长率的现实遗传力的估计值分别为0.42±0.10和0.43±0.06，表明混合选择可能是改良硬壳蛤养殖群体的一个较好的方法。

第二节　贝类的杂交育种

在育种和生产实践上，杂交一般是指遗传类型不同的生物体之间相互交配或结合而产生杂种的过程。通过不同品种间杂交创造新变异，并对杂种后代培育、选择以育成新品种的方法叫杂交育种(Cross Breeding)。

杂交育种是最经典的育种方法。尽管新技术、新方法不断涌现，但杂交育种仍是目前国内外动植物育种中应用最广泛、成效最显著的育种方法之一。例如在农作物方面，目前全球约90%的育种是杂交育种，我国常规稻推广品种中，2/3以上的品种是通过杂交育种获得的；在美国玉米产量持续增长，33%～65%得益于杂交种的遗传效应(张玉勇，2005)。在水产养殖领域，杂交育种的应用也十分广泛，主要应用于水产动物育种中提高生长速度、抗病力、抗逆性、起捕率、含肉率和改良肉质、提高饵料转化率、提高成活率、创造新品种、保存和发展有益的突变体以及抢救濒于灭绝的良种等方面。例如美国20世纪60年代，条纹鲈和白鲈的杂交培育出了生长速度快、抗逆性强的新品种(杨爱国，2002)。新中国成立以来也开展了大量鱼类杂交组合的实验研究，发现了许多鱼类不同种类或品种之间的杂交可以获得明显的杂种优势，培育出一批性状优良的杂交鱼养殖品种，如我国鲤鱼科鱼类中的荷元鲤(荷包红鲤♀×元江鲤♂)、丰鲤(兴国红鲤♀×散鳞镜鲤♂F_1)、岳鲤(荷包红鲤♀×湘江野鲤♂)等(楼允东，1999)。

相对而言，在海水养殖领域，特别是贝类方面，杂交育种研究相对滞后，但近年来，国内外许多专家和学者也做了大量的研究工作，并且取得了初步的成绩。

一、杂交育种的基本原理和方法

1. 杂交育种的基本原理

杂交可以充分利用种群间的互补效应，是增加生物变异性的一个重要方法。但是杂交并不产生新基因，而是利用现有生物资源的基因和性状重新组合，将分离于不同群体（个体）的基因组合起来，从而建立理想的基因型和表现型。

杂交的生物学特性主要表现为：①能急剧地动摇遗传的保守性，使杂种的遗传性富于游动性，具有更多的可塑性，有向人类培育的各个方面发展的可能性；②能迅速而显著地提供杂种生活力，而获得杂种优势；③杂交能丰富遗传结构，提供更加广泛的遗传基础，通过杂交将两个以上遗传基础不同的品种或种以上的个体的基因自由组合，产生亲本所从未出现过的超越亲代的优良性状，继而人们可选择优良的个体，经培育而成新品种。

因此，杂交育种从根本上说是运用遗传的分离规律、自由组合规律和连锁互换规律来重建生物的遗传性，创造理想变异体。

2.杂交育种的基本方法

杂交育种分类的方法多种多样。依据杂交亲本亲缘关系远近不同，可分为近缘杂交（品种内杂交和品种间杂交）和远缘杂交（种间、属间、科间以及目间的杂交）；依据杂交时通过性器官与否，分为有性杂交和无性杂交；依据杂交时参加亲本数目多少，又分为单交和复交等等。依据育种目标和杂交方式的不同，杂交育种可分为以下几种：

（1）增殖杂交，是根据当地、当时的自然条件、生产需要以及原地方品种品质等条件的限制，从客观上来确定育种目标，应用相应的两个或多个品种，使它们各参加杂交一次，并结合定向选育，将不同品种的优点综合到新品种中的一种杂交育种方法。因为参加的品种越多，育成新品种所需要时间越长。实际生产中多采用只涉及一次杂交和两个品种的交配，也称为单杂交，可表示为 $A \times B \rightarrow F_1 \rightarrow F_2 \rightarrow \cdots \rightarrow F_n$（形成新品种）。这种育种方法是为追求更大的养殖效益或者是适用当地生产发展，原有的地方品种已不能满足生产发展的需要，但又不能从外地引入相应的品种来取代，于是就以当地原有品种与一个符合育种目标的改良品种进行杂交，以获得二品种的一代杂种，然后从中选择较理想的杂交个体，进行与育种目标相应的定向培育，并以同质选配为主进行自群繁育（以确保所获得的优良性状能稳定的遗传），育成新的品种。此法需要年限短，见效快，应用较广泛。

（2）渐渗杂交，是根据当地的自然条件、经济条件和生产需要以及原有地方品种品质等所客观确定的育种目标，将一个品种的基因逐渐引进到另一个品种的基因库中的过程。具体做法是：以当地原有地方品种为被改良者，与一个符合育种目标需要的改良品种杂交，获得级进第一代杂种（级 F_1），然后再使级 F_1

中较理想的个体与改良品种回交，获得级 F_2，如级 F_2 还不符合育种要求，则再使级 F_2 中较理想的个体与改良品种回交以获得级 F_3，如此下去，一直到获得符合育种目标的理想个体为止，再选择理想的杂种，以同质选配为主进行自群繁育，固定遗传性，育成新品种。这种杂交方法的实质是通过杂交改变当地品种的遗传特性，并使当地品种一代又一代地与改良品种回交，以使遗传性随着代数的增加，一级又一级地向改良品种靠近，最后使之发生根本性的变化。

(3)导入杂交，是为获得更高的经济效益或根据当地的自然条件、经济条件和生产需要以及原有地方品种品质等客观确定的育种目标，通过引入品种对原有地方品种的某些缺点加以改良而使用的杂交方式。在方法上和级进育成杂交相似，只是回交的亲本换成了当地被改良品种，目的是为了改正地方品种的某种缺陷，或改良地方品种的某个生产性能，同时还要保留地方品种的其他优良特性。此法只适用于那些本身的各种特性已相当好，只是存在程度不大的缺点的当地被改良品种。引入品种必须具有原有地方品种所需要改进的优点，同时又不能损害原来品种的优良特性。杂交的代数，应从实际情况出发，一般以获得 F_2 为合适。所需改良品种的数量，一般以一个为好，并且引入品种与被改良品种的差距不能过大。

(4)综合杂交，是综合采用两种以上不同的育成杂交方法，引入相应的改良品种对当地被改良品种进行改良，以获得改良品种一定的遗传性比率和具有一定生产水平的理想杂种，从中选育出新的品种。

3.杂交育种的基本步骤

(1)确定育种目标和育种方案。育种用几个品种，选择哪几个品种，杂交的代数，每个参与杂交的品种在新品种血缘中所占的比例等，都应该在杂交开始之前经过讨论，从而提高工作效率，缩短育苗时间，降低成本。实践中也要根据实际情况进行修订与改进，灵活掌握。

(2)杂交品种间的杂交。使两个基因型重组，杂交后代中会出现各种类型的个体，通过选择理想或接近理想类型的个体组成新的类群，进行繁育就有可能育成新的品系和品种。此阶段的工作除了选定杂交品种或品系外，每个品种或品系中的与配个体的选择、选配方案的制订、杂交组合的确定等都直接关系到理想后代能否出现。因此，有时可能需要进行一些实验性的杂交。

杂交亲本的选择与选配一般考虑以下原则：一是性状互补，即亲本双方在性状方面所表现出来的优缺点能够相互补充，以便杂种后代按自由组合规律进行重组，产生优良杂种；二是双亲的生物学差异比较显著，尤其是地理分布、生态类型和主要性状存在明显不同，以求杂种后代的变异幅度广泛，可供选择；三是品种或种群要尽可能纯正，以获得更大的杂种优势，若亲本不纯，杂种也难以综合双亲的优点；四是双亲或亲本的一方要适合本地养殖，以获得适应当地自然条件的杂种。除此之外，还要注意亲本的性腺发育、年龄、体重和体质等问题。

(3)理想个体的自群繁育与理想性状的固定。当理想个体的数量符合育种要求后建成品系或家系，便可以进行品系或家系(理想杂种个体群内)的自群繁育，以期使目标基因纯合和目标性状稳定遗传。自群繁育主要采用同型交配法，有选择地采用近交。近交的程度以未出现近交衰退现象为度。这一阶段的主要目标就是固定优良性状，稳定遗传特性。同时，也应该注意饲养管理等环境条件的改善。

(4)扩群提高。通过选择建立了理想型群体或品系，但在数量上毕竟较少，还不能避免不必要的近交。这样的群体仍有蜕化变质的危险，也就是该理想型类群或品系群，在数量上还没有达到成为一个品系的起码标准。再者，数量多才有利于选种和选配发挥更好的作用，以进一步提高群体的水平。因此，在这一阶段要有计划地进一步繁育和培育更多的已定型的理想个体。这一阶段的工作，一般都是在育种场内进行的。此阶段中建立的品系，因为时间不长，一般都是独立的。为了建立新的、更好的品系以健全品种结构和提高质量，应该有目的地使各品系的优秀个体进行配合，使它们的后代兼有两个或几个品系的优良特性。

二、杂交育种及杂种优势在贝类养殖中的应用

杂种优势是指两个或两个以上不同遗传类型的个体杂交所产生的杂种第一代，往往在生活力、生长和生产性能等方面在一定程度上优于两个亲本种群平均值的现象。由于杂种在第二代会表现出基因型的分离进而失去优势的生活力和生产性能，同时失去表现型的一致性，因此杂种优势只能利用一代。这种只利用第一代杂交种的优势来进行养殖生产的杂交称为经济杂交，又称杂种优势的利用。杂种优势都是涉及某些与经济性状密切的数量性状，优势可以表现在生活力、繁殖率、抗逆性以及产量、品质上，同时也表现在生长速度以及早熟性等方面。

国外贝类杂交育种或利用杂种优势的工作开始于20世纪60年代，这也是在贝类人工育苗技术成功的基础上所取得的成果。今井丈夫首先开展了不同地理群体牡蛎的杂交实验，但杂种优势不甚明显，这一结果对后来相关研究产生了一定的负面影响。此后，就很少有人开展贝类杂交的研究。不过从20世

纪80年代以后，欧美又有人陆续研究杂交问题，主要还是集中在牡蛎，特别是太平洋牡蛎的研究。国内贝类杂交研究早于国外，开始于20世纪50年代的牡蛎杂交，此后也是一段长时间的中断，到了20世纪80年代才有人重新陆续开展贝类杂交的研究，但主要是远源杂交。到了20世纪90年代初，种内杂交的研究才逐步开展起来。

近年来，为了解决我国养殖贝类的大规模死亡和一些重要经济贝类生长慢、生产周期长等问题，杂交及杂种优势利用成为产业生存和发展的迫切需求。以下就海洋经济贝类杂交育种研究的主要种类及其研究现状分别加以论述。

1.牡蛎

牡蛎科的贝类是目前国内外杂交育种中研究得最多、记载最详尽的种类之一。国外某些牡蛎种类的杂交可以追溯到一个世纪以前(Bouchon-Brandely，1882，引自 Davis，1950)，但较为集中的工作始于20世纪初。早在1929年，妹尾秀实和崛重藏等就对牡蛎科种间杂交进行了研究。随后，多种牡蛎组合的种间与种内杂交研究也相继展开。如在一个比较2龄太平洋牡蛎(*Crassostrea gigas*)的试验中，Beattie 等(1987)发现杂交子代在壳长、总重及干肉重上都明显高于全同胞交配的子代。在比较三个未经选择的美洲牡蛎群体及它们相互杂交的实验中，Mallet 和 Haley(1983)发现杂交子代和对照的活体重及存活率存在明显的差异，从整体而言，在生长和存活方面，杂交组和其亲本的平均值相比存在杂种优势。在另一个三个美洲牡蛎杂交实验中，Mallet 和 Haley(1984)发现幼虫阶段存在杂种优势和反交效应，在稚贝阶段，平均杂种优势为4.9～11.5，不同的杂交组合及正反交间的杂种优势明显不同，最好的一个杂交组合的杂种优势为23.6～24.6，最差的一个为－13.8～－1.5。Bayne 等(1999)比较了太平洋牡蛎近交系和杂种的摄食行为和代谢效率，结果显示总体上杂种的摄食效率和生长速度都要高于近交系。同时还发现虽然杂种的表现都要好于近交系，但在正反交组合中存在显著差异。另外，Hedgecock 等(1995，1996)以部分雌雄同体的太平洋牡蛎的自交建立近交系，通过不同近交系间的杂交，探讨了形成杂种优势的机理，并研究了杂种优势对摄食行为、代谢效率等生理活动的影响。Dennis 等(1996)通过对牡蛎各自交群体及其杂交 F_1 和 F_2 代进行的同工酶和数量性状的标记分析发现，用显性或超显性假说都不能很好地解释杂交实验中出现的一些现象，而上位效应对所出现的正负杂种优势都能给予很好的解释。Launey 等(2001)通过近交系的杂交，认为牡蛎的杂种优势主要是显性效应。

在国内，从20世纪50年代开始，也有一些牡蛎杂交育种工作的开展，如汪德耀等(1959)对厦门一带所产的密鳞牡蛎、僧帽牡蛎和福建南部产的太平洋牡蛎进行了杂交试验。不仅印证了种间杂交精卵能够结合,能够正常发育的结论,而且还发现杂交苗具有一定的生长优势,杂交的胚体由受精卵直至"D"形幼虫期的发育速度都比自交苗发育快。周茂德等(1982)以太平洋牡蛎、近江牡蛎和褶牡蛎为亲本进行了多个组合的杂交试验,发现杂交子代"D"形幼虫的大小性状一般表现为母本特征,而且其大小变异范围比亲本自交组大。吕豪(1994)也开展了太平洋牡蛎和大连湾牡蛎的杂交实验,结果表明两种牡蛎种间的杂交是可行的,杂交后代具有较高的受精率和成活率以及较快的生长速度,在一定程度上反映了杂交优势,并可以看出两种牡蛎有着较近的亲缘关系。目前虽然已经证明了牡蛎的种间杂交精卵能够很好地结合,并且能够正常发育,但尚无真正的牡蛎种间杂交的杂种应用于生产。

2. 扇贝

扇贝杂交研究在国内外也已开展了很多工作。1995 年 Heath 对虾夷扇贝和西北盘扇贝(*P. caurinus*)的杂交研究发现,产生的杂种子代具有较强的抗派金氏虫病的能力。1997 年 Bower 等利用引进日本虾夷扇贝雌性个体与近缘非养殖种西北盘扇贝雄性个体杂交,所产生的杂种对鞭孢子虫(*Perkinsus qugwadi*)具有抗性,从而促进了英国哥伦比亚地区的扇贝养殖业的发展。1997 年,Cruz 等研究了扇贝(*Argopecten circularis*)两个地理种群及其正反杂交子代在幼虫生长速率、存活率、性腺发育上的差异,发现正反杂交后代的存活率都明显受母本影响;而生长速率方面,母性效应在发育前 11 天明显存在,15 天后开始下降,17 天时完全消失,与此同时,15 天开始出现杂种优势(3.5%),到 17 天时杂种优势开始上升,达到 6.8%。

我国目前用于大规模养殖的扇贝品种主要有栉孔扇贝、虾夷扇贝、华贵栉孔扇贝和海湾扇贝,其中虾夷扇贝和海湾扇贝是我国分别从日本和美国引进的品种。随着扇贝养殖业的持续发展,养殖扇贝的种质质量退化,连年出现养殖扇贝的大面积死亡,通过杂交育种等选育手段获得抗逆性高、生长快速的优良扇贝养殖品种,就成为贝类工作者们重点研究的对象。相建海等(1991)进行过海湾扇贝、栉孔扇贝和虾夷扇贝杂交育种的可行性研究。宋林生(1998)对栉孔扇贝和虾夷扇贝及其杂交种的基因组进行 RAPD 分析,得出杂交后代表现为明显的母性遗传的结论。常亚青等(2002)与刘小林等(2003)分别报道了栉孔扇贝中国种群与日本种群正反交杂种一代在壳高、壳长、壳宽、活体重及成活率 5 个生长发育指标上所表现的杂种优势,其研究表明,栉孔扇贝中国种群与日本种群杂交 F_1 代不论是早期生长发育阶段还是中期生长发育阶段,杂交组合均表现出了不同程度的杂交优势，其中早期（4～10月龄）贝壳性状的杂种优势在23%～30%，活体重的杂种优势率达到28%～44%，成活率的杂种优势在10%以上；中期（9～18月龄）体重杂种优势为32.29%，壳高杂种优势为13.59%，壳宽杂种优势为12.46%，壳长杂种优势为12.65%。另外中国种群与俄罗斯种群栉孔扇贝的各杂交组合也表现出良好的杂种优势，4月龄杂交子代体重、壳高、壳宽、壳长的杂种优势分别为59.4%，21.7%，18.9%和13.6%。证明了杂交是提高扇贝生产性能和抗逆性的重要途径。

杨爱国等（2004）对虾夷扇贝精子进行超低温保藏，成功地利用栉孔扇贝♀与虾夷扇贝♂进行杂交，杂交子代在外部形态与母本栉孔扇贝基本相同，但生产性能尤其是抗逆性显著提高，在第二年高水温季节栉孔扇贝出现大量死亡的情况下，杂交子代成活率达95%，生长速度提高23%。反交组在苗种中间暂养和养殖过程中的成活率比虾夷扇贝提高16%，生长速度未见显著差别；正、反交子一代生殖腺发育正常，可排放精、卵。

3.鲍

有关鲍的杂交育种以日本研究较多，具有代表性的是宫木廉夫和小池康一等的工作。宫木廉夫对日本大鲍（*Haliotis gigantea*）♀×盘鲍（*H. discus*）♂杂交组合的生长和存活情况进行了深入研究，在341天的试验期间发现前期杂交苗要比母本的自交苗生长慢，而后期杂交苗则要比自交苗生长快些；母本自交苗的存活率在整个试验期间一直最高；杂交苗的季节生长方式以及存活率比较接近父本的自交组，而杂交幼鲍的外部形态则更接近于母本。小池康一对日本大鲍、盘鲍和 *H. madaka* 以及它们的杂交幼体进行了研究，发现所有的杂交组合生长率均比各自的自交组合快，其中 *H. madaka*♀×大鲍♂的日摄食率和月生长率均优于其亲本自交组。另外 Leighton 对加利福尼亚沿岸的红鲍（*H. rufescens*）、粉红鲍（*H. corrugata*）、绿鲍（*H. fulgens*）和白鲍（*H. sorenseni*）进行人工杂交，结果显示红鲍×绿鲍的杂交子一代具有明显的生长优势，并且杂交子一代性腺能够发育成熟，可正常繁育。

中国是世界第一鲍鱼生产大国，几乎全部依靠养殖生产，而杂交和杂种优势的利用是鲍养殖业近些年快速稳定发展的关键技术，杂交鲍已经成为中国北方海区海水养殖支柱性产业，也成为其他海水养殖动物种质改良的成功范例。王子臣等（1985）将从美国引进的红鲍、绿鲍同我国本地的皱纹盘鲍进行杂交与人工育苗试验；聂宗庆等（1992）从日本引进了日本盘鲍进行了试养，并将日本盘鲍与我国的皱纹盘鲍进行了杂交。孙振兴等（1988）比较了大鲍、西氏鲍（*H. sieboldii*）、日本盘鲍的杂交稚贝及其双亲系自交稚贝的摄食率、生长率和饵料效率，发现杂交稚贝的共同特点是在摄食率和生长率方面都表现为双亲系的中间类型，大体上优于父系稚贝、劣于母系稚贝，其中，大鲍♀×日本盘鲍♂的杂交稚贝，在摄食率、体重和壳长月增长率方面都优于双亲系稚贝。随后，燕敬平等(1999)以日本盘鲍和皱纹盘鲍为亲本，柯才焕等(2000)以杂色鲍(*H. diversicolor supertexta*)、皱纹盘鲍和日本盘鲍为亲本，张起信等(2000)、孙振兴等(2001)以日本大鲍和皱纹盘鲍为亲本，欧俊新等(2002)以皱纹盘鲍和日本盘鲍为亲本，先后进行了杂交育种研究，均取得了大量的实验数据，同时得出了以下结论：其一，鲍种间杂交是可行的，除了杂色鲍与皱纹盘鲍和日本盘鲍杂交的受精率比较低以外(最低组皱♀×杂♂的受精率仅为0～2.8%)，其他各杂交组合的受精率均比较高(＞70%)；其二，受精率虽有高低，但受精后的胚胎发育正常，杂交稚鲍存活率具有明显优势；其三，后代稚鲍显示出良好的生产性状和一定的杂交优势。

张国范等(2005)利用皱纹盘鲍日本岩手群体和大连群体杂交培育出我国第一个海水贝类新品种"大连1号"杂交鲍，并在生产中推广应用，取得显著经济效益。该品种杂种优势明显，性状稳定，具有适应性广、成活率高、抗逆性强、生长快、品质好等特点。与父母本比较，生长速度平均提高20%以上，成活率提高1.8～2.3倍，适宜水温0～29℃，适温上限提高了4℃～5℃，使杂交鲍养殖区海域从渤海和黄海北部向福建和广东北部海域扩展，养殖区域进一步扩大。

4. 其他养殖贝类

除了以上几种重要的海水养殖种类外，目前开展了有关杂交工作的养殖贝类还有珠母贝、硬壳蛤(*Mercenaria mercenaria*)等多种海水养殖贝类。如魏贻尧等(1983)曾对马氏珠母贝(*Pinctada martensii*)、解氏珠母贝(*P. chemnitzi*)和大珠母贝(*P. maxima*)3种珍珠贝进行了种间杂交以及杂交后代培育与性状的观察，结果表明，马氏珠母贝作为母本，解氏珠母贝和大珠母贝分别作为父本杂交，部分杂交苗能变态附着，稚贝外形上与马氏珠母贝相同，深入的研究表明，杂交子代有可能不是真正的杂交种，不能排除"雌核发育"的可能性。王爱民等(2003)对马氏珠母贝不同地理种群内自繁和种群间杂交子一代的性状及感染多毛类寄生虫病的状况进行了分析，探索应用杂交育种技术培育抗多毛类寄生虫病的马氏珠母贝新品种，以便从根本上解决多毛类寄生虫病对珍珠养殖业的危害。Manzi等(1991)做了硬壳蛤的两个养殖群体间的杂交实验，结果显示，2龄时所有杂交组合的生长率都大于平均值。杂交组合间及其同亲本间均存在明显的遗传差异，但同时也结合了双亲的优良性状。这些都为进一步开展养殖贝类育种工作奠定了基础。

综上所述，有关贝类杂种优势机理和杂交育种的研究，已经取得一些可喜的进展。但如何利用现有的遗传资源，进行不同群体间的杂交，以提高贝类养殖产量，仍然是一个十分重要的课题。

第三节　贝类的多倍体育种

多倍体是指体细胞中含有3个或3个以上染色体组的生物个体而言。三倍体贝类由于细胞内增加了一套染色体，理论上是不育的。三倍体贝类由于其不育性或育性差，在繁殖季节，只消耗极少能量用于性腺的发育，使得更多的能量用于生长。同时，二倍体贝类随着性腺的发育，体内糖原含量下降，使其品质受到较大的影响，而三倍体贝类由于性腺发育很差，体内继续保持较高水平的糖原含量，具有鲜美的口味。因此，三倍体贝类的生长速度比二倍体快、个体大、产量高、品质优并可降低繁殖期的死亡率，缩短了养殖周期，是海水养殖的优良品种。另外，三倍体贝类的育性差，对保护海洋生物的多样性具有重要意义。

由于三倍体贝类生长快、品质优等优点，自1981年美国斯坦利(J. G. Stanley)获得多倍体美洲牡蛎以来就受到了养殖者和消费者的青睐。迄今为止，已在30余种贝类中进行了多倍体的育种研究。

一、多倍体贝类育种的基本原理

一般情况下，自然界存在的生物体大都是二倍体，即包含着两个染色体组。自然界存在的多倍体在植物中比较普遍，而多倍体动物则较为罕见，仅存在于某些雌雄同体或单性生殖动物中。

真核生物的正常有丝分裂是染色体复制一次，细胞分裂一次，在细胞分裂的后期，染色单体分离，均衡地分配到两个子细胞中。而减数分裂(又称成熟分裂)则是染色体复制一次，细胞分裂两次，形成四个子细胞，每个子细胞中的染色体数目减半，成为单倍体的配子。雌雄配子的结合使染色体得以重组，恢复到原来的二倍体，从而保持了生物个体的遗传稳定性和延续性。

贝类的精子在排放前已经完成了两次减数分裂过程，而卵子在排放时则没有完成减数分裂，一般停止在第一次减数分裂的前期或中期，在受精后或经精子激活后再继续完成两次减数分裂，释放两个极体后，雌雄原核融合或联合，进入第一次有丝分裂，即卵裂。这一延迟了的减数分裂过程为贝类多倍体育种操作提供了有利的时机和条件。

1. 抑制受精卵第二极体释放的染色体分离方式

抑制受精卵第二极体的释放可以使一套染色体保留，产生三倍体。以太平洋牡蛎为例，太平洋牡蛎的染色体数目为 $2n=20$，受精时，精子已完成减数分裂，染色体数目减半，仅有 10 条染色体，而卵子则处于第一次减数分裂的前期，含有 20 条染色体。受精后，卵子继续减数分裂过程，同源染色体向两极移动，20 条染色体均分为两组，每组 10 条，其中靠近卵子边缘的一组染色体形成第一极体排出。剩下的一组(10 条)染色体继续第二次减数分裂，染色单体分开，向两极移动，每一极含有 10 条染色单体，靠近卵缘的一极将形成第二极体排出。在第二极体排出之前，给受精卵施加适度的处理，使得形成第二极体的那 10 条染色体保留下来，这样卵子中就含有两组染色体(20 条)，与精核中的一套(10 条)染色体结合后，即形成了三倍体($3n=30$)(图 9-1)。

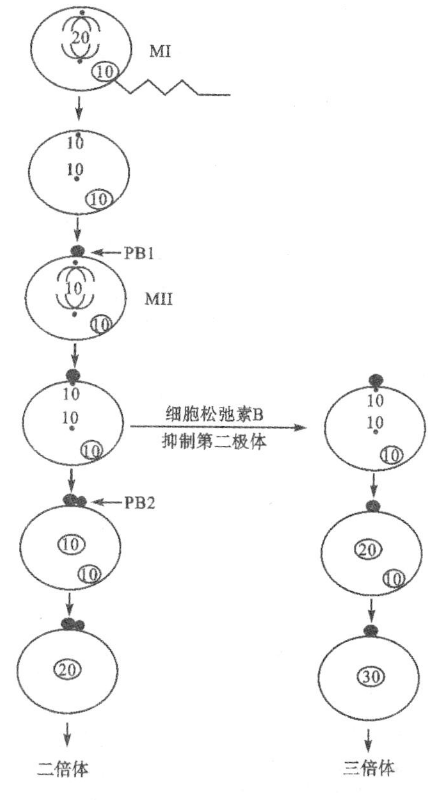

图 9-1　抑制太平洋牡蛎受精卵第二极体释放的染色体分离模式图解(从 Guo，1991)

2.抑制受精卵第一极体释放的染色体分离方式

第一极体的抑制导致第二次减数分裂过程中染色体分离复杂化，结果产生大量的非整倍体，影响胚胎的孵化率和幼虫的存活率。Guo 等(1992a)利用 CB 抑制了太平洋牡蛎第一极体的排出，发现除了产生一定比例的三倍体(15.6%)、四倍体(19.4%)以及少量的二倍体(4.5%)胚胎外，还产生了高比例的非整倍体(57.6%)，其染色体数目主要分布在 23～25 和 35～37 两个区域内。对牡蛎受精卵的细胞学观察研究(Guo 等，1992b)中发现，经 CB 处理抑制第一极体释放后，在第二次减数分裂过程中，染色体的分离有以下几种方式(图 9-2)：

(1)联合二极分离(United Bipolar Segregation)：两组二分体联合成一体以二极分离的形式进行第二次分裂，20 条染色单体作为第二极体被排出，20 条染色单体保留于卵核中。这一过程相当于一次有丝分裂，其结果产生了 MI 三倍体(图 9-2.B)。

(2)随机三极分离(Randomized Tripolar Segregation)：这种分离方式中形成三极纺锤体，两组二分体结合成一群，然后 20 个二分体(每组 10 个)被随机地分成 3 组，每组 6～7 个，在第二次减数分裂中期时分布在三极纺锤体的 3 个分裂面上，随后进入后期Ⅱ。至末期Ⅱ时，三极中的每一极接受来自相邻两组的二分体分离出的染色单体(平均 13～14 条)。末期Ⅱ以后，三极中的 3 组染色(单)体各自凝缩，其中最靠近卵子边缘一极的那组作为第二极体被排出(图 9-2.C)，其结果导致了非整倍体的产生。

(3)非混合三极分离(Unmixed Tripolar Segregation)：在这种分裂方式中也形成三极纺锤体。来自第一次减数分裂的两组二分体在进入三极分离前不结合或重叠，而是其中一组二分体等分到两个靠近边缘的分裂面中，另一组二分体则仍然保持在一起，位于靠内侧的分裂面中。因此，一套(10 个)染色(单)体可能移动到边缘一极而作为第二极体被排出，其余的 30 个母本染色(单)体与 10 个父本染色(单)体结合而形成四倍体(图 9-2.D)。

(4)独立二极分离(Seperated Bipolar Segregation)：这种方式的分裂中形成四极纺锤体，两组二分体各自以二极分离方式独立进入第二次减数分裂。至末期时，所有染色(单)体被均分至 4 个极。由于作为第二极体排出的染色(单)体数目不同，将分别导致四倍体、三倍体或二倍体的产生(图 9-2.E)。

在实验中，通过“联合二极分离”或“独立二极分离”方式使两套染色单体作为第二极体排出，导致 MI 三倍体产生的比例为 14%；由“非混合三极分离”或“独立二极分离”方式使一套染色单体作为第二极体排出，产生MI四倍体的比

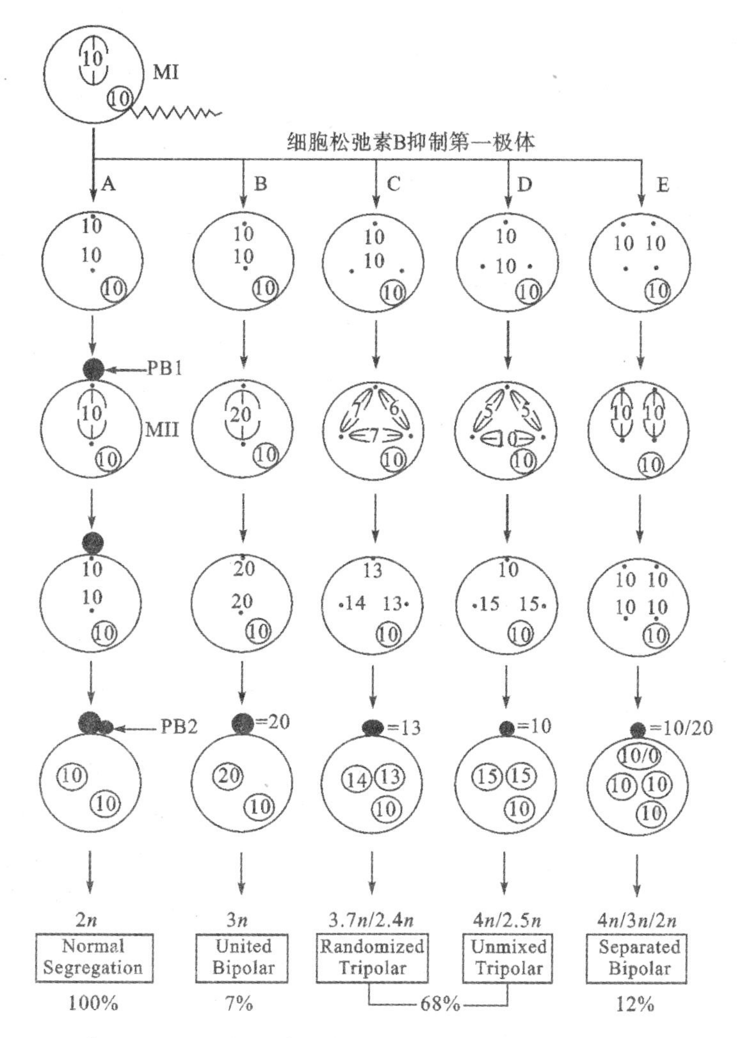

图 9-2　抑制太平洋牡蛎受精卵第一极体释放的染色体分离方式模式图解

（从 Guo，1991）

例为 20%；非整倍体主要通过"随机三极分离"方式形成，其产生比例为 56%，这些非整倍体一般都不能存活下来。

二、多倍体贝类育种的一般方法

目前，贝类多倍体的研究主要集中在三倍体和四倍体。三倍体贝类具有生长快、个体大、肉质好等特点，且由于三倍体具有三套染色体组，减数分裂过程中染色体的联会不平衡导致三倍体的高度不育性，能形成繁殖隔离，不会对养殖环境造成品种污染;四倍体贝类具有进行正常繁育的可能,与二倍体杂交可产生100%的三倍体,能够克服物理或化学方法诱导三倍体的缺点,更加安全、简便、高效地获得三倍体。

(一)三倍体的诱导方法

1.抑制受精卵第二极体的释放

根据牡蛎的受精和发育特点,抑制第二极体的释放可以诱发三倍体,这是目前最普遍采用的三倍体诱导方法。常用的诱导方法有以下几种:

(1)化学方法:化学方法主要是利用能够抑制分裂的化学物质来干预细胞分裂的过程,从而达到预期的目的。常用的化学药品有:细胞松弛素B、6-二甲基氨基嘌呤、咖啡因等。

细胞松弛素B(Cytochalasin B,简称CB):是真菌的一类代谢产物。一般认为CB抑制胞质分裂的机制是特异性地破坏微丝,抑制细胞的分裂。有效的使用浓度是0.5～1.0 mg/L,处理时间10～15 min,一般溶解在0.1%的二甲亚砜中使用。CB在三倍体诱导中使用最早、最广泛,其诱导效果也最突出。但是CB对胚胎的毒害作用也很强,经CB处理的受精卵,其胚胎孵化率和以后的幼虫成活率都明显低于二倍体对照组。由于CB为剧毒物质,有致癌性,已被禁止用于生产。

二甲基氨基嘌呤(6-dimethylaminopurine,简称6-DMAP):嘌呤霉素的一种类似物,是一种蛋白质磷酸化抑制剂,通过作用于特定的激酶,破坏微管的聚合中心,使微管不能形成。6-DMAP的适宜浓度范围为300～450 μmol/L,处理持续时间10～20 min。6-DMAP低毒且易溶于水,其诱导效果可以与CB相媲美,是目前被认为能够替代CB的新型诱导剂。

咖啡因(Caffeine):咖啡因的作用效果在于提高细胞内的Ca^{2+}浓度,而构成细胞分裂过程中的纺锤丝的微管对Ca^{2+}浓度非常敏感,在微管自装配中Ca^{2+}起作用,Ca^{2+}浓度极低或高于10^{-3}时,会引起微管二聚体的解聚,阻止分裂。咖啡因的有效浓度为5～15 mmol/L,处理时间为10～15 min,如果咖啡因和热休克结合使用,诱导效果更显著,但是胚胎孵化率较低。

(2)物理方法:物理方法是在细胞分裂周期中施加物理处理影响和干预细胞的正常分裂,达到预期目的。常用的物理方法有温度休克法(包括高温和低温休克法)和水静压。

温度休克法:温度休克的机制是引起细胞内酶构型的变化,不利于酶促反应的进行,导致细胞分裂时形成纺锤丝所需的ATP的供应途径受阻,使已完成染色体加倍的细胞不能分裂。温度休克包括热休克和冷休克两种,一般热休克采用30℃～35℃的高温，冷休克采用0～8℃的低温，处理持续时间10～20 min。温度休克法诱导三倍体，操作简单，成本低廉，尤其是低温休克法对胚胎发育的影响较小，适合于大规模的生产。

水静压：即利用水静压设备(液压机等)产生的压力施加于处理对象。其机制主要是抑制纺锤体的微丝和微管的形成，阻止染色体的移动，从而抑制细胞的分裂。常用的压力范围是200～500 kg/cm^2，根据应用种类的不同而有所改变，处理时间10 min左右。

2. 利用四倍体与二倍体杂交产生三倍体

利用四倍体与二倍体杂交可产生100%的三倍体，这在植物及鱼类中已经有了成功的先例，如在鱼类中通过四倍体与二倍体杂交获得了三倍体虹鳟(Chourrout，1986)，在贝类中通过此法产生了100%的三倍体太平洋牡蛎(Guo等，1996a)。

通过四倍体(T)与二倍体(D)杂交生产三倍体贝类，三倍体率可高达100%，方法简单，操作方便，避免了理化处理对胚胎发育的影响，能提高胚胎孵化率和幼虫成活率，是生产三倍体贝类的最佳方法。也是控制种群、保护生物多样性最为理想的方法。但这种方法需要四倍体的培育。

(二)四倍体的育种方法

目前，四倍体的产生主要有两种途径：

1. 利用二倍体直接诱导四倍体

利用理化方法使二倍体的染色体加倍直接产生四倍体的方法已成功地应用于植物、两栖类及鱼类四倍体研究中。这种方法在贝类中也有过很多尝试，大多数都诱导出四倍体的胚胎或幼虫，但具存活能力的四倍体则鲜有报道。从二倍体直接诱导四倍体主要有抑制第一极体或同时抑制两个极体的释放、抑制第一次卵裂、细胞融合和人工雌核发育等方法。

(1)抑制极体的释放：抑制第一极体的释放能导致随后的第二次减数分裂中染色体分离的复杂化，通过非混合的三极分离方式和独立二极分离方式，能够产生四倍体胚胎(Guo等，1992b)。

利用抑制第一极体的方法已在美洲牡蛎(Stanley等，1981)、太平洋牡蛎(Stephen和Downing，1988；Guo等，1992)、近江牡蛎(Rong等，1994)、菲律宾蛤仔(Diter和Dufy，1990)、贻贝(Yamamoto and Sugawara，1988)和皱纹盘鲍(Arai等，1986)等贝类中诱导出四倍体胚胎，但均没有培育至成体。

同时抑制第一极体和第二极体的释放也可能产生四倍体。当两个极体都被抑制之后，受精卵中存在5套染色体，精卵原核融合时有可能产生五倍体，但有时由于两个原核融合不彻底也有可能产生四倍体或是其他倍性的胚胎。

(2)抑制第一次卵裂:利用抑制第一次卵裂的方法已成功地获得了可存活的四倍体鱼(Chourrout,1984;Myers 等,1986),且四倍体鱼可通过自群繁殖延续下来(Chourrout 等,1986)。但是,抑制卵裂诱导四倍体的方法在贝类中的应用并不像在鱼类中那样广泛和成功。Guo 等(1994)利用热休克(35℃～40℃)抑制太平洋牡蛎的第一次卵裂,得到了 45%的四倍体胚胎,但仅成活到"D"形幼虫。蔡国雄等(1996)利用 6-DMAP 抑制紫贻贝的第一和第二次卵裂以诱导四倍体,分别产生了 82.8%和 58.6%的四倍体胚胎。杨蕙萍等(1997)利用 CB 抑制栉孔扇贝的第一次卵裂,胚胎四倍体率为 20%～30%。迄今为止,还没有见到利用这一途径获得四倍体贝类成体的报道。

(3)细胞融合:通过对两个细胞施加一定的处理,使其细胞膜融合,成为一个细胞,最终形成四倍体,常见有合子融合、精子融合、两细胞期的分裂球融合等。聚乙二醇是目前最为常用,效果较好的融合剂,脂质体、激光和电融合也有一定的应用价值。

(4)人工雌核发育:利用人工雌核发育来诱导四倍体的技术路线是通过精子染色体失活,再同时阻止第一、二极体释放来实现的。精子染色体的失活方法,包括辐射处理(主要是紫外线)和化学处理,随后的极体释放的抑制方法和在三倍体及四倍体诱导中谈及的抑制极体释放的方法是一致的。

2. 利用三倍体贝类诱导四倍体

这种方法利用三倍体贝类产生的卵子与正常精子受精,然后抑制第一极体,可产生存活的四倍体(Guo & Allen,1994a)。由于利用二倍体直接诱导四倍体难度很大,Guo 等根据对实验结果的分析研究及以往的工作经验认为,通过二倍体直接诱导产生的四倍体太平洋牡蛎胚胎不能成活的原因是由于较大的四倍体核在正常体积的卵中卵裂造成细胞数目不足引起的。增大卵子体积可能解决四倍体胚胎发育中细胞数量不足的问题。目前已尝试过两种途径:一是合子融合。但由于融合率低及融合后发育异常,使合子融合在技术上难于成功(Guo 等,1994)。二是利用较大体积的卵子。一般情况下,正常二倍体产生的卵子,其大小变异不大,但三倍体产生的卵子却明显大于二倍体产生的卵子(体积增加 54%),可能有利于产生具生活力的四倍体。基于这种可能性,Guo 和 Allen(1994a)尝试了一种崭新的思路和方法,即利用三倍体太平洋牡蛎的卵与正常精子受精后,以 CB 处理抑制其第一极体的排放,首次成功地获得了可存活的四倍体太平洋牡蛎。

三、多倍体的倍性检测方法

1. 染色体分析法

(1)常规滴片法：选取胚胎、早期幼虫（如担轮幼虫）或幼贝的鳃组织，依次经 0.005%～0.01%秋水仙素处理（15～40 min）、0.075 mol/L KCl 低渗（10～30 min）、Carnoy's 固定液固定（甲醇∶冰醋酸＝3∶1）、50%醋酸解离（5～10 min）、细胞悬液滴片（冰冻或热滴片）制成染色体标本、吉姆萨（Giemsa）或 Leishman 染色，镜检观察染色体。这种方法能得到清晰的染色体分裂相，是鉴定多倍体最精确的方法。

(2)压片法：此种方法常用于观察早期胚胎染色体，具体的压片方法和常规的生物制片方法相同。常用的染色方法有乙酸地衣红染色及苏木精—铁明矾—醋酸染色。

2. 流式细胞术（Flow Cytometry）

用 DNA-RNA 特异性荧光染料（如 4，6-diamidino-2-phenylindole 即 DAPI）对细胞进行染色，在流式细胞计上用激光或紫外光激发结合在细胞核的荧光染料，依次检测每个细胞的荧光强度，因 DNA 含量的不同得到荧光强度的不同分布峰值，与已知的二倍体细胞或单倍体细胞（如同种的精子）荧光强度对比，判断被检查细胞群体的倍性组成。

3. 极体计数法

正常二倍体的受精卵产生两个极体，而三倍体由于第二极体受到抑制，只形成一个极体。计数受精卵和早期胚胎中的极体数目是一种快速、简便的检测倍性方法。

4. 核径测量法

二倍体与三倍体细胞核直径大小不等，其理论比值为 1∶1.145。通过测量胞核的方法有可能区分开二倍体与三倍体，从而达到鉴定三倍体的目的。应用这一方法只需高倍显微镜及常规的微生物学研究的仪器设备，简便易行。但该方法与染色体分析法、流式细胞术等方法相比，尚无足够的说服力，其鉴定倍性水平的有效性并未得到广泛承认。

5. 电泳方法

通过比较呈现杂合表型的同工酶各组成电泳酶带的相对染色强度，进行倍性判断。如对单体酶来说，二倍体的两条带染色强度是相等的，而三倍体两条带的染色强度则为 2∶1，有时还可能表现为三条带。对二聚体酶来说，其三条带的相对染色强度在二倍体中为 1∶2∶1，在三倍体中则为 4∶4∶1。该方法可快速检测大样品的倍性，但只有高度杂合的基因位点才能给出有效的信息。

6.核仁计数法

二倍体牡蛎血细胞只有1或2个核仁，三倍体牡蛎血细胞的核仁以2～3个为主。根据血细胞中核仁的数目可以区分二倍体和三倍体牡蛎。

四、多倍体牡蛎育种的染色体操作结果

自1981年美国学者Stanley用0.5 mg/L的CB处理美洲牡蛎的受精卵获得多倍体以来，贝类多倍体育种研究进展很快，各国学者对太平洋牡蛎、美洲牡蛎、大连湾牡蛎、褶牡蛎及其他近30余种贝类进行了多倍体诱导，并对各种诱导方法进行了探索。由于对处理的时机和处理强度掌握不同，其诱导的结果差异很大。常见贝类多倍体诱导的方法及结果见表9-1。

表9-1　主要经济贝类多倍体操作方法与结果

种类	作者	诱导方法	诱导强度	最佳诱导结果
太平洋牡蛎 *Crassostrea gigas* (Thunberg)	Chaiton & Allen(1985)	水静压	6 000～8 000 psi	3*n* 幼虫 57%
	Allen & Downing(1986)	CB		3*n* 幼虫 96%
	Quillet & Panelay (1986)	热休克	38℃	3*n* 胚胎 60%
	Stephens & Downing(1988)	CB	1 mg/L	3*n* 幼虫 75% 4*n* 幼虫 91%
	山本(1989)	咖啡因＋热休克	5 mmol/L，32℃ 10 mmol/L，34℃	3*n* 幼虫 71% 4*n* 幼虫 4%
	Cadoret(1992)	电脉冲	600 V/cm	3*n* 幼虫 55% 4*n* 幼虫 20%
	Desrosiers et al. (1993)	6-DMAP	300 μmol/L	3*n* 幼虫 90%
		CB	1 mg/L	3*n* 胚胎 100%
	Guo et al.. (1994)	热休克 合子融合	35℃～40℃ PEG	4*n* 胚胎 45% 4*n* 胚胎 30%
	Guo & Allen (1994a)	种间杂交＋CB	3*n*×2*n*＋CB	4*n* 幼贝 67%
	Guo et al. (1996)	种间杂交	4*n*×2*n*	3*n* 幼虫 100%

（续表）

种类	作者	诱导方法	诱导强度	最佳诱导结果
美洲牡蛎 *C. virginica* (Gmelin)	Stanley et al. (1981)	CB	0.5 mg/L	3*n* 胚胎 50%
	Barber et al. (1992)	CB	0.25 mg/L	3*n* 幼虫 96%
	Scarpa et al. (1995)	6-DMAP	400 μmol/L	3*n* 胚胎 15%
		CB	0.5 mg/L	3*n* 胚胎 100%
大连湾牡蛎 *C. talienwhanesis* Crosse	梁英等(1994)	冷休克	4℃～5℃	3*n* 胚胎 72% 3*n* 幼贝 64.6%
褶牡蛎 *C. plicatula* Gmelin	付勤洁等(1997)	冷休克	0～2℃	3*n* 胚胎 69.5%
马氏珠母贝 *Pinctada martensii* (Dunkeer)	姜卫国等(1987)	CB 冷休克	1.2 mg/L 12℃	3*n* 胚胎 76.8% 3*n* 胚胎 52.6%
	Wada et al. (1989)	CB		3*n* 幼虫 100%
	Shen et al. (1993)	水静压	200～250 kg/sc.	3*n* 胚胎 76%
栉孔扇贝 *Chlamys farreri* (Jones et Preston)	王子臣等(1990)	冷休克 热休克	1℃ 30℃	3*n* 胚胎 30.4% 3*n* 胚胎 27.6%
	吕隋芬，王如才(1992)	CB	0.5 mg/L	3*n* 胚胎 50%
	杨蕙萍等(1997)	CB 抑制 Pb1	0.5 mg/L	3*n* 胚胎 38.38% 4*n* 胚胎 39.75%
虾夷扇贝 *Patinopectenyessoensis* (Jay)	王子臣等(1990)	热休克	29℃	3*n* 胚胎 26.7%
华贵栉孔扇贝 *Chlamys nobilis* (Reeve)	Komaru & Wada(1989)	CB	0.5 mg/L	3*n* 幼贝 71.4%
	Komaru et al(1989)	水静压	200 kg · sc	3*n* 幼贝 23.3%
	林岳光等(1995)	CB 冷休克	0.5 mg/L 10℃	3*n* 胚胎 90.2% 3*n* 胚胎 72.7%
海湾扇贝 *Argopecten irradians* (Lamarck)	Tabarini(1984)	CB	0.1 mg/L 0.05 mg/L	3*n* 1 龄贝 94% 3*n* 1 龄贝 66%

（续表）

种类	作者	诱导方法	诱导强度	最佳诱导结果
贻贝 *Mytilus edulis* Linnaeus	Yamamoto & Sugawara (1988)	热休克 冷休克	32℃ 1℃	3*n* 幼虫 97.4% 3*n* 幼虫 85.3%
	Beaumont & Kelly(1989)	CB 热休克	0.1～1.0 mg/L 1.25℃	3*n* 胚胎 67% 3*n* 胚胎 25%
	蔡国雄等(1996)	6-DMAP	400 μmol/L	4*n* 胚胎 82.8%
菲律宾蛤仔 *Ruditapes philippinarum*.（A. Adams et Reeve）	Dufy &diter(1990)	CB	1 mg/L	3*n* 胚胎 75.8%
	Diter et al. (1990)	CB	1 mL/L	4*n* 胚胎 64.4%
缀锦蛤 *R. semidecussatus*	Beaumont & Contaris (1988) Gosling & Nolan(1989)	CB 热休克	0.5 mg/L 32℃	3*n* 胚胎 81.8% 3*n* 胚胎 55%
砂海螂 *Mya arenaria* (Linnaeus)	Allen et al. (1982)	CB	1 mg/L	3*n* 胚胎 75%
	Mason et al. (1988)	CB	1 mg/L	3*n* 稚贝 45%
毛蚶 *Scapharca subcrenata*（Lischke）	Ueki(1987)	冷休克 CB	2℃～6℃ 0.5 mg/L	3*n* 幼虫 20% 3*n* 幼虫 76%
文蛤 *Meretrix meretrix* (Linnaeus)	常建波等(1996)	冷休克 热休克	8℃ 32℃	3*n* 胚胎 53.1% 3*n* 胚胎 40%
皱纹盘鲍 *Haliotis discus hannai* Ino	Arai et al. (1986)	冷休克 热休克 静水压	3℃ 35℃ 200 kg/cm²	3*n* 幼虫 70%～80% 3*n* 幼虫 60%～80% 3*n* 幼虫 60%
	孙振兴等(1993)	冷休克	3℃	3*n* 幼虫 53.6%
	孙振兴等(1998)	CB	1 mg/L	4*n* 胚胎 21.9%
杂色鲍 *Haliotis diversicolor* Reeve	容寿柏，翁得全(1990)	冷休克	8℃～11℃	3*n* 胚胎 66%～69%
	Kudo et al(1991)	冷休克	3℃	3*n* 幼贝 70%

五、多倍体贝类的主要生物学特性

1. 存活能力

三倍体的贝类是可以存活的，但与正常的二倍体相比，三倍体的幼虫成活率一般较低。三倍体幼虫较低的存活率一般认为不是由于倍性引起的，而主要是其他因子，如诱导处理时诱导剂潜在的毒性影响或者由于第二极体的抑制导致致死基因的纯合等。

在人工诱导贝类三倍体时，无论是用温度休克、静水压等物理方法处理，还是使用CB、咖啡因等药物进行化学处理，都会对卵子的发育、胚胎与幼虫的存活产生一定的影响，而且随着处理强度的加大，三倍体处理组的胚胎孵化率及幼虫存活率较二倍体对照组明显降低，或是处理组胚胎畸形率呈上升趋势。对CB处理的皱纹盘鲍的受精卵的电镜观察表明，CB的毒害作用是通过破坏受精卵内的细胞器，从而导致代谢缺陷来实现的，这种毒害作用随着CB浓度的加大而增强(孙振兴，1997)。CB处理常引起牡蛎幼虫的死亡率超过90%以上(Barber等，1992；Allen and Bushek，1992)，一般认为“D”形幼虫的存活率与CB浓度及处理时间直接相关。太平洋牡蛎的受精卵经CB处理后，24 h的“D”形幼虫率仅为2%，而对照组为35%，至眼点幼虫的存活率为0.4%，而对照组为5.5%(Guo等，1996a)。

也有研究报道，三倍体处理组与对照组从浮游幼虫到稚贝阶段的存活率并无明显差异(Stanley等，1981；Downing and Allen，1987)。在大规模的生产中，用冷休克处理太平洋牡蛎的受精卵，其胚胎孵化率和幼虫成活率也与二倍体对照组无明显差异。

三倍体贝类在养成阶段的存活率与二倍体无明显差异，如Guo等(1996a)对40天至8月龄的太平洋牡蛎、Allen和Downing(1986)对8个月龄至2年龄的三倍体太平洋牡蛎、Komaru和Wada(1989)对5月龄至17月龄的三倍体华贵栉孔扇贝以及林岳光等(1996)对0.5龄至5龄的三倍体合浦珠母贝的观察结果都表明，成贝的死亡率在三倍体与二倍体之间无明显差异。

四倍体贝类的生活力明显低于三倍体和二倍体。通过抑制受精卵第一极体的排放及抑制第一次卵裂等方法在太平洋牡蛎、近江牡蛎、栉孔扇贝、贻贝、地中海贻贝等多种贝类中获得了四倍体胚胎，但仅在地中海贻贝和菲律宾蛤仔检测到了个别存活到变态的四倍体，其他皆不存活。其原因可能有二：①有缺陷的隐性基因的纯合；②核质不平衡引起的发育和遗传障碍使幼虫难以发育下去。Guo和Allen(1994a)在对太平洋牡蛎的研究中，利用三倍体产生的体积较大的卵子，与正常的精子受精后抑制第一极体的排放，获得了具有存活能力的四倍体，但成活率极低，在 3 个处理组中仅一组存活至变态，存活率仅为 0.073 9%，其余两组全部死亡。这些存活下来的四倍体牡蛎在 3 月龄时，个体明显大于其同胞二倍体和三倍体。

2. 性腺发育及繁殖力

三倍体由于体细胞中增加一套染色体，通常被认为是不育的(Thorgaard, 1983)。但三倍体贝类的不育性不是绝对的。Allen 和 Downing(1986)报道，从外观上看，三倍体太平洋牡蛎的性腺发育程度较差，雄性的性腺发育程度仅为二倍体的一半，而雌性的卵巢发育程度仅为正常二倍体的 1/4。马氏珠母贝、硬壳蛤及华贵栉孔扇贝等三倍体性腺受抑制程度更严重，三倍体马氏珠母贝仅有个别个体的配子能发育至增殖期(姜卫国等，1990)。

尽管三倍体的性腺发育程度较差，有些三倍体的性腺也能产生成熟的精子和卵子，但是其繁殖力明显低于二倍体。发育成熟的三倍体贝类能产生较大的生殖细胞。三倍体太平洋牡蛎及侏儒蛤的卵子体积比二倍体大 53%(Guo and Allen, 1994b)。三倍体牡蛎的精子的头部、顶体及鞭毛都明显比二倍体的大(Komaru 等，1994)。三倍体产生的配子是可以受精的，三倍体卵子受精后，同二倍体卵子一样，经过两次减数分裂并释放出两个极体。

关于三倍体贝类繁殖力比较研究的文献很少，对三倍体动物的不育性研究大多局限于性腺发育的组织学观察。1 龄的三倍体太平洋牡蛎群体中，所有的雄性都能产生精母细胞，大部分能形成精子(Allen and Downing, 1990)。三倍体侏儒蛤雌体的繁殖力仅为二倍体的 59%，雄体的繁殖力约为二倍体的 80%(Guo and Allen, 1994 c)。

四倍体贝类是可育的，能够产生成熟的生殖细胞。Komaru 等(1995)分析了地中海贻贝四倍体成体的精原细胞的发生与超显微结构，提出这些精原细胞可能具有可繁育性，能够和二倍体的卵子结合产生三倍体的后代。Allen 等(1994)在 CB 处理诱导的菲律宾蛤仔三倍体群中检测出 2 个偶发的四倍体，对其组织观察发现，四倍体能产生成熟的生殖细胞。Guo 和 Allen (1995)报道，1 龄的四倍体太平洋牡蛎从外观上看，性腺发育正常，雌体的怀卵量在 140 万～420 万粒之间。

四倍体贝类能产生较大的生殖细胞。四倍体菲律宾蛤仔卵子的体积比正常二倍体大 41%，四倍体太平洋牡蛎的卵子比二倍体的卵子大 70%～80%。四倍体地中海贻贝的精子顶体高(4.4±0.62)μm，核长(2.0±0.05)μm，核宽(2.14±0.06)μm，鞭毛长(72.3±2.25)μm；而二倍体顶体高(2.85±0.14)μm，核长(1.85±0.06)μm,核宽(1.78±0.07)μm,鞭毛长(60.55±1.95)μm。

四倍体贝类能与二倍体杂交产生100%的三倍体,正交与反交后代差异不明显,生长速度都明显快于二倍体对照组。然而,四倍体自群繁殖能力较差,其幼虫发育至稚贝的存活率仅为二倍体对照组的0.1%(Guo等,1996a)。

3. 生长快

在几乎所有研究的贝类中,三倍体贝类的生长都快于相应的二倍体。僧帽牡蛎(*C. cucullata*)、大连湾牡蛎及栉孔扇贝三倍体在幼虫时期就表现出生长优势。成体的侏儒蛤、太平洋牡蛎、马氏珠母贝、美洲牡蛎、华贵栉孔扇贝等贝类的三倍体的生长明显快于相应的二倍体。养殖两年半的悉尼牡蛎(*Saccostrea commercialis*)比二倍体增重41%,养殖19个月的三倍体皱纹盘鲍比二倍体增重20.1%,壳长增加10.2%,足肌增重17.6%。2龄的马氏珠母贝三倍体比二倍体壳高增加13.01%,全重增加44.03%,软体重增加58.37%。在海湾扇贝(*Agopecten irradians*),三倍体的闭壳肌及软体重分别比二倍体增加73%和36%。太平洋牡蛎二倍体在繁殖季节里由于精卵的排放,体重明显下降(下降64%),壳的生长停止,而三倍体则保持继续生长。

针对三倍体贝类个体增大或快速生长的现象,现在有三种假说予以解释:第一种假说是三倍体的杂合度增高假说,认为三倍体的个体增大现象是其杂合度增高的结果。第二种假说是能量转化假说,认为三倍体生长快于二倍体是由于三倍体的不育性,从而将配子发育所需的能量转化为生长所致。第三种假说是三倍体体细胞的巨态性假说。由于贝类的发育属于嵌合型,缺乏细胞数目补偿效应,细胞体积增大而细胞数目并不减少,结果导致三倍体个体的增大。这三种假说都能解释部分现象,但无法解释所有情况下的三倍体个体增大现象。我们认为杂合度、能量转化及多倍体细胞的巨态性都不是引起三倍体个体增大的唯一原因,多倍体的快速生长现象可能是三者共同作用的结果。

4. 性比

双壳贝类大多数为雌雄异体,在幼龄群体中,雄性略多于雌性,而在老龄群体中雌性个体略多于雄性。繁殖季节里贝类自然群体的性比大致为1∶1,但其性别不很稳定,有时存在雌雄同体及性转变现象。

在抑制极体产生的多倍体群中,雌雄比例与其二倍体对照组无明显差异,如三倍体的美洲牡蛎、侏儒蛤、珠母贝以及四倍体的太平洋牡蛎等。而雌雄同体的比例较正常二倍体高得多,在美洲牡蛎三倍体群中雌雄同体比例高达12%,三倍体太平洋牡蛎中雌雄同体率达20%(Allen,1987),而自然群体中雌雄同体比例一般低于0.1%。然而也有例外,Allen等(1986)发现,在人工诱导的三倍体砂海螂中,77%为雌性,16%具有雌性的组织学特征,其余7%性腺完全不发育,未发现雄性个体。

目前在双壳贝类中未发现有性染色体存在,对其性别决定机制也所知甚少。仅发现成熟的雌核发育二倍体侏儒蛤全部表现为雌性,这表明侏儒蛤的性别决定机制可能与果蝇相同,属于XX(雌)、XY(雄)型(Guo and Allen,1994c)。

5.抗逆性

三倍体贝类由于具有比二倍体多的染色体组而成为非自然种生物,因而适应环境的能力不同于自然群体。在饥饿130天后,三倍体太平洋牡蛎的死亡率明显高于二倍体,说明在营养不足的情况下,三倍体的生存能力低于正常二倍体(Davis,1988)。但在产卵后,正常二倍体由于性细胞排放,体能大量消耗,体质变弱,导致对高温和疾病抵抗力的降低,往往会导致大批死亡,而三倍体由于没有或很少精卵排放,体内糖原储存比二倍体高,体质和抗逆性可能要比二倍体好。这一点只是假定和初步的观察,还需实验进一步证实。

由于尼尔氏单孢子虫(*Haplosporidium nelsoni*;简称MSX)和海水派金虫(*Perkinsus marinus*;简称Dermo)两种寄生虫病的蔓延,使美洲牡蛎几近绝产,多倍体育种曾被寄予厚望,用于解决牡蛎疾病问题。然而实验表明,三倍体牡蛎对这两种疾病的抵抗能力并不高于二倍体。感染Dermo 150天后,美洲牡蛎二倍体的死亡率为100%,三倍体为97.7%,太平洋牡蛎二倍体的死亡率为25.1%,三倍体为34.3%(Meyers等,1991)。

目前对三倍体贝类的生态习性研究较少。有人认为,在优良环境条件下,三倍体贝类的生长明显快于二倍体,但在恶劣环境里则生长慢于二倍体。优化多倍体的生态环境,发挥多倍体的生长优势,是发展多倍体产业化亟待解决的问题之一。

6.生理生化指标

在15℃及30℃条件下,1龄的三倍体太平洋牡蛎耗氧率和氨排泄率与二倍体无明显差异。室温(15℃)条件下,三倍体与二倍体的生化组分(总蛋白、糖类、脂肪及灰分)无明显差异,而升温(30℃)条件下,三倍体牡蛎的糖原及蛋白水平明显高于二倍体(Shpigel等,1992)。

糖原的储存、利用与贝类的繁殖密切相关,糖原的含量可反映贝类配子的发生情况。在配子发育高峰期间,三倍体海湾扇贝的肝糖含量明显高于二倍体(Tabarini,1984)。三倍体太平洋牡蛎的肝糖含量是二倍体的5倍,并且三倍体雌体的糖原含量明显高于雄体,为干重的31.3%,而雄体为23.2%。在繁殖季节(5 月上旬至 7 月中旬),二倍体牡蛎的糖原含量降低 72%,排放后开始回升,而三倍体糖原含量仅降低 8%,但在以后的 2 个月中持续缓慢下降至原含量的 61%(Allen,1987)。繁殖期间,二倍体牡蛎的能量收支处于负平衡,三倍体则为正平衡(Davis,1988)。

六、贝类多倍体育种的应用现状及发展趋势

1981 年,贝类三倍体育种首次在美洲牡蛎中报道成功,1984 年开始在美国太平洋牡蛎上进入商业化生产,目前三倍体太平洋牡蛎在美国占养殖产量的 30%左右。多倍体牡蛎的开发成功在美国创造了相当的经济效益,因为二倍体牡蛎在夏天成熟排卵,大大影响了牡蛎的风味,所以一般牡蛎养殖公司在夏天不生产牡蛎,而三倍体牡蛎的成功开发使得牡蛎可以全年生产上市,产量提高 20%～30%。

多倍体贝类育种在我国也备受重视,近年来对太平洋牡蛎、近江牡蛎、栉孔扇贝、合浦珠母贝、皱纹盘鲍等重要经济贝类的多倍体育种进行了系统研究,在诱导方法、苗种培育及规模化生产等方面均已取得可喜的进展,尤其是三倍体太平洋牡蛎的育苗与养殖研究进展迅速,目前已在较大范围内推动产业化进程。1998～2000 年,中国海洋大学在山东威海、辽宁大连、广东南澳和福建莆田等地利用低温休克、6-DMAP 处理等方法诱导太平洋牡蛎三倍体,获得三倍体群牡蛎苗 30 多亿,海上养殖 1.4 万余亩,成体牡蛎的三倍体率达 60%以上。三倍体牡蛎的长势良好,深受养殖者的欢迎。

贝类多倍体育种技术率先在牡蛎中获得突破并实现产业化,其主要原因是牡蛎的卵子成熟同步性较好,可以解剖受精,处理时间容易控制。目前,作为三倍体育种大规模推广的关键技术——四倍体也已在太平洋牡蛎中诱导成功。四倍体和二倍体杂交产生 100%三倍体的技术已经成熟,并已向生产过渡。四倍体牡蛎自群繁殖技术已经突破,能建立稳定的四倍体品系。四倍体与二倍体杂交能产生 100%的三倍体,方法简便,高效稳定。应该说,四倍体是实现三倍体产业化的根本途径。

随着开发海洋步伐的加快,多倍体贝类育种研究还将在更多种经济贝类中开展。可以预见,在今后几年内,多倍体贝类育种将会在更大范围内实现产业化,并产生更大的经济效益。

第四节　贝类其他育种方法

一、雌核发育育种

雌核发育是指用遗传失活的精子激活卵，精子不参与合子核的形成，卵仅靠雌核发育成胚胎的现象。这样的胚胎是单倍体，没有存活能力。通过抑制极体放出或卵裂使其恢复二倍性后，便成为具有存活能力的雌核发育二倍体。由于传统的选择育种需要多代的选育，耗时长，雌核发育二倍体人工诱导作为快速建立高纯合度品系、克隆的有效手段，近年来受到了各国学者们的极大关注。通过该方法，日本、美国的科学家已成功地培育出香鱼、牙鲆、真鲷、鲤鱼、罗非鱼、鲇鱼等经济鱼类的克隆品系，为养殖新品种的开发以及性决定机制、单性生殖等基础生物学研究提供了极为宝贵的素材。

1. 精子的遗传失活

精子的遗传失活，最初是采用γ线和X线的辐射处理。由于放射线的使用存在安全性和实用性上的问题，目前多采用紫外线杀菌灯照射进行精子的遗传失活处理，其作用机理主要是：精子DNA经紫外线照射后形成胸腺嘧啶二聚体，使DNA双螺旋的两链间的氢键减弱，从而使DNA结构局部变形，阻碍DNA的正常复制和转录。由于紫外线穿透能力弱，进行精子紫外线照射时需要采取一些措施以确保照射均匀。通常把适当稀释后的精液放入经过亲水化处理的容器(培养皿等)，边振荡边进行照射。照射时如维持低温，可以防止温度的上升，延长精子活力的保持时间。

精子遗传失活的最佳照射剂量在不同种类之间存在差异，并随照射精液的体积、密度以及紫外线强度的变化而变化。在皱纹盘鲍，Fujino等(1990)和Li等(1999)分别用1 200和1 440 erg/mm^{2}的紫外线照射剂量遗传失活精子，成功诱导出雌核发育单倍体。在诱导过程中，随着照射时间的增加，受精率出现下降，受精卵在到达面盘幼虫期之前便停止发育。扫描电镜观察结果显示UV照射破坏了鲍精子的顶体和鞭毛结构，随照射强度的增加，顶体和鞭毛的破坏程度趋于增大。精子结构的破坏可能是造成受精率降低的主要原因。

2. 雌核发育

二倍体的诱导雌核发育单倍体通常呈现为形态畸形，没有生存能力。要恢复生存性，需要采用与三倍体、四倍体诱导相同的原理，在减数分裂或卵裂过程中进行二倍体化处理。与鱼类不同，贝类排出的成熟卵子一般停留在第1次减数分裂的前期或中期，因此，贝类雌核发育二倍体的人工诱导可以通过抑制第1极体、第2极体或第1卵裂三种方法获得。由于第1极体和第2极体的抑制分别阻止了同源染色体和姐妹染色单体的分离，因此，一般来讲雌核发育二倍体的纯合度以第1卵裂抑制型为最高，其次是第2极体抑制型，第1极体抑制型为最低。但是，在第1次减数分裂前期非姐妹染色单体之间的交叉会导致基因重组，因而第1极体抑制型与第2极体抑制型雌核发育二倍体的纯合度的差异又受重组率的影响。

近年来国内外学者利用紫外线(UV)照射精子与抑制第2极体释放的方法，对太平洋牡蛎、贻贝、皱纹盘鲍的雌核发育进行了诱导，获得了具有生活力的雌核发育二倍体，但至今还没有培育出成体的报道。

二、雄核发育育种

雄核发育是指卵子的遗传物质失活而只依靠精子DNA进行发育的特殊的有性生殖方式。人工雄核发育的诱导，是利用γ射线、X射线、紫外线和化学诱变剂使卵子遗传失活，而后通过抑制第一次卵裂使单倍体胚胎的染色体加倍发育成雄核二倍体个体。也可以通过双精子融合，或利用四倍体得到的二倍体精子与遗传失活卵授精的方法获得雄核发育二倍体。由于雄核发育后代的遗传物质完全来自父本，加倍后各基因位点均处于纯合状态，因而可以用于快速建立纯系，进行遗传分析。此外，雄核发育技术与精子冷藏技术相结合还可以成为物种保护的重要手段。

在许多鱼类品种中，如虹鳟、鲤鱼、泥鳅、乌苏大麻哈鱼、溪红点鲑等，已成功诱导出雄核发育单倍体并获得一定比例的雄核发育二倍体。在贝类中，对太平洋牡蛎和栉孔扇贝进行了雄核发育诱导的研究和细胞学观察，但未获得有生活力的雄核发育二倍体。

参考文献

[1] 陈明耀.海洋饵料生物培养[M].北京:农业出版社,1979.

[2] 山东省水产学校.贝类养殖学[M].北京:农业出版社,1980.

[3] 王如才.中国水生贝类原色图鉴[M].杭州:浙江科技出版社,1988.

[4] 聂宗庆.鲍的养殖与增殖[M].北京:农业出版社,1989.

[5] 缪国荣,王承禄.海洋经济动植物发生学图集[M].青岛:青岛海洋大学出版社,1990.

[6] 于瑞海,王如才,邢克敏,等.海产贝类的苗种生产[M].青岛:青岛海洋大学出版社,1993.

[7] 蔡英亚,张英,魏若飞.贝类学概论[M].上海:上海科技出版社,1995.

[8] 王昭萍,田传远,于瑞海,等.海水贝类养殖技术[M].青岛:青岛海洋大学出版社,1998.

[9] 尤仲杰,王一农,于瑞海.贝类养殖高产技术[M].北京:中国农业出版社,1999.

[10] 赵洪恩.鲍的增养殖[M].沈阳:沈阳出版社,1999.

[11] 聂宗庆,王素平.鲍养殖实用技术[M].北京:中国农业出版社,2000.

[12] 谢忠明.海水经济贝类养殖技术(上、下册)[M].北京:中国农业出版社,2003.

[13] 王如才,等.牡蛎养殖技术[M].北京:金盾出版社,2004.

[14] 刘世禄,杨爱国.中国主要海产贝类健康养殖技术[M].北京:海洋出版社,2005.

[15] 李琪.无公害鲍鱼标准化生产[M].北京:中国农业出版社,2006.

[16] 王如才,王昭萍.海水贝类养殖学[M].青岛:中国海洋大学出版社,2008.

[17] 于瑞海.名优经济贝类养殖技术手册[M].北京:化学工业出版社,2011.

[18] 于瑞海,郑小东.贝类安全生产指南[M].北京:中国农业出版社,2012.

[19] 郑小东,曲学存,曾晓起,李琪.中国水生贝类图谱[M].青岛:青岛出版社,2013.

[20] 于瑞海,等.磁化水在水产养殖上的应用[J].海洋湖沼通报,1990,4:95-98.

[21] 于瑞海,等.用海藻磨碎液进行海湾扇贝促熟的研究[J].海洋湖沼通报,

1991,1:54.
[22] 于瑞海.光合细菌在水产养殖上的应用[J].海洋科学,1991,5:5-6.
[23] 于瑞海,等.栉孔扇贝升温育苗高产技术[J].海洋湖沼通报,1992,2:8-71.
[24] 王维德,等.文蛤人工育苗的初步研究[J].动物学杂志,1980,4:1-4.
[25] 王如才,等.栉孔扇贝自然海区采苗技术的研究[J].山东海洋学院,1987,17(3):93-100.
[26] 王风岗,等.泥蚶人工育苗技术研究[J].齐鲁渔业,1991,2:8-12.
[27] 孙光,等.鸟蛤的苗种生产技术[J].国外水产,1989,4:4-6.
[28] 陈文龙,等.西施舌人工育苗初步研究[J].水产学报,1966,3(3):130-139.
[29] 陈文龙,等.缢蛏循环水池人工育苗实验报告[J].福建水产,1984,4:22-29.
[30] 陈德牛.软体动物的染色体和系统分类[J].动物学杂志,1985,4:44-48.
[31] 陈淑芬,等.等鞭藻的生长及其主要营养成分的研究[J].海洋与湖沼,1987,1:55-62.
[32] 周玮,等.魁蚶海区采苗的技术研究[J].水产科学,1992,2:18-19.
[33] 金启增,等.华贵栉孔扇贝生产性育苗高产试验[J].热带海洋,1991,10(3):8-15.
[34] 郭世茂,等.栉江珧人工育苗初步研究[J].海洋科学,1987,1:34-39.
[35] 湛江水产专科学校.海洋饵料生物培养[J].农业出版社,1980.
[36] 崔广法,等.四角蛤蜊人工育苗的初步研究[J].海洋科学,1985,9(3):36-40.
[37] 张晓燕.浅谈海湾扇贝苗种中间暂养技术[J].海水养殖,1990,1:121-124.
[38] 张建芳,等.栉孔扇贝秋季育苗高产技术报告[J].齐鲁渔业,1991,3:68-71.
[39] 魏利平,等.魁蚶人工育苗的初步研究[J].齐鲁渔业,1991,1:22-24.
[40] 真冈东雄.贝类种苗生产技术[J].养殖临时增刊(日),1987,129-138.
[41] 洪一川,吕小梅,张跃平,等.波纹巴非蛤人工育苗技术初探[J].福建水产,2010,32(3):61-64.
[42] 方镇熔.波纹巴非蛤人工育苗技术[J].福建水产,2011,33(1):59-62.
[43] 常抗美,吴剑锋.厚壳贻贝人工繁殖技术的研究[J].南方水产,2007,3(3):26-30.
[44] 陈清建,叶晓园,吴仁斌.厚壳贻贝人工育苗技术研究[J].科学养鱼,2008(5):26.
[45] 董样,王国福.翡翠贻贝室内人工育苗技术研究[J].科学养鱼,2012(1):43-44.
[46] 王雪梅,路宜华,丰爱秀,马先玲.大竹蛏健康苗种培育新模式的研究[J].

水产养殖,2012(8):14-16.
[47] 刘德经,朱善央,黄金凤,等.中国蛤蜊人工育苗的初步研究[J].水产科技情报,2011,38(1):1-6.
[48] 吴善.方斑东风螺的产卵及幼贝培育[J].中国水产,2000,1:40-42.
[49] 刘永,梁飞龙,毛勇,余祥勇.方斑东风螺的人工育苗高产技术[J].水产养殖,2004,2:22-25.
[50] 刘永.方斑东风螺的养殖技术[J].水产养殖,2006,1:22-24.
[51] 钟建兴,李雷斌,宁岳,等.真蛸人工繁殖及受精卵孵化技术研究初报[J].福建水产,2011,33(5):39-42.
[52] 蔡厚才,庄定根,叶鹏,林利.真蛸亲体培育、产卵及孵化试验[J].海洋渔业,2009,31(1):58-65.
[53] 吴进锋,张汉华,陈利雄,梁超愉.台湾东风螺人工繁殖及苗种生物学的初步研究[J].海洋科学,2006,30(9):92-95.
[54] 邵锦淑.泥蚶人工育苗及中间暂养试验[J].现代农业科学,2008,15(6):50-51.
[55] 王海涛,王石党,王浩,等.菲律宾蛤仔大规格苗种繁育技术研究[J].科学养鱼,2012(2):42-43.
[56] 王雨,叶乐,杨其彬,等.长肋日月贝个体发生观察及人工育苗初步试验[J].南方水产,2009,5(1):36-41.
[57] 蒲利云,陈傅晓,曾关琼,等.长肋日月贝亲本促熟培育与催产技术研究[J].福建水产,2012,34(5):405-409.
[58] 蒲利云,曾关琼,陈傅晓,谭围,等.大珠母贝人工繁育技术研究[J].水产科技情报,2012,39(1):1-5.
[59] 潘洋,邱元龙,张涛,王平川,班绍君.脉红螺早期发育的形态观察[J].水产学报,2013,37(10):1503-1512.
[60] 钱耀森,郑小东,刘畅,王培亮,李琪.人工条件下长蛸(*Octopus. minor*)繁殖习性及胚胎发育研究[J].海洋与湖沼,2013,44(1):165-170.
[61] 于瑞海,曲学存,马培振.食用贝类与营养[M].北京:中国农业科学技术出版社,2015,7.
[62] 苏跃中,周瑞发,刘振勇,苏仰源,等.曼氏无针乌贼规模化全人工育苗技术初探[J].水产科技情报,2011,38(5):219-222.
[63] 王卫军,杨建敏,周全利,郑小东,等.短蛸繁殖行为及胚胎发育过程[J].中国水产科学,2010,17(6):1157-1162.